高等院校理工科类大学物理"十四五"规划教材

U0179942

大学物理
实验教程

主　编◎王　筠　祁红艳
副主编◎冯国强　吉紫娟　刘　丹　胡　森
　　　　童爱红　郑秋莎　杨　辉　李志浩

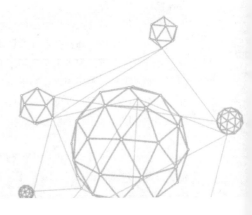

图书在版编目(CIP)数据

大学物理实验教程/王筠,祁红艳主编.—武汉:华中科技大学出版社,2023.12
ISBN 978-7-5680-9080-3

Ⅰ.①大…　Ⅱ.①王…　②祁…　Ⅲ.①物理学-实验-高等学校-教材　Ⅳ.①O4-33

中国国家版本馆 CIP 数据核字(2023)第 061524 号

大学物理实验教程
Daxue Wuli Shiyan Jiaocheng

王　筠　祁红艳　主编

策划编辑:张　毅
责任编辑:刘　静
封面设计:孢　子
责任监印:朱　玢
出版发行:华中科技大学出版社(中国·武汉)　　电话:(027)81321913
　　　　　武汉市东湖新技术开发区华工科技园　　邮编:430223
录　　排:华中科技大学惠友文印中心
印　　刷:武汉科源印刷设计有限公司
开　　本:787mm×1092mm　1/16
印　　张:18.5
字　　数:470 千字
版　　次:2023 年 12 月第 1 版第 1 次印刷
定　　价:49.80 元

▶ 前言

    物理实验是科学实验的先驱,体现了大多数科学实验的共性,在实验思想、实验方法以及实验手段等方面是各学科科学实验的基础。物理实验课是高等理工科院校对学生进行科学实验基本训练的必修基础课程,是本科生接受系统实验方法和实验技能训练的开端。物理实验课覆盖面广,具有丰富的实验思想、方法、手段,同时能提供综合性很强的基本实验技能训练,是培养科学实验能力、提高科学素质的重要基础。它在培养学生严谨的治学态度、活跃的创新意识、理论联系实际和适应科技发展的综合应用能力等方面具有其他实践类课程不可替代的作用。

    2021 年 6 月国务院发布《全民科学素质行动规划纲要(2021—2035 年)》,指出"公民具备科学素质是指崇尚科学精神,树立科学思想,掌握基本科学方法,了解必要科技知识,并具有应用其分析判断事物和解决实际问题的能力";要求到 2025 年我国公民具备科学素质的比例超过 15%,到 2035 年达到 25%。20 世纪 90 年代以来,我国通过建立学生发展核心素养体系,不断推进课程改革、教学改革和评价改革。进入 21 世纪,实施高考综合改革;到 2021 年,高等教育毛入学率已达 57.8%。我国高等教育已进入普及化发展阶段。物理教育是科学教育的一部分,物理学科素养是学生科学素养的关键成分。物理学科核心素养"物理观念"、"科学思维"、"科学探究"和"科学态度与责任"中的"科学探究"是学习物理观念、发展科学思维、形成科学态度与责任的手段和途径,同时也是一种综合能力,而物理实验过程就是科学探究过程,但是目前中学物理实验欠缺开放性和灵活性,偏向应试,因此,基于物理学科核心素养养成的大学物理实验课程教育衔接是关键。

    本书按照由基础到提高的层次将实验分为基础性实验,综合性实验,设计性、研究性实验,以及虚拟仿真实验。其中基础性实验 24 项,综合性实验 25 项,设计性、研究性实验 10 项,虚拟仿真实验 2 项,共 61 项实验项目。本书是基于"互联网+"进行创新主编的教材,学生只需扫相应页码上的二维码即可在线观看或下载 16 个实验项目配套实验操作微课讲解视频,以便提前预习,为基于线上线下、课内课外、虚实结合的大学物理实验课程改革提供支撑。

    本书是我们从事大学物理实验教学多年来的教学经验及教学改革的成果,在相互取长补短的基础上的集体创作。参加编写的人员有王筠、祁红艳、冯国强、吉紫娟、杨辉、胡森、童爱红、

▶ 目录

绪　　论

一、物理实验课程的地位、作用和任务

物理学是一门实验科学。物理规律的研究都是以实验事实为基础的,并不断接受实验的检验。物理实验在物理学的发展过程中起着十分重要的作用。物理实验教学与理论教学具有同等重要的地位。两者既有深刻的内在联系,又有各自的任务和作用,在现在和今后探索与开拓新的科技领域中都是有利的工具。物理实验已列为我国高校理工科各专业的一门独立的必修基础课程。

物理实验是对理工科大学生系统地进行实验方法和实验技能训练的开端,也是对学生进行科学实验训练的重要基础。实际上,多数院校只在物理实验课中进行严格的基础实验方法和实验技能训练,特别是有效数字概念的严格要求和训练。物理实验课程应在中学物理实验的基础上,按照循序渐进的原则,指导学生学习物理实验知识、方法和技术,使学生初步掌握实验的主要程序与基本方法,熟练掌握基本测量仪器的使用方法和常用的数据处理方法,并初步了解误差的有关知识和系统误差的消减方法,为后续课程的学习和今后的工作奠定良好的实验基础,在此基础上,初步掌握各种物理实验方法和技术的实际应用能力,以及物理实验方法的初步创新能力。

由于大一新生在中学阶段缺乏基本的实验训练,没有形成良好的实验习惯和研究素质,在大学期间的各种实验课程中,不能很快适应课程要求,因此,作为实验能力培养的最基础课程的"大学物理实验",就成为对大学生基本科学素质培养的开端和主要课程,而"大学物理实验"课程中各方面严谨的要求及训练,也能承担培养大学生优良科研素质的重任。

"大学物理实验"课程的具体任务为:

(1)通过对实验现象的观察、分析和对物理量的测量,学习物理实验基础知识。

①学习常用物理量的基本测量方法、常用实验方法、常用测量仪器的原理及应用等,这些测量及有关仪器在科学实验或日常工作中会经常遇到。

②学习正确分析实验误差和正确处理实验数据,学习提高精度和减小误差的常用方法与技巧。例如,学会分析哪些误差是主要的,哪些误差可以减小或忽略,在满足精度要求的前提下,能够提出初步的最简便、最经济的方案,包括选择恰当的仪器和测量步骤等。

③了解理论知识的有关应用,包括最新应用。这不但能加深对物理学原理的理解,反过来还可以增加理论课学习的主动性及兴趣,同时可以拓宽知识面,开阔思路,增加应用经验。

(2)培养和提高学生的科学实验能力,其中包括

⑤对实验过程中遇到的一般问题能独立进行简单处理,排除简单故障;

⑥正确记录和处理实验数据,绘制曲线,说明实验结果,撰写合格的实验报告;

⑦完成简单的设计性实验;

⑧灵活运用物理实验方法和技能,进而进行实验方法的创新。

(3)培养与提高学生的科学实验素养。

科学素质是指当代人在社会生活中参与科学活动的基本条件,包括理解科学知识、掌握科学思想、运用科学方法、拥有科学精神、具备解决科学问题的能力,综合表现为学习科学的欲望、尊重科学的态度、探索科学的行为和创新科学的成效。

"大学物理实验"课程中有具体的实验内容和要求与培养"科学素质"相对应,如:尊重客观事实、如实记录实验现象及数据就是培养实事求是的科学作风;认真、细致做好实验中的每一件事、每一个过程、每一个步骤就是建立认真严谨的科学态度;很好地理解和运用公式、定理,按照规程、满足实验条件操作就是养成尊重规律、遵守规程的良好实验习惯;在掌握相关理论和一定实践经验的基础上,修订理论、改进实验(包括操作规程等),以获得更好的结果,就是训练积极主动的探索精神等。

因此,把科学素质的培养融入实验技能培养过程中,实现在综合实验能力的提高的同时,培养良好科学素质。

以上三项任务是不能由物理学理论课程代替完成的。物理实验课程对基本实验理论、方法、技能和实验研究素养做系统的培养,是其他实验课程不能比拟的。通过实验过程,较系统地培养大学生优良的科学素质,是大学物理实验课程的主要任务。

毋庸置疑,对于工程技术人员来说,只有既具备较为深广的理论知识,又有足够的现代科学实验能力,尤为重要的是具备优良的科研素质,才能适应科学技术的飞速发展,担负起更快提高我国科学技术水平、建设社会主义祖国的重任。

二、如何学好物理实验课

要想实现培养目标,完成上述任务,学生可根据物理实验课的特点和要求,认真对待实验教学的各个环节、潜心钻研,以能达到更好的效果。物理实验课一般分三个阶段(环节)进行。

1. 实验前的预习

实验课前,学生必须认真阅读实验教材,最好能查阅一些相关资料,以便更好地理解实验的基本原理,掌握实验关键,进而能自如地控制实验过程,及时、迅速、准确地测得实验数据。通过预习,还要了解仪器的工作原理和用法,将一些疑问列出来,等到实验时依据实物解决或向教师提问解决。在预习中,要认真回答预习思考题,切记注意事项及安全操作规程。对设计实验,还要在课前参考有关资料,设计实验方案。由于实验课时间有限,因此,做好课前预习是较好完成实验、取得较好效果的前提。要写好预习报告,否则不准做实验。预习报告的内容为:

(1)目的要求。说明所做实验的目的和学习要求。

(2)实验原理。对所做实验所依据的实验原理和采用的主要方法进行归纳,简单推导出所做实验中获得实验结果所依据的主要公式,并说明公式中各物理量的意义、单位和公式适用的条件及测量方法。必要时,应画出所需的原理图(如电路图、光路图或装置系统示意图等)。

(3)所用仪器。列出所做实验所用的主要仪器(应对所用仪器的结构、原理及性能有初步的了解)。

（4）实验步骤。写出所做实验的实验内容、操作步骤（可以参照实验教材抄写实验步骤）。

（5）数据表格。在了解相应的实验步骤的基础上，画好记录各项实验数据的表格，列出数据处理所需要的所有物理量（包括常数），并自行推导处理数据所需的公式。在条件允许的情况下，课外开放实验室，使学生能对照仪器仔细阅读有关资料，进一步熟悉仪器使用方法和理解实验原理，以便能更加主动地、独立地做好实验。

（6）问题讨论。包括在预习过程中碰到的不清楚的地方，或有自己的见解但还不确定是否正确的地方，希望在课堂上与老师和同学讨论的问题。

2. 课堂实验

课堂实验是实验课最重要的环节。

（1）学生应根据课表，按时进入实验室，交实验预习报告，按分组就位，熟悉实验条件，认真听取教师对所做实验的有关原理、要求、重点、步骤、难点和注意事项的讲解，然后检查仪器、材料是否完好、齐备，筹划仪器的布局和操作的分工（当有合作者时）。

（2）根据实验要求正确地将有关仪器组成所需的测试系统。经检查确保无误（需经教师认可），便可按步骤进行实验操作。

（3）仪器（或实验装置）的调节。在力学、热学实验中，一些仪器的使用应根据需要调至水平或垂直状态，如杨氏模量测定仪需调垂直等；要注意调整测量仪器的零点，若某些仪器不能调零，则要记录仪器的零点值，以便以后修正。电磁学实验中，在连接电路前，应考虑仪器设备的合理摆放及正负极性，在电路连接好后，还要注意把仪器调节到"安全待测状态"（一般是将调节旋钮逆时针旋到底），然后请教师检查，确定电路连接正确无误后方可接通电源进行实验。光学实验的仪器调节尤为重要，它决定了实验能否顺利进行和测量结果是否精确可靠，一定要细心调节仪器至要求的工作状态（如分光计的调节等）。

（4）观测。实验中必须仔细观察、积极思考、认真操作、防止急躁。要在实验所具备的客观条件（如温度、压力、仪器精度等）下，进行认真的、实事求是的观察和测量。要初步学会分析实验，遇到问题时应冷静地分析和处理；仪器发生故障时，也要在教师指导下学习排除故障的方法；在实验中有意识地培养自己的独立工作能力。

（5）记录。实验记录不仅是计算结果和分析问题的依据，在实际工作中还是宝贵的资料。要养成完整、全面记录实验数据和现象的习惯。要把实验数据细心地记录在预习报告的数据表格内，要根据仪器的精度和实验条件正确运用有效数字。记录时要用钢笔或圆珠笔，不要轻易涂改，对认为错误的数据，应轻轻画上一道，在旁边写上正确值，使正误数据都能清晰可辨，以供在分析测量结果和误差时参考。读取数据时必须十分认真、仔细。一要保证数据的真实性，二要保证应有的精确度。当对测量结果不满意时，应分析原因，改善条件，重新测量，不允许无根据地修改实验数据。实验的环境温度、湿度、气压等实验条件，仪器型号规格与编号等也应记录，对一些实验现象，特别是那些异常现象更不应放过。两人合作时，要合理分工、适当轮流、配

3. 写实验报告(研究论文)

实验报告是对实验过程及结果的全面总结,要用简明的形式将实验结果完整而又真实地表达出来。实验报告要用统一规格的纸张书写(可加附页),必须各自独立地及时完成。要做到文字通顺、表述明确、字迹端正、图表规范、结果正确和讨论认真。好的实验报告应作为研究资料保存。

实验报告的内容与预习报告的多数项目相同,但具体内容有所不同。实验报告通常包括以下内容。

(1) 实验名称、实验者姓名、同组者姓名、实验日期。

(2) 实验目的。

(3) 实验原理。用自己的语言对实验所依据的理论等做简要叙述,不要照抄书本,给出实验所依据的定律、公式、线路、光路或其他依据,以及有关实验条件等。本项目与预习报告基本一样,但要更详尽一些。

(4) 实验方法或步骤。叙述用什么方法、仪器、步骤完成实验所需的环节和包括的内容,必要时可论证其可行性。本项目应与预习报告有所不同,应当写实际操作的情况,而不应再完全重复教材上的内容。

(5) 数据记录及其说明。实验数据的记录应尽量详尽,并注明单位。对有疑问的数据不要轻易去掉,可做一些必要的标记,在以后的数据处理时再判断取舍。实验过程中的一些异常现象也应尽量详尽地记录下来。数据记录还应包括有关的常数。

(6) 数据处理及实验结果。含有计算、实验曲线、表格、误差分析、最后结果等内容。计算按照有效数字的运算法则进行,并求出结果的不确定度,正确运用不确定度表示实验结果。

(7) 实验讨论。实验讨论内容不限,如实验中观察到的现象分析、误差来源分析、实验中存在的问题讨论、回答实验思考题等,也可对实验本身的设计思想、实验仪器的改进等提出建设性意见。

综上所述,实验的三个环节各有侧重且有不同的具体要求。

(1) 预习重点是在阅读教材、查阅其他相关资料的基础上,对实验的原理和方法进行归纳,梳理实验过程和步骤,并设计数据表格,列出所有处理过程所需的测量量和常数。

(2) 课堂实验是依据实验原理和要求,合理选用实验仪器进行实验操作,在实验过程中,应思考如何充分发挥仪器设备的性能、如何更合理地使用仪器设备、如何减少测量误差等。

(3) 写实验报告是总结实验的原理依据、陈述实验内容和过程、处理实验数据并对其不确定度(可信程度)进行分析、对实验中的问题进行分析。实验课中还会要求写其他格式的实验报告,如学术论文、技术研究报告等,应按相应格式要求书写。

三、学生实验制度

(1) 学生要遵守学校及实验室的有关规定,服从任课教师的安排。

(2) 学生要遵守实验室纪律。请假必须有盖章的假条,否则按旷课论处。迟到超过 15 分钟、实验后未经任课教师检查签字而离开者,均按旷课论处。旷课则本次实验按零分计。

(3) 预习报告、经测量所得的原始数据和要求在课堂处理的数据都应写在专用的物理实验记录本上,否则任课教师不予签字并酌情减扣实验成绩。

(4) 实验小组按学号顺序分,且在整个学期中不得更换。每组必须在相应编号的仪器上做实验,未经教师同意不得更换仪器。

（5）教师讲授结束前,学生不得动实验仪器。

（6）实验报告上要写上同组者姓名。实验报告不得抄袭,雷同报告均判为零分。

（7）实验时对于各种光学器件表面严禁用手或其他物品触摸和擦拭,对于易损或较贵的小仪器和器件应小心使用、注意保护,实验后应交给任课教师。丢失或损坏仪器,按学校有关规定赔偿。

（8）实验结束后,把使用的仪器整理好,关闭有关电源。值日生要打扫实验室。

第1章 误差理论

1-1 测量的基本知识

物理实验不仅是通过观察实验现象给出定性的描述,而且更重要的是通过测量物理量对实验现象给出一个定量的解释说明。测量就是根据一定的规则读取相应数据,此时就存在一个数据读取位数是否有效的问题。因此,实验测量和有效数字的概念及其相关的问题就是实验进行之前必须掌握的一个重要基础。

测量是通过实验方法对客观事物取得定量信息即数量概念的过程。测量是物理实验的基本操作,它的实质是将待测物体的某物理量与相应的标准做定量比较。测量的结果应包括数值(即度量的倍数)、单位(即所选定的物体或物理量)以及结果可信赖的程度(用不确定度来表示)。

目前,物理学上各物理量的单位,都采用中华人民共和国法定计量单位,而中华人民共和国法定计量单位是以国际单位制(SI)为基础的单位。国际单位制是在 1960 年第 11 届国际计量大会上确定的,它以米(长度)、千克(质量)、秒(时间)、安培(电流)、开尔文(热力学温度)、摩尔(物质的量才)和坎德拉(发光强度)作为基本单位(称为国际单位制的基本单位)。其他量(如力、能量、电压、磁感应强度等)的单位均可由这些基本单位导出,称为国际单位制的导出单位。

测量根据被测物理量与测量结果的关系可分为直接测量和间接测量;也可根据测量物理量的条件等因素分为等精度测量和不等精度测量。

(1)直接测量:将待测量与预先标定好的仪器、量具进行比较,直接从仪器、量具上读出量值的大小。例如:用米尺测量长度;用天平称质量;用秒表测时间等。

(2)间接测量:用标准测量工具不能直接得到测量结果,而必须先做相关物理量的直接测量,再根据被测物理量与直接测量量的函数关系进行数学运算得到被测物理量的测量结果的过程。例如:测物体运动的平均速度 $\bar{v}$,可直接测量物体运动的时间 Δt 和在时间 Δt 内通过的位移 Δs,由平均速度的定义式 $\bar{v} = \Delta s / \Delta t$ 计算出 $\bar{v}$。

(3)等精度测量:在相同的测量条件下完成被测物理量的多次连续重复测量的过程。例如:用 50 分度的游标卡尺在统一环境下对铜棒直径 d 测量 5 次,测量结果是 2.98 mm、3.00 mm、2.98 mm、2.98 mm、2.96 mm,每次测量结果可能不同,但测量工具、测量环境等完全相同,可以保证这 5 个测量结果的可靠性一致,这 5 个量为等精度测量量。

(4)不等精度测量:在测量条件不相同的情况下完成被测物理量的多次重复测量的过程。例如:对铜棒直径 d 测量 5 次,先用 50 分度的游标卡尺测量 3 次,得到测量结果为 2.98 mm、2.98 mm、2.96 mm,再用千分尺测量 2 次,测得结果为 2.975 mm、2.986 mm,这 5 个数据测量结果不完全相同,测量的可靠性也不相同,这 5 个测量结果是不等精度测量量。不等精度测量量在后期做数据处理时很麻烦,实验中一般不建议采用这种测量。

注意:本书都是采用等精度测量采集实验数据。

1-2　数据记录及规则

实验中的测量工具的选取要符合实验原理、实验方法以及结果对数据精度的要求。测量数据的读取和记录与所用测量工具的分度值和测量要求有关。使用的测量工具不同,测量数据的读取规则不一样。测量数据的读取一般可依据如下规则。

（1）一般的数据应在读到测量工具的最小分度值后再估读一位。其中:最小分度值位为准确值;估读的一位数据可根据测量工具的分度间距、分度数值等估读到测量工具的最小分度值的 $\frac{1}{10}$、$\frac{1}{5}$、$\frac{1}{4}$、$\frac{1}{2}$,该位数据是欠准确的。

（2）特殊情况下,测量值的估读位也就是测量工具的最小分度值。例如:在测量工具的最小分度值是 0.5 或 0.2 等情况下,测量值的最后一位读取 0.3、0.6 等,这些都是估读值,此时就不需要再读下一位了。

（3）带有游标的测量工具一般情况下不需要估读。但是特殊情况下,比如十分度的游标卡尺,要估读到最小分度值的一半。

（4）数字式测量工具、步进式读数仪器（如电阻箱）不需要估读,它所显示的数字的最后一位为欠准确数字。

1-3　有效数字及运算规则

实验中总是要记录很多数据,并进行计算。但是,记录时应取几位数,运算后应保留几位数,这是实验数据处理的重要问题,对此,必须有一个明确的认识。

一、有效数字

数学上将一个数从左边第一个不是 0 的数字数起,到该数字的末位数为止的所有的数字都称为这个数的有效数字。比如,0.003 250 的有效数字是从 3 开始到最右侧的 0 为止的数,即 3250 为该数的有效数字,该有效数字的位数是 4 位。

在实验中通常将实际能够测量到的可靠数字（通过直读获得的准确数字）＋存疑数字（通过估读得到的那部分数字）称为有效数字,即测量结果中能够反映被测量大小的带有一位存疑数字的全部数字称为有效数字。比如,测量铜棒的直径为 3.877 mm,其中 3.87 mm 是可靠数字,最后一位 0.007 mm 则是估读的欠准确数字,可靠数字与欠准确数字一起构成测量值,即为该

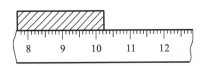

图 1-3-1　用毫米尺测量一个物体的长度

（1）有效数字的位数一定要准确，与所用的测量工具相吻合。有效数字的位数是反映实际测量结果的，与所选的单位和小数点的位置无关。读取的数据中，中间出现的"0"和后面出现的"0"均不可随意删除，也不可随意添加"0"。比如，一个测量数据为 18.07 mm，可记为 0.018 07 m、1.807 cm，它们都是 4 位有效数字。若测量数据是 18.070 mm，尽管数学上与前面数据完全一样，但是后一个数据的有效数字位数是 5 位，二者的测量精度不同。

（2）测量量的单位变化时，不可以改变有效数字的位数。比如，薄透镜的焦距测量量为 25.05 cm，我们可以根据需要将它的单位进行如下变化来记录该测量数据：0.250 5 m＝2.505 dm＝25.05 cm＝250.5 mm。

（3）当测量量数据很大或很小时，可用"科学计数法"来记录测量数据，但有效数字位数不可改变。比如，实验测得钠黄光的波长为 589.3 nm，可记为：589.3×10^{-9} m＝5.893×10^{-7} m＝589.3 nm。

二、有效数字的运算规则

在数据测量结束后，需要对测得的数据进行整理和运算得到实验结果。运算时对有效数字的处理很重要，基本原则是既不可丢失有效数字也不可添加有效数字，即可靠数字之间的运算结果仍为可靠数字，可靠数字与存疑数字之间的运算结果为存疑数字；存疑数字之间的运算结果仍为存疑数字，即运算的最终结果应为可靠数字加一位存疑数字。但最后结果有时可根据需要多保留两位存疑数字。有效数字运算的具体规则如下。

（1）加减运算：运算结果与参与运算的数据中存疑数字（加上划线）最高的位数相同，如

$$25.1 + 1.56 + 0.052 = 26.712 \qquad 运算结果：26.7$$

（2）乘除运算：运算结果的有效数字位数与参与运算的数据中有效数字最少的数据相同，如

$$25.1 \times 1.56 = 39.156 \qquad 运算结果：39.1$$
$$25.1 \div 1.56 = 16.089\ 744 \qquad 运算结果：16.1$$

（3）乘方、开方运算：运算结果的有效数字位数与被乘方和被开方之数的有效数字位数相同，如

$$25.1^2 = 630.01 \qquad 运算结果：630$$
$$\sqrt{25.1} = 5.009\ 99 \qquad 运算结果：5.01$$

（4）对数运算：对数尾数的有效数字位数与对数的真数相同，如

$$\lg 25.1 = 1.399\ 7 \qquad 运算结果：1.40$$

（5）一般函数运算：运算结果的有效数字位数的确定方法是，将自变量的末位数字加 1（或减 1）后做运算，运算结果中与原来的运算结果出现差异的最高位就是运算结果有效数字的最后一位，如

$$\sin 61°36' = 0.879\ 6\ ,\ \sin(61°36' + 1') = 0.879\ 7 \qquad 运算结果：0.879\ 6$$

（6）常数如 $\sqrt{6}$、$\dfrac{1}{9}$ 等，无理数如自然数 e、圆周率 π 等对运算结果的有效位数无影响但应尽

量多取几位,尽量减少对运算结果数值的影响。

(7) 其他。

在运算过程中,可能会碰到一种特殊的数——正确数。例如,将半径化成直径时出现的倍数 2、实验测量次数 n、物体的个数等,它们总是正整数,不是由测量得来的,没有可疑部分,因此,不适用于有效数字的运算法则。

在运算过程中,有时还会遇到一些常数,如 π、e、g 之类,一般将常数多取一位,结果仍与原来的有效数字位数相同。例如:

$$4.712 \times \pi = 4.712 \times 3.141\,6 = 14.80$$

应该指出的是,有效数字的位数多少取决于测量仪器,而不是运算过程。同时,上述有效数字的运算法则在一般情况下是成立的,但并不是十分严格的,常会出现与上述法则不符的情况。所以,在确定运算结果的有效数字时,常常多保留一位,而后根据测量结果对误差的要求来确定哪一个是可疑数字,最后定出有效数字的位数。

三、数字修约规则

有效数字的修约规则通常称为"四舍六入五成双"。具体规则如下。

(1) 当保留 n 位有效数字时,第 $n+1$ 位数字若小于或等于 4 就舍掉。

(2) 当保留 n 位有效数字时,若第 $n+1$ 位数字大于或等于 6,则第 n 位数字进 1。

(3) 当保留 n 位有效数字时,若第 $n+1$ 位数字等于 5 且后面数字为 0,则若第 n 位数字为偶数就舍掉后面的数字,若第 n 位数字为奇数则加 1;若第 $n+1$ 位数字等于 5 且后面还有不为 0 的任何数字,无论第 n 位数字是奇数还是偶数都加 1。

例如,对数据保留一位小数:$57.68 \approx 57.7$、$57.62 \approx 57.6$、$57.65 \approx 57.6$、$57.651\,2 \approx 57.7$。

 练习题 ////

完成下列运算:

(1) $20.40 + 28.125 - 5.067$;

(2) $0.066\,519 \times 2.23$;

(3) $40.105 \div 25.81$;

(4) $\lg 4\,035$;

(5) $\sqrt{52.006}$;

(6) $\cos 37°28'$。

1-4　不确定度的基本知识及处理方法

此可知,测量值的有效数字位数越多,相应的测量误差就越小。

真值是指被测量的实际大小,它是客观存在,也是一个理想化的概念。实际测量中真值是得不到的。测量值 x_i 与真值 ξ 之差称为绝对误差 Δx,它反映了测量值偏离真值的大小和方向,是一个有单位的代数量,但是它不能反映测量工具的精度。绝对误差 Δx 与真值 ξ 的商的百分数称为相对误差 $E(x)$,这是一个量纲为一的量,也能反映误差的大小和方向。数学上记为

$$\Delta x = x_i - \xi \tag{1-4-1}$$

$$E(x) = \frac{\Delta x}{\xi} \times 100\% \tag{1-4-2}$$

在实验中由于被测量的真值 ξ 的准确量值是得不到的,因而绝对误差 Δx 就得不到准确值。在测量精度要求不高时,常用下面方式计算真值 ξ 和绝对误差 Δx。例如,一个被测量做了 N 次等精度的测量,得到测量值并记为 $x_1, x_2, \cdots, x_N$,被测量的真值是未知的,但是可以得到该被测量的算术平均值 $\overline{x}$,记为

$$\overline{x} = \frac{1}{N}(x_1 + x_2 + \cdots + x_N) = \frac{1}{N}\sum_{i=1}^{N} x_i \tag{1-4-3}$$

将算术平均值 $\overline{x}$ 作为"约定真值"来替代实际的真值 ξ,并用算术平均值 $\overline{x}$ 与测量值 x_i 的差(称为偏差 μ_i)替代绝对误差 Δx。

二、误差的分类及消除方法

在实验中根据误差的来源和性质,将误差分为系统误差、随机误差和过失误差三类。

1. 系统误差的来源及消除方法

(1) 系统误差的来源。

①仪器误差。仪器误差是由于仪器本身存在缺陷或没有按规定条件使用仪器而造成的,如仪器的零点不准、仪器未调整好、外界环境(光线、温度、湿度、电磁场等)对测量仪器的影响等所产生的误差。仪器误差有些是定值的,如仪器的零点不准;而有些是积累性(变化)的,如用受热膨胀的钢质米尺测量时读数偏小。

②理论误差。理论误差(也称方法误差)是由于测量所依据的理论公式本身具有近似性,或实验条件不能达到理论公式所规定的要求,或者是实验方法本身不完善所带来的误差。例如,热学实验中没有考虑散热所导致的热量损失,伏安法测电阻时没有考虑电表内阻对实验结果的影响等带来的误差均为理论误差。

③个人误差。个人误差是由于观测者个人感官和运动器官的反应或习惯不同而产生的误差。它因人而异,并与观测者当时的精神状态有关。

显然,系统误差总是使测量结果偏向一边,或者偏大,或者偏小,即使采用多次重复测量的方法也不能消除系统误差。

(2) 系统误差的消除。

①在测量结果中进行修正。当已知系统误差值是恒值时,可以用已知的恒值对测量结果直接进行修正;当系统误差值是变值时,可先设法找出误差的变化规律,再用满足误差变化规律的公式或曲线等对测量结果进行修正;当系统误差值未知时,按随机误差进行处理。

②从系统误差的根源上消除。在测量之前,仔细检查仪表,并正确调整和安装;在测量中,防止外界干扰;在读取数据前,选好观测位置以消除视差;在读取数据时,选择环境条件比较稳

定时读取。

③在测量系统中采用补偿措施等。当已知(或找出)系统误差的规律时,可在测量过程中自动消除系统误差。例如,用分光计测量角度时,因存在偏心差这样的系统误差,故在测量中采用补偿法,双向读取测量角度即可消除偏心差。

④实时测量时,采用实时反馈的方式。在使用自动化测量技术及应用计算机时,可用实时反馈修正的办法来消除复杂的、变化的系统误差。在测量过程中,用传感器将这些误差因素的变化转换成某种物理量形式(一般为电学量),及时按照相关函数关系,通过计算机算出影响测量结果的误差值,并对测量结果做实时的自动修正。

2. 随机误差的规律及消除方法

随机误差(也称为偶然误差、不定误差),是由于在测定过程中一系列有关因素的微小随机波动而形成的具有相互抵偿性的误差。随机误差产生的原因有许多,比如在测量过程中温度、湿度及环境中灰尘的影响都可能引起数据的波动,再比如读取数据时最后一位需估读的数值可能几次读数都不一致等。随机误差的特点是:单次测量时误差的大小和方向都不固定,无法测量或校正,也无规律可以遵循;随着测量次数的增加,正负误差可以相互抵偿,误差的平均值将逐渐趋向于零,但不会消除;等精度多次重复测量时,随机误差的分布遵循一定的统计规律。

(1)随机误差的正态分布规律。

大多数情况下,随机误差满足正态分布规律(也称为高斯分布),如图 1-4-1 所示。横坐标表示随机误差 μ,纵坐标表示随机误差出现的概率密度(随机误差的正态分布函数)$f(\mu)$。根据统计理论可得随机误差 μ 的概率密度为

$$f(\mu) = \frac{1}{\sigma\sqrt{2\pi}} \exp\left[-\frac{1}{2}\left(\frac{\mu}{\sigma}\right)^2\right] \tag{1-4-4}$$

$$\mu = \Delta x = x - \xi \tag{1-4-5}$$

式(1-4-5)中 x 表示测量值,μ 是随机误差。式(1-4-5)中 σ 是正态分布函数的一个特征量,是与数学期望值 ξ 有关的常数,称为标准差。ξ 在概率统计中被称为数学期望值。标准差 σ 和数学期望值 ξ 作为正态分布曲线的两个参数,决定着正态分布曲线的位置和形态。其中,数学期望值 ξ 决定了正态分布曲线峰值的位置。由图 1-4-1 可知随机误差的正态分布具有以下特点。

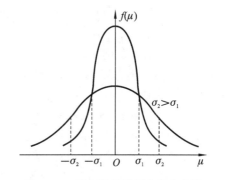

图 1-4-1　随机误差的正态分布曲线

①单峰性:随机误差绝对值小的测量值出现得多,曲线的形状是中间高、两边低;标准差 σ 越小,曲线越陡、峰越尖,说明误差大的测量值少,测量值的分布范围相对集中。

②对称性:随机误差绝对值大小相等的测量值出现的次数相等,曲线以坐标轴呈对称分布。

由概率定义可知,概率密度 $f(\mu)$ 表示随机误差 μ 落在 μ 附近单位区间的概率,可记为

$$f(\mu) = \frac{\mathrm{d}P}{\mathrm{d}\mu} \tag{1-4-6}$$

上式中 P 表示概率。由上式可求出随机误差 μ 出现在区间 $[\mu, \mu + \mathrm{d}\mu]$ 的概率为

$$\mathrm{d}P = f(\mu)\mathrm{d}\mu$$

同理可得随机误差 μ 出现在有限区间 $[\mu_1, \mu_2]$ 的概率 P 为

$$P = \int \mathrm{d}P = \int_{\mu_1}^{\mu_2} f(\mu)\mathrm{d}\mu \tag{1-4-7}$$

根据概率的归一化条件可知,图1-4-1曲线下的总面积为1,即 $\int_{\mu_1}^{\mu_2} f(\mu)\mathrm{d}\mu = 1$。曲线上有两个拐点,且横坐标值为 $\pm\sigma$(标准值)。由式(1-4-7)可得,随机误差出现在 $[-\sigma, +\sigma]$ 区间的概率为

$$P = \int_{\mu_1}^{\mu_2} f(\mu)\mathrm{d}\mu = \int_{-\sigma}^{+\sigma} \frac{1}{\sigma\sqrt{2\pi}} \exp\left[-\frac{1}{2}\left(\frac{\mu}{\sigma}\right)^2\right] = 0.683$$

这个结果说明,随机误差落在 $[-\sigma, +\sigma]$ 区间的概率为68.3%。

区间 $[-\sigma, +\sigma]$ 称为置信区间,置信区间所对应的概率称为置信概率。由式(1-4-7)可得,置信区间 $[-2\sigma, +2\sigma]$ 的置信概率为0.954,置信区间 $[-3\sigma, +3\sigma]$ 的置信概率为0.997。由此可见,置信区间越大,该区间的置信概率越接近于1,这个置信区间的误差常被称为极限误差。

由以上计算讨论可知,标准差 σ 是正态分布函数中唯一的一个参数,它能唯一确定正态分布曲线的形态。进行不同物理量的测量,按照正态分布规律可得到不同的标准差 σ。标准差 σ 的数学计算公式为

$$\sigma = \sqrt{\frac{\sum_{i=1}^{N}(x_i - \overline{x})^2}{N}} \tag{1-4-8}$$

式中 N 是测量次数,标准差 σ 量值越小,曲线峰值越大,图形越尖锐,这说明测量所得的数据集中、测量精度高。

(2)减小或消除随机误差的方法。

减小或消除随机误差的措施如下。

①增加测量次数。根据随机误差的分布特点,运用概率统计的知识可知,减小随机误差最有效的方法就是多次测量,取平均值。

②选用精度更高、稳定性更好的仪器。

③可以让更熟练的人进行仪器操作。

④选择合适的观测时间,使仪器受光照和温度引起的热胀冷缩更小;在稳定的地点设置仪器,以避免不规则沉降带来的误差。

3. 过失误差

过失误差是指在一定条件下,测量结果明显偏离真值时所对应的误差。产生过失误差的原因有读错数、测量方法错误、测量仪器有缺陷等。其中,由测量者自身因素引起的误差即人为误差是主要的过失误差,可通过提高测量者的责任心和加强测量者的培训等方法来消除。

三、不确定度知识及估算

1980年,国际计量局提出了关于实验不确定度表示的建议书。该建议书冲击了以往的误

差理论表示体系。1993 年,ISO 等 7 个国际组织联合发表了《测量不确定度表示指南》(简称《指南》),建立了一个相对完整的不确定度表示体系,并促进了用不确定度来评价测量结果在世界范围内的推广与使用。1996 年,中国计量科学研究院以《指南》为依据,制定了我国的测量不确定度规范。

不确定度是与测量结果相联系的参数,用来表示测量值的分散程度,即表示对被测量值的不能肯定的程度。它是评价测量结果质量好坏的一个指标。不确定度越小,测量结果与被测量的真值越接近,测量结果的质量越高、水平越高、使用价值越高;不确定度越大,测量结果的质量越差、水平越低、使用价值越低。不确定度通常由若干个分量组成,这些分量的值通常用标准差 σ 或标准差 σ 的倍数 $k\sigma$ 来表示。用标准偏差表征的测量不确定度称为标准不确定度,用 u 表示。

1. 标准不确定度的分类

标准不确定度一般含有多个分量。按测量数值的性质与评定方法来划分,标准不确定度可分为两类:A 类标准不确定度和 B 类标准不确定度。

(1) A 类标准不确定度:对一系列测量值进行统计分析而得到的相应的标准不确定度,用符号 u_A 表示。多数情况下,u_A 只考虑随机误差中算术平均值的标准偏差。

(2) B 类标准不确定度:用非统计分析的方法来评定而得到的相应的标准不确定度,用符号 u_B 表示。多数情况下,u_B 相当于可估算的系统误差分量。u_B 通过实验或用其他信息来估计,含有主观鉴别的成分。这类评定方法的应用相当广泛。

(3) 合成标准不确定度:通过计算 A 类标准不确定度和 B 类标准不确定度的平方和的二次方根而得到,用符号 u_C 表示。它是测量结果标准偏差的估计值。

(4) 扩展不确定度:确定测量结果分散区间的量值,被测量值的大部分分布于此区间。它有时也被称为范围不确定度。扩展不确定度是测量结果的取值区间的半宽度,可期望该区间包含了被测量值的大部分。扩展不确定度通常用符号 U 表示。

2. 标准不确定度的估算

在实际实验中,测量次数 N 是有限的,不可能很大。这 N 个测量值构成一个总体样本,称为一个测量列,可记为

$$x_1, x_2, \cdots, x_i, \cdots, x_N$$

若被测量的约定真值为算术平均值 $\overline{x}$,标准差为 σ,则表征一个测量值对真值的分散度的参数可称为实验标准差,记为 s,并可用贝塞尔公式计算:

$$s(x) = \sqrt{\frac{\sum_{i=1}^{N}(x_i - \overline{x})^2}{N-1}} \tag{1-4-9}$$

按照统计理论,样本平均值的标准差表征估计值 $\overline{x}$ 对期望值 ξ 的分散性,记为 $s(\overline{x})$,计算公式为

$$u_A(\overline{x}) = s(\overline{x}) = \frac{s(x)}{\sqrt{N}} = \sqrt{\frac{\sum\limits_{i=1}^{N}(x_i - \overline{x})^2}{N(N-1)}} \qquad (1\text{-}4\text{-}11a)$$

若仅进行一次测量,可用下式估算:

$$u_A(x) = s(x) \qquad (1\text{-}4\text{-}11b)$$

上式中 $s(x)$ 是在本次测量前就已知的。注意,用贝塞尔公式估算标准不确定度只是一种方法,并不是唯一的方法。也可以用残差法等来估算标准不确定度。

例题 1-4-1 在等精度条件下测量直径,得到 10 次测量值如表 1-4-1 所示,求 A 类标准不确定度。

表 1-4-1 例题 1-4-1 表

次数	1	2	3	4	5	6	7	8	9	10
D/mm	15.00	15.02	15.00	15.02	14.98	15.00	14.98	15.02	15.02	15.00

解:先求直径 D 的算术平均值,即

$$\overline{D} = \frac{1}{10}(14.98 \times 2 + 15.00 \times 4 + 15.02 \times 4)\ \text{mm} = 15.004\ \text{mm}$$

由式(1-4-11a)可得

$$u_A(\overline{D}) = \sqrt{\frac{\sum\limits_{i=1}^{N}(D_i - \overline{D})^2}{N(N-1)}}$$

$$= \sqrt{\frac{(-0.024)^2 \times 2 + (-0.004)^2 \times 4 + (0.016)^2 \times 4}{10 \times (10-1)}}\ \text{mm}$$

$$= 0.004\ 99\ \text{mm}$$

(2)B 类标准不确定度 u_B 的估算。

B 类标准不确定度在测量范围内无法用统计方法评定,一般可根据经验或其他有关信息进行估计。例如,仪器说明书或检定书,国家标准规定的计量仪器的准确度等级,仪器的分度或经验等。在物理实验中,一般只考虑由仪器误差影响及测试条件不符合要求而引起的附加误差等几方面因素。

①仪器的最大允许误差。

仪器在设计和制造时都按技术规范预先设定一个允许误差的极限值。技术规范规定的仪器的允许误差的极限称为最大允许误差(也称为允许误差极限)。最大允许误差是为仪器规定的一个技术指标,用 $\Delta_{仪}$ 表示。最大允许误差是一个范围,给出置信概率为 1 的置信区间。它不是一个误差,而是一个不确定度的概念。

②仪器的最大允许误差的表示方法。

在常用的测量工具(仪器)中,仪器的最大允许误差的表示方法是不同的,常用的有绝对误差、相对误差、引用误差等。

(a)用绝对误差的方式表示:

$$\Delta_{仪} = \pm 0.2\ \text{mm}$$

(b)用引用误差的方式表示：

$$\Delta_{仪}=\pm(满量程值\times级别\%)(单位)$$

这里的引用误差是指仪器的最大允许误差用绝对误差与特定值之商的百分数来表示的形式。特定值是指仪器的满量程值或最低位数字。若某数字电压表的准确度等级为 a，则它的最大允许误差为

$$\Delta_{仪}=\pm(a\%\times读数+3\times最低位数值)(单位) \tag{1-4-12}$$

例题 1-4-2　0.5 级微安表，500 μA 量程挡的最大允许误差为

$$\Delta_{仪}=\pm(满量程值\times级别\%)(单位)=\pm(500\times0.5\%)\mu A=\pm2.5\ \mu A$$

当用该表测量的测量值为 400 μA 时，用相对误差表示最大允许误差可得

$$E=\pm\frac{2.5}{400}=\pm0.625\%(\neq 该表的准确度等级)$$

注意：在使用该类型仪表时，量程的选择十分重要。量程选择的一般原则是使被测量值达到量程的 2/3 以上。

一般情况下，对于长度测量仪器，仪器的最大允许误差可以用仪器最小分度的一半或三分之一等来计算。

③B 类标准不确定度的估算。

B 类标准不确定度主要依据所使用仪器的最大允许误差来估算。设仪器的最大允许误差为 $\Delta_{仪}$，且不确定度的该分量主要由测量仪器的误差特性决定，则有

$$u_{B}=\frac{\Delta_{仪}}{C} \tag{1-4-13}$$

式(1-4-13)中 C 为置信系数，与测量误差在区间 $[-\Delta_{仪},\Delta_{仪}]$ 内的分布概率有关。C 的取值与测量误差分布有关，在常见的置信概率为 $P=1$ 的情况下，若测量误差分布为正态分布，则 $C=3$；若测量误差分布为均匀分布，则 $C=\sqrt{3}$；若测量误差分布为三角分布，则 $C=\sqrt{6}$；若测量误差分布为两点分布，则 $C=1$；若测量误差分布为反正弦分布，则 $C=\sqrt{2}$。

在实际实验中，通常可把测量误差分布作为均匀分布处理，即 $C=\sqrt{3}$，故 B 类标准不确定度可记为

$$u_{B}=\frac{\Delta_{仪}}{\sqrt{3}} \tag{1-4-14a}$$

有游标的仪器测量误差分布通常按两点分布来处理，即 $C=1$，故 B 类标准不确定度可记为

$$u_{B}=\frac{\Delta_{仪}}{1}=\Delta_{仪} \tag{1-4-14b}$$

例题 1-4-3　用准确度等级为 0.5 级、量程为 15 V 的电压表测量电压，得到测量值为 12.56 V，计算 B 类标准不确定度。

解：先计算电压表的最大允许误差：

(3) 合成标准不确定度 u_C 的估算。

不确定度是由若干分量组成的,当这些分量相对独立时可以按分量的平方和的二次方根来合成。

①直接测量量的合成标准不确定度 u_C。

直接测量量 x 不确定度的分量有 A 类标准不确定度和 B 类标准不确定度,且这两个分量是彼此独立的,因此合成标准不确定度 u_C 可表示为

$$u_C = \sqrt{u_A^2 + u_B^2} \tag{1-4-15}$$

例题 1-4-4 一个数字电压表的最大允许误差是 $\Delta_仪 = (0.02\%)U + 3 \times$ 最低位数值。用它进行 6 次电源电压的测量,得到的测量结果分别是 1.499 0 V、1.496 5 V、1.498 5 V、1.499 1 V、1.498 7 V、1.497 6 V,计算标准不确定度。

解:(1) 求测量结果的算术平均值:

$$\overline{U} = \frac{1}{6}(1.499\ 0 + 1.496\ 5 + 1.498\ 5 + 1.499\ 1 + 1.498\ 7 + 1.497\ 6)\ \mathrm{V}$$

$$= 1.498\ 23\ \mathrm{V}$$

(2) 计算 A 类标准不确定度:

$$u_A(\overline{x}) = s(\overline{x}) = \sqrt{\frac{\sum_{i=1}^{N}(U_i - \overline{U})^2}{N(N-1)}}$$

$$= 10^{-3} \times \sqrt{\frac{0.77^2 + 1.73^2 + 0.27^2 + 0.87^2 + 0.47^2 + 0.63^2}{6(6-1)}}\ \mathrm{V}$$

$$= 4.09 \times 10^{-4}\ \mathrm{V}$$

(3) 计算电压表的最大允许误差:

$\Delta_仪 = (0.02\%)U + 3 \times$ 最低位数值 $= (0.02\% \times 1.498\ 23 + 3 \times 0.000\ 1)\mathrm{V} = 6.00 \times 10^{-4}\ \mathrm{V}$

(4) 计算 B 类标准不确定度:

$$u_B = \frac{\Delta_仪}{\sqrt{3}} = \frac{6.00 \times 10^{-4}}{1.732}\ \mathrm{V} = 3.46 \times 10^{-4}\ \mathrm{V}$$

(5) 计算合成标准不确定度 u_C:

$$u_C = \sqrt{u_A^2 + u_B^2} = 10^{-4} \times \sqrt{4.09^2 + 3.46^2}\ \mathrm{V} = 5.4 \times 10^{-4}\ \mathrm{V}$$

②间接测量量的合成标准不确定度 u_C。

在物理实验中,某些物理量无法直接测量得到,而需根据待测量与若干直接测量值的函数关系计算得到,这样的测量称为间接测量。因此,直接测量值的不确定度就必然影响到间接测量值,间接测量值的不确定度也需要由各直接测量值的不确定度通过传递公式计算得到。

(a)一元函数的间接测量量的合成标准不确定度 u_C。

设 x 是直接测量量,y 是间接测量量,它们之间的函数关系为 $y = f(x)$。可用微分法计算合成标准不确定度 u_C。具体做法为:求函数的微分 $\mathrm{d}y$ 得 $\mathrm{d}y = f'(x)\mathrm{d}x$,因此合成标准不确定度 u_C 为

$$u_C(y) = f'(x)u_C(x) = \frac{\mathrm{d}y}{\mathrm{d}x}u_C(x) \tag{1-4-16}$$

（b）多元函数的间接测量量的合成标准不确定度 u_C。

设 $x_1, x_2, \cdots, x_i, \cdots, x_N$ 是 N 个不同的直接测量量，每个直接测量量的合成标准不确定度分别为 $u_C(x_1), u_C(x_2), \cdots, u_C(x_i), \cdots, u_C(x_N)$。$y$ 是间接测量量，与直接测量量的函数关系为 $y = f(x_1, x_2, \cdots, x_i, \cdots, x_N)$。可用微分法求出不确定度，即先求函数的全微分

$$\mathrm{d}y = \frac{\partial y}{\partial x_1}\mathrm{d}x_1 + \frac{\partial y}{\partial x_2}\mathrm{d}x_2 + \cdots + \frac{\partial y}{\partial x_i}\mathrm{d}x_i + \cdots + \frac{\partial y}{\partial x_N}\mathrm{d}x_N$$

上式中 $\dfrac{\partial y}{\partial x_i}$ 称为不确定度传递函数（也称为灵敏度函数），它表示间接测量量随第 i 个直接测量量变化的灵敏程度。

再按下式计算间接测量量的合成标准不确定度 u_C：

$$u_C(y) = \sqrt{\left[\frac{\partial y}{\partial x_1}u_C(x_1)\right]^2 + \left[\frac{\partial y}{\partial x_2}u_C(x_2)\right]^2 + \cdots + \left[\frac{\partial y}{\partial x_N}u_C(x_N)\right]^2} \tag{1-4-17}$$

注意：当直接测量量与间接测量量之间的函数关系为乘除或幂指数时，不确定度的计算可以采用相对不确定度计算来代替，这样可简化运算。相对不确定度的运算步骤如下：

第一步，对函数取对数（可以取自然对数、常用对数等）；

第二步，对由第一步得到的函数进行全微分的计算；

第三步，将由第二步得到的函数的全微分换成相应的不确定度，对函数项进行平方运算后求和，再开二次方即可得到相对不确定度。

（4）扩展不确定度的估算。

扩展不确定度是将合成标准不确定度乘以一个与置信概率、置信区间相关联的包含因子 k（一般取 2 或 3）而得到的不确定度，即

$$U = ku_C(y)$$

四、测量结果的表示

1. 测量结果的表示方法

（1）多次测量结果的表示方法。

对一个被测量做多次重复测量时，无论被测量是直接测量量还是间接测量量，测量结果都表示为

$$x = \bar{x} \pm u_C(x) \tag{1-4-18}$$

$$E = \frac{u_C(x)}{\bar{x}} \times 100\% \tag{1-4-19}$$

（2）单次测量结果的表示方法。

在实际测量时，常遇到由于实验环境、条件等因素的影响，被测量不能做重复测量；被测量随时间变化，不能做重复测量；因被测量不稳定，随机误差对测量结果的影响较小，不用做重复测量等情况。此时，进行单次测量即可。

$$E = \frac{u_{\mathrm{B}}(x)}{x} \times 100\% = \frac{\Delta_{仪}}{x} \times 100\% \qquad (1\text{-}4\text{-}22)$$

为方便计算,表 1-4-2 列出了常用函数的不确定度传递公式,从中可得出以下结论:当函数测量关系为"和"与"差"时(可以有常数系数,如表中的 A、m、n、k 常量),用式(1-4-16)或式(1-4-17)直接求不确定度很方便;当函数测量关系为"积"与"商"时(同样可以有常数系数),用式(1-4-19)求相对不确定度更为方便。

表 1-4-2 常用函数的不确定度传递公式

测量关系	不确定度传递公式
$y = kx_1 \pm mx_2$	$U_y = \sqrt{k^2 U_{x_1}^2 + m^2 U_{x_2}^2}$
$y = A\dfrac{x_1^k x_2^m}{x_3^n}$	$E_r = \dfrac{U_y}{y} = \sqrt{k^2\left(\dfrac{U_{x_1}}{x_1}\right)^2 + m^2\left(\dfrac{U_{x_2}}{x_2}\right)^2 + n^2\left(\dfrac{U_{x_3}}{x_3}\right)^2}$
$y = \sin x$	$U_y = \lvert \cos x \rvert U_x$
$y = \ln x$	$U_y = \dfrac{U_x}{x}$

2. 不确定度和测量结果的取位与修约

(1)不确定度的取位与修约。

根据国家技术规范的规定,测量结果的不确定度通常取 1 至 2 位有效数字,最多不超过 3 位有效数字。在实际应用中,对要求不高的实验,测量结果的不确定度常常取 1 位或 2 位有效数字,且当不确定度的首位数字大于或等于 3 时取 1 位或 2 位有效数字,当不确定度的首位数字不小于 5 时取 1 位有效数字;对要求较高的实验,测量结果的不确定度取 2 位有效数字。在计算过程中,不确定度可以保留 3 位或更多位有效数字。测量结果的相对不确定度一般取 2 位有效数字。

不确定度的修约原则是:当不确定度保留 2 位有效数字时,按"不为零即进位"原则进行修约;当不确定度保留 1 位有效数字时,按"三分之一原则"进行修约。"三分之一原则"即:拟舍数小于保留数末位的 1/3 时舍弃,大于保留数末位的 1/3 时进位。如 0.533 保留 1 位有效数字,拟舍数 0.033 大于 0.5 的一个分度 0.1 的 3 倍,应进位,即为 0.6。再如 0.524 3 保留 1 位有效数字,拟舍数 0.024 3 不大于 0.5 的一个分度 0.1 的 3 倍,应舍去,即为 0.5。

(2)测量结果的取位与修约。

测量结果的取位原则是:测量结果的末位数字必须与不确定度的末位数字对齐,即在被测量、测量值和不确定度这三个量单位相同、幂指数相同的情况下,测量值的最后一位与不确定度的最后一位对齐。

测量结果的修约与有效数字的修约相同,即遵守四舍六入五成双的规则。

例题 1-4-5 实验测得两个电阻的阻值分别为 $R_1 = (25.1 \pm 0.3)\ \Omega$、$R_2 = (74.9 \pm 0.3)\ \Omega$,求它们串联后的电阻 R。

解:串联电阻值为

$$R = R_1 + R_2 = (25.1 + 74.9) = 100 \ \Omega$$

不确定度为

$$u_C(R) = \sqrt{u_C{}^2(R_1) + u_C{}^2(R_2)} = \sqrt{0.3^2 + 0.3^2} \ \Omega = 0.4 \ \Omega$$

实验结果为

$$R = (100.0 \pm 0.4) \ \Omega$$

$$E = \frac{u_C(x)}{x} \times 100\% = \frac{0.4}{100} \times 100\% = 0.4\%$$

练习题

1. 已知直接测量量 x 的 6 次测量值为 13.03 mm、12.98 mm、13.00 mm、13.02 mm、12.96 mm、13.06 mm，求 A 类标准不确定度。

2. 用天平称物体质量 m，测量值分别为 3.127 g、3.122 g、3.119 g、3.120 g、3.125 g，写出测量结果的标准形式。

3. 改正下列表示结果中的错误：

(1) $d = (12.674 \pm 0.04)$ cm；

(2) $h = (17.4 \times 10^4 \pm 2\,000)$ km；

(3) $\theta = 37° \pm 2'$。

1-5　实验数据处理的基本方法

在物理实验中，对经测量得到的许多数据需要进行处理，方能用以表示测量的最终结果。对实验数据进行记录、整理、计算、分析、拟合等，从中获得实验结果，寻找物理量变化规律或经验公式的过程，就是数据处理。数据处理是实验的一个重要组成部分，是实验课的基本训练内容之一。本节主要介绍列表法、作图法、图解法、逐差法和线性回归法。

一、列表法

列表法就是将一组实验数据和计算的中间数据，依据一定的形式和顺序列成表格。列表法可以简单明确地表示出物理量之间的对应关系，便于分析和发现数据的规律性，有助于检查和发现实验中的问题。在设计数据表格时要做到以下几点。

(1) 表格设计要合理，以利于记录、检查、运算和分析。

(2) 对于表格中涉及的各物理量，符号、单位及量值的数量级均要表示清楚，但不要把单位写在数字后。

(3) 表中数据要正确反映测量结果的有效数字和不确定度。除原始数据外，计算过程中的

表 1-5-1　牛顿环测透镜曲率半径的实验数据记录表

读数显微镜:100 分度

环数 k	22	21	20	19	18
环左边位置/mm					
环右边位置/mm					
直径 D_k/mm					
D_k^2/mm^2					
环数 $k-m$	17	16	15	14	13
环左边位置/mm					
环右边位置/mm					
直径 D_{k-m}/mm					
D_{k-m}^2/ mm^2					
$D_k^2 - D_{k-m}^2$/mm^2					
R/mm					

二、作图法

作图法是在坐标纸上用图线表示物理量之间的关系、揭示物理量之间的联系的方法。作图法具有简明、形象、直观、便于比较实验结果等优点,是一种最常用的数据处理方法。作图法的基本规则如下。

(1) 根据函数关系选择适当的坐标纸(如直角坐标纸、单对数坐标纸、双对数坐标纸、极坐标纸等)和比例,画出坐标轴,标明物理量符号、单位和刻度值,并写明测试条件。

(2) 坐标的原点不一定是变量的零点,可根据测试范围加以选择。坐标分格最好使最低数字的一个单位可靠数字与坐标最小分度相当。纵、横坐标比例要恰当,以使图线居中。

(3) 描点和连线。根据测量数据,用直尺和笔尖使实验点准确地落在相应的位置。当在一张图纸上画上几条实验曲线时,每条图线应用不同的标记,如＋、×、•、△等符号,以免混淆。连线时,要顾及数据点,使曲线光滑(含直线),并使数据点均匀分布在曲线(直线)的两侧,且尽量贴近曲线(直线)。个别偏离过大的点要重新审核,应剔去粗大数据点。

(4) 标明图名等。在画好实验图线后,应在图纸下方或空白的明显位置处,写上图的名称、作者和作图日期,有时还要附上简单的说明,如实验条件等,使读者一目了然。作图时,一般将纵轴代表的物理量写在前面,将横轴代表的物理量写在后面,中间用"-"连接。

(5) 将图纸贴在实验报告中的适当位置。

三、图解法

在物理实验中,实验图线作出以后,有时可以由图线求出经验公式。图解法就是根据基于实验数据作好的图线,用解析法找出相应的函数形式。实验中经常遇到的图线是直线、抛物线、双曲线、指数曲线、对数曲线。特别是当图线是直线时,采用此方法较为方便。采用图解法处理数据,首先要画出合乎规范的图线。图解法的要点如下。

1. 选择图纸

作图纸有直角坐标纸（即毫米方格纸）、对数坐标纸和极坐标纸等，根据作图需要选择。在物理实验中，比较常用的作图纸是直角坐标纸。

2. 用直线图解法求直线的方程

如果作出的实验图线是一条直线，则经验公式应为直线方程：

$$y = kx + b \tag{1-5-1}$$

要建立此方程，必须通过实验直接求出 k 和 b。k 和 b 的求解一般采用斜率截距法。

在图线上选取两点 $P_1(x_1, y_1)$ 和 $P_2(x_2, y_2)$，注意不得用原始数据点，而应从图线上直接读取，且坐标值最好是整数值。另外，所取的两点在实验范围内应尽量彼此分开一些，以减小误差。由解析几何知，k 为直线的斜率，b 为直线的截距。k 可以根据两点的坐标求出。

$$k = \frac{y_2 - y_1}{x_2 - x_1} \tag{1-5-2}$$

截距 b 为 $x=0$ 时的 y 值。若原绘制的图形并未给出 $x=0$ 段直线，可将直线用虚线延长交 y 轴，从而量出截距。如果起点不为零，也可以由式

$$b = \frac{x_2 y_1 - x_1 y_2}{x_2 - x_1} \tag{1-5-3}$$

求出截距。

3. 曲线改直，曲线方程的建立

由于直线最易描绘，且直线方程的两个参数（斜率和截距）也较易算得，因此对于两变量之间的函数关系是非线性的情形，在用图解法时应尽可能通过变量代换将非线性函数的曲线转变为线性函数的直线。下面为几种常用的变换方法。

（1）$xy = c$（c 为常数）。令 $z = \dfrac{1}{x}$，则 $y = cz$，即 y 与 z 为线性关系。

（2）$x = c\sqrt{y}$（c 为常数）。令 $z = x^2$，则 $y = \dfrac{1}{c^2} z$，即 y 与 z 为线性关系。

（3）$y = ax^b$（a 和 b 为常数）。等式两边取对数得，$\lg y = \lg a + b \lg x$，于是，$\lg y$ 与 $\lg x$ 为线性关系，b 为斜率，$\lg a$ 为截距。

（4）$y = ab^x$（a、b 为常数）。可变换成 $\lg y = \lg a + (\lg b)x$，$\lg y$ 为 x 的线性函数，斜率为 $\lg b$，截距为 $\lg a$。

（5）$y = x/(a+bx)$（a、b 为常数）。可变换成 $1/y = a(1/x) + b$，$1/y$ 为 $1/x$ 的线性函数，斜率为 a，截距为 b。

（6）$y = ae^{bx}$（a 和 b 为常数）。等式两边取自然对数得，$\ln y = \ln a + bx$。于是，$\ln y$ 与 x 为线性关系，b 为斜率，$\ln a$ 为截距。

4. 确定坐标比例与标度

合理选择坐标比例，是作图法的关键所在。作图时，通常以自变量作横坐标（x 轴），以因变

(1 mm)对应于实验数据的最后一位准确数字。坐标比例选得过大会损害数据的准确度。

（2）坐标比例的选取应以便于读数为原则。常用的比例为 1：0.1、1：1、1：2、1：5、1：10 等，即每厘米代表相应倍率单位的物理量。尽量避免采用复杂的比例关系，如 1：3、1：7、1：9 等。这样不但不易绘图，而且读数困难。在坐标比例确定后，应对坐标轴进行标度，即在坐标轴上均匀地标出所代表物理量的数值，标记所用的有效数字位数应与实验数据的有效数字位数相同。标度不一定从零开始，一般用小于实验数据最小值的某一数作为坐标轴的起始点，用大于实验数据最大值的某一数作为坐标轴终点，这样图纸可以被充分利用。

5. 实验数据点的标出

实验数据点在图纸上用"＋"符号标出，符号的交叉点正是实验数据点的位置。若在同一张图上作几条实验曲线，各条曲线的实验数据点应该用不同符号（如×、⊙等）标出，以示区别。

6. 曲线的描绘

由实验数据点描绘出平滑的实验曲线，连线要用透明直尺或三角板、曲线板等拟合。根据随机误差理论，实验数据点应均匀分布在曲线两侧，与曲线的距离尽可能小。个别偏离曲线较远的点，应检查标点是否错误。若无误，表明该点的坐标数据可能是错误数据，在连线时不予考虑。对于仪器仪表的校准曲线和定标曲线，连接时应将相邻的两点连成直线，使整个曲线呈折线形状。

7. 注解与说明

在图纸上要写明图线的名称、坐标比例及必要的说明（主要指实验条件），并在恰当地方注明作者姓名、日期等。

下面举一个例子，以此来具体说明图解法的应用。

例题 1-5-1 金属电阻与温度的关系可近似表示为 $R=R_0(1+\alpha t)$，R_0 为 $t=0$ ℃ 时的电阻，α 为电阻的温度系数。实验数据见表 1-5-2，试用图解法建立金属电阻与温度关系的经验公式。

表 1-5-2　例题 1-5-1 表

i	1	2	3	4	5	6	7
$t/℃$	10.5	26.0	38.3	51.0	62.8	75.5	85.7
R/Ω	10.423	10.892	11.201	11.586	12.025	12.344	12.679

解：温度 t 起点为 10.0 ℃，电阻 R 起点为 10.400 Ω。测算比例：对于 t 轴，$\dfrac{90.0-10.0}{17}=4.7$，故取为 5.0 ℃/cm；对于 R 轴，$\dfrac{12.700-10.300}{25}=0.096$，故取为 0.100 Ω/cm。对照比例选择原则知，选取的比例满足要求。所绘图线见图 1-5-1。

在图线上取两点 $A(13.0,10.500)$ 和 $B(83.5,12.600)$，计算斜率和截距如下：

$$b=\frac{y_2-y_1}{x_2-x_1}=\frac{12.600-10.500}{83.5-13.0}\ \Omega/℃=\frac{2.100}{70.5}\ \Omega/℃=0.029\ 8\ \Omega/℃$$

$$R_0=R_1-bt_1=10.500\ \Omega-0.029\ 8\ \Omega/℃\times13.0\ ℃$$

$$=10.500\ \Omega/℃-0.387\ \Omega/℃=10.113\ \Omega$$

$$\alpha=\frac{b}{R_0}=\frac{0.029\ 8\ \Omega/℃}{10.113\ \Omega}=2.95\times10^{-3}/℃$$

所以,金属电阻与温度的关系为

$$R = 10.113(1 + 2.95 \times 10^{-3}/℃ \times t)\ Ω$$

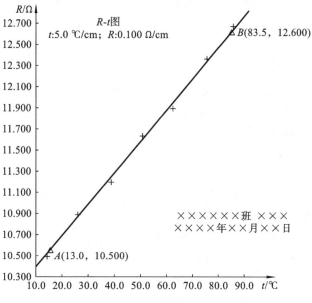

图 1-5-1　金属电阻与温度关系曲线

四、逐差法

1. 逐差法概述

在两个变量之间存在线性关系,且自变量呈等差级数变化的情况下,用逐差法处理数据,既能充分利用实验数据,又具有减小误差的效果。具体做法是:将测量得到的偶数组数据分成前后两组,将对应项分别相减,然后再求平均值。

例如,在弹性限度内,弹簧的伸长量 x 与所受的拉力 F 满足线性关系 $F = kx$。实验时等差地改变拉力,测得一组实验数据如表 1-5-3 所示。

表 1-5-3　弹簧伸长位置实验数据

砝码质量/kg	1.00	2.00	3.00	4.00	5.00	6.00	7.00	8.00
弹簧伸长位置/cm	x_1	x_2	x_3	x_4	x_5	x_6	x_7	x_8

求每增加 1 kg 砝码弹簧的平均伸长量 Δx。

若不加思考进行逐项相减,很自然会采用下列公式计算:

$$\Delta x = \frac{1}{7}\big[(x_2 - x_1) + (x_3 - x_2) + \cdots + (x_8 - x_7)\big] = \frac{1}{7}(x_8 - x_1)$$

结果发现,除 x_1 和 x_8 外,其他中间测量值都未用上,这与一次增加 7 个砝码的单次测量这样全部测量数据都用上了,保持了多次测量的优点,减小了随机误差,计算结果比不加思考进行逐项相减要准确些。

逐差法计算简便,特别是在检查具有线性关系的数据时,可随时"逐差验证",及时发现数据规律或错误数据。

2. 逐差法的数据处理

(1)逐差法适用的条件。

①自变量 x 的变化必须是等间距的,且应具有比函数值 y 更高的测量准确度,即达到自变量 x 的测量不确定度可以忽略不计的程度。

②物理量之间的关系可用多项式表示,如 $y=b+kx$、$y=b+cx+dx^2$ 等。

(2)逐差法处理数据的方法。

①分组逐差——求平均值。

分组逐差法是求等间距测量值平均值常用的一种方法。这种方法是将测量值分成两组,将两组数据对应一一相减,然后求得测量值的平均值。例如,劈尖干涉实验测相邻条纹的间距 d,采用的方法是测 10 个连续等间距条纹位置。测得数据记为 $x_1,x_2,\cdots,x_{10}$。现将测得数据分为 x_1,x_2,x_3,x_4,x_5 和 x_6,x_7,x_8,x_9,x_{10} 两组,然后对每组中的对应项求差,得

$$\Delta x_1 = x_6 - x_1, \quad \Delta x_2 = x_7 - x_2, \quad \Delta x_3 = x_8 - x_3, \quad \Delta x_4 = x_9 - x_4, \quad \Delta x_5 = x_{10} - x_5$$

$$\overline{\Delta x} = \frac{1}{5}(\Delta x_1 + \Delta x_2 + \Delta x_3 + \Delta x_4 + \Delta x_5)$$

$$d = \frac{1}{5}\,\overline{\Delta x}$$

②逐项逐差——检查多项式的幂次。

逐项逐差是把函数值 y 的测量值逐项相减,用来检查函数值 y 与自变量 x 之间的关系。

(a)一次逐差。设 $y=b+kx$,因函数值 y 与自变量 x 呈线性关系,且自变量 x 等间距,故逐项逐差的结果应为一常量。现测得一系列函数值 y 与自变量 x 对应的数据 $x_1,x_2,\cdots,x_i,\cdots,x_N;y_1,y_2,\cdots,y_i,\cdots,y_N$,进行逐项逐差可得

$$\Delta y_1 = y_2 - y_1, \Delta y_2 = y_3 - y_2, \cdots, \Delta y_k = y_{k+1} - y_k$$

若经逐项逐差得到的 $\Delta y_k \approx$ 常量,则可证明函数值 y 与自变量 x 呈线性关系。

(b)二次逐差。设 $y=b+cx+dx^2$,若进行一次逐差后所得的结果 $\Delta y_k \approx$ 常量,则将 Δy_k 再做一次逐项逐差,可得

$$\Delta y_1' = \Delta y_2 - \Delta y_1, \Delta y_2' = \Delta y_3 - \Delta y_2, \cdots, \Delta y_k' = \Delta y_{k+1} - \Delta y_k$$

若经逐项逐差得到的 $\Delta y_k' \approx$ 常量,则可证明函数值 y 与自变量 x 呈二次幂关系。以此类推,可得函数值 y 与自变量 x 之间的幂指数关系。

五、线性回归法

回归是用来研究自变量与因变量之间数量变化关系的一种分析方法。根据回归模型特点,回归问题可分为线性回归问题与非线性回归问题,本节只介绍线性回归问题。在物理实验中,线性回归常用来解决从测量数据中寻找经验公式或提取参数这一类问题,是数据处理的重要内容。例如,用作图法求解问题时,根据数据点作出图线,这就属于回归问题。但是利用同一组数据点,不同的人作出的图线不尽相同,实验结果的不确定度也不同。

1. 最小二乘法的原理

最小二乘法的原理是：等精度的一组数据 $x_i(i=1,2,\cdots,N)$ 中的每个数据的最佳估计值应是能够使每个测量值残差的平方和最小的数值；利用等精度的一组数据 $x_i(i=1,2,\cdots,N)$ 得到的最佳图线应是使所有测量点的残差的平方和最小的图线。设等精度的一组测量值为 x_i $(i=1,2,\cdots,N)$，最佳估计值为 x_0，则根据最小二乘法有

$$f(x) = \sum_{i=1}^{N} (x_i - x_0)^2 = \min$$

解上式可得到最佳估计值 x_0，具体做法如下：

令 $f'(x_0)=0$，则有 $-2\sum_{i=1}^{N}(x_i-x_0)=0$，进而可得 $x_0 = \dfrac{1}{N}\sum_{i=1}^{N}x_i = \overline{x}$ 。

2. 一元线性回归

两个测量值 x 和 y 之间存在关系，通过两个测量量的值求解回归方程的参数，从而得到回归方程的方法称为一元线性回归（也称为线性拟合）。设两个测量量 x 和 y 之间满足方程

$$y = b + kx \tag{1-5-4}$$

上式称为一元线性回归方程，式中 k 和 b 为常量，称为回归系数。

（1）最小二乘法的原理。

现有等精度实验测量数据 $(x_i, y_i)(i=1,2,\cdots,N)$。为简单起见，假设系统误差已修正，偶然误差符合正态分布，且测量值 x 的误差较小，可以不计入不确定度中。根据测量数据 $(x_i, y_i)(i=1,2,\cdots,N)$ 得到的最佳图线所对应的方程可记为 $Y_i = b + kx_i$，则测量值 y_i 在 y 轴方向上与最佳估计值 Y_i 的残差记为

$$\mu_i = y_i - Y_i = y_i - (b + kx_i) \quad (i = 1, 2, \cdots, N) \tag{1-5-5}$$

由贝塞尔公式可知，若残差之和 $\sum_{i=1}^{N}\mu_i^2$ 小，标准差 σ 就小，因而能够使标准差 σ 最小的直线就是拟合直线。这就是最小二乘法的原理。

（2）求解回归方程系数。

$$\sum_{i=1}^{N}\mu_i^2 = \sum_{i=1}^{N}(y_i - b - kx_i)^2 \tag{1-5-6}$$

数学上，使得 $\sum_{i=1}^{N}\mu_i^2$ 为极小值的条件是：一阶导数为零，二阶导数大于零。

以 b 和 k 为变量，对式（1-5-6）分别求一阶偏导数得

$$\frac{\partial}{\partial b}\left(\sum_{i=1}^{N}\mu_i^2\right) = -2\sum_{i=1}^{N}(y_i - b - kx_i) = 0$$

$$\frac{\partial}{\partial k}\left(\sum_{i=1}^{N}\mu_i^2\right) = -2\sum_{i=1}^{N}(y_i - b - kx_i)x_i = 0$$

整理以上两个式子可得

$$k = \frac{\overline{x} \cdot \overline{y} - \overline{xy}}{\overline{x^2} - \overline{x}^2} \tag{1-5-9}$$

$$b = \overline{y} - k\overline{x} \tag{1-5-10}$$

以 b 和 k 为变量,分别对式(1-5-9)和式(1-5-10)求一阶偏导数得到 $\sum\limits_{i=1}^{N} \mu_i^2$ 的二阶偏导数。

(3) 一元回归的相关误差估算。

通常测量点对回归直线偏离较大,从而由(1-5-9)和式(1-5-10)计算出的系数 b 和 k 的误差也会较大,由此确定的回归方程可靠性相对就差。可以证明,在只考虑测量量 y 存在随机误差的情况下,b 和 k 的标准差可由下列公式估算。

截距 b 的实验标准差为

$$\mu(b) = \frac{\sqrt{\overline{x^2}}}{\sqrt{N(\overline{x^2} - \overline{x}^2)}} \mu(y)$$

斜率 k 的实验标准差为

$$\mu(k) = \frac{1}{\sqrt{N(\overline{x^2} - \overline{x}^2)}} \mu(y)$$

上列两式中 $\mu(y)$ 是测量值 y 的实际标准差,计算公式为

$$\mu(y) = \sqrt{\frac{1}{N-2} \sum_{i=1}^{N} \mu_i^2} = \sqrt{\frac{1}{N} \sum_{i=1}^{N} (y_i - b - kx_i)^2}$$

(4) 相关系数。

用来检验变量 x 和 y 的线性关联程度的量值称为相关系数,用符号 r 表示。相关系数 r 的定义为

$$r = \frac{\overline{xy} - \overline{x} \cdot \overline{y}}{\sqrt{(\overline{x^2} - \overline{x}^2)(\overline{y^2} - \overline{y}^2)}} \tag{1-5-11}$$

式中,$\overline{y^2} = \frac{1}{N} \sum\limits_{i=1}^{N} y_i^2$。

由相关系数 r 可知变量 x 和 y 的线性关联程度。理论证明,相关系数 r 的值在 ± 1 之间,即 $|r| \leqslant 1$。$r = \pm 1$,表示变量 x 和 y 是完全线性相关的,所有数据点均在回归直线上;$|r|$ 接近 1,表示变量 x 和 y 是线性相关的,所有数据点在回归直线附近均匀分布,可用最小二乘法处理数据;$r > 0$,回归直线斜率为正,称为正相关;$r < 0$,回归直线斜率为负,称为负相关;$r = 0$,表示变量 x 和 y 是完全不相关的,所有数据点均不在回归直线上。

六、用 Origin 软件处理实验数据简介

物理实验数据处理过程一般为:数据记录→作图→作拟合曲线→根据拟合曲线求斜率或求经验公式。这一过程用计算机处理完成,可克服手工绘图费时费力、偶然性较大、误差大的缺点。数据处理的专用软件很多,目前应用最广的是 Origin 软件包。本节将以热电偶定标和热敏电阻温度特性测量这两个实验为例,简单介绍一下如何利用 Origin 进行作图和数据拟合。至于有关 Origin 更多的知识,请读者查阅有关文献。

1. Origin 基础知识

Origin 是美国 OriginLab 公司推出的一款基于 Windows 操作平台,集数据分析和科学绘

图于一体的软件包。目前 Origin 的流行版本有 Origin 7.0、Origin 7.5 和 Origin 8.0、Origin 9.0等。这些版本具有一些共同的特点，其中最突出的优点是使用简单。由于 Origin 采用直观的、图形化的、面向对象的窗口菜单和工具操作，全面支持鼠标右键操作、支持拖放式绘图等，甚至在完成一项任务时不需要用户编写任何代码，因此它带给用户的是最直观、最简单的数据分析和绘图环境。

Origin 主要包括数据分析和绘图这两大类功能。数据分析包括数据的排序、调整、计算、统计、频谱变换、曲线拟合等各种完善的数学分析功能。用户准备好数据后，只需选择所要分析的数据，再选择相应的菜单命令即可进行各种数据分析。Origin 的绘图是基于模板的，它本身提供了几十种二维和三维绘图模板，用户可以轻松地利用这些模板绘制各种图形。

另外，用户还可自定义数学函数、图形样式和绘图模板，可以方便地和各种数据库软件、办公软件、图像处理软件等链接，可以用 C、Fortran 等高级语言编写数据分析程序，还可以用内置的 Lab Talk 语言编程等。

图 1-5-2 所示是 Origin 操作界面。从中可以看到，Origin 的工作环境类似 Office 的多文档界面。Origin 操作界面主要包括以下几个部分。

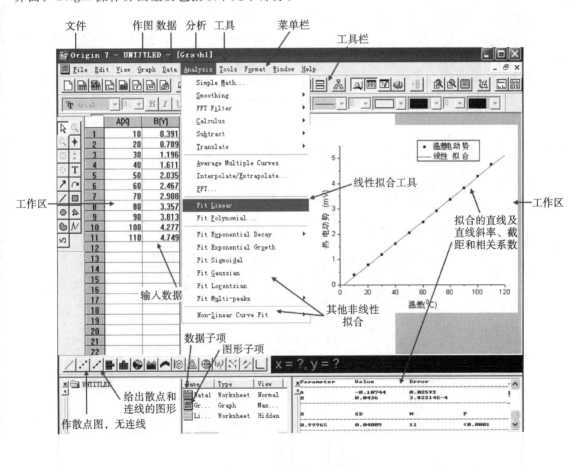

（2）工具栏：处于菜单栏下面，一般最常用的功能都可以直接利用工具栏的按钮来实现。

（3）绘图区：处于窗口中部，所有工作表、绘图子窗口等都在此。

（4）项目管理器：处于窗口下部，类似资源管理器，可以方便切换各个窗口等。

（5）状态栏：处于窗口底部，标出当前的工作内容以及鼠标指到某些菜单按钮时的说明。

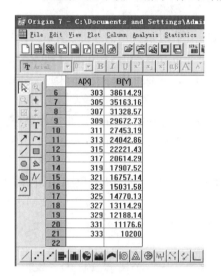

图 1-5-3 在 Worksheet 中输入数据

2. 用 Origin 作图

Origin 作图最简单、最直接的操作方式如下。

（1）输入数据。在新建的 Worksheet 中输入数据 A(X)和 B(Y)，如图 1-5-3 所示。

（2）绘图。单击图 1-5-4 中绘制散点图的图标（图中箭头所指）。在弹出的"Select Columns for Plotting"对话框（见图 1-5-5）中选择"A(X)"和"B(Y)"为 X 和 Y 轴，然后单击"OK"按钮，作出如图 1-5-6 所示的散点图。

需要说明的是，Origin 有多达几十种图形模板，单击不同的绘图图标，所得图形是不同的。

（3）图形定制。Origin 能对已经绘出的图形进行修改，这常称为图形定制。图形定制通常是在图形窗口中，对坐标轴的文字、字体和字号等进行修改，或者在图形窗口中插入文字等。图 1-5-7 就是根据图

图 1-5-4 绘图工具栏

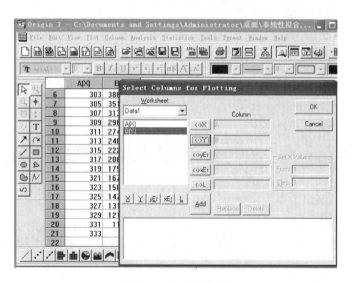

图 1-5-5 确定坐标轴

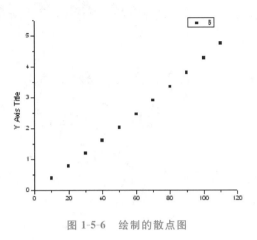

图 1-5-6　绘制的散点图

1-5-6 定制的温差电动势散点图。

此外，Origin 还可以修改坐标轴的标度，如将坐标轴的值取对数，绘制对数坐标图形。图 1-5-8 所示的图形就是将图 1-5-6 的 Y 轴改为对数坐标 lny 得到的。

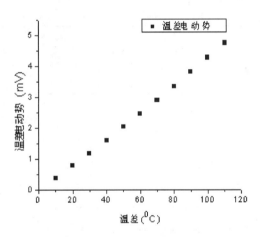

图 1-5-7　定制的温差电动势散点图

3. 用 Origin 进行拟合

在前面讨论了如何利用最小二乘法进行回归分析的问题。通过回归分析，可以根据实验数据找到两个（或更多个）物理量之间的定量关系。很显然，计算过程十分烦琐。若借助于计算机，则可大大简化计算过程。

Origin 具有强大的线性回归和曲线拟合功能，其中最具代表性的是线性回归和非线性最小

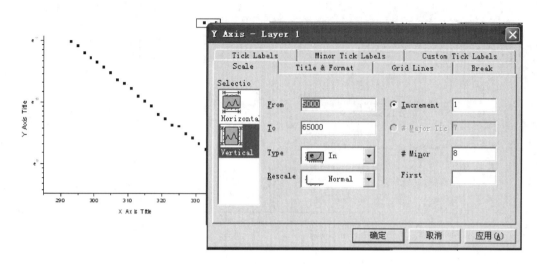

图 1-5-8　对坐标轴标度的定制

（1）线性拟合。

线性拟合适用于两个物理量之间呈线性关系的情形。以热电偶定标实验为例，温差电动势 $E=\alpha\Delta t$，其中 Δt 为热电偶两接头之间的温度差，α 为温差电系数。实验数据见表 1-5-4。

表 1-5-4　热电偶定标实验数据

温度 $t/℃$	温差电动势 E/mV
10	0.391
20	0.789
30	1.196
40	1.611
50	2.035
60	2.467
70	2.908
80	3.357
90	3.813
100	4.277
110	4.749

由于实验中各种因素会导致结果存在一定的误差，因此所测得的数据之间不可能严格满足线性关系，此时，通过线性拟合可以找到物理量之间的线性关系。线性拟合所得的线性回归函数为 $y=a+bx$，包含两个参数 a 和 b。线性拟合的效果如何，一般通过相关系数 r 进行检验。$|r|$ 越接近于 1，物理量之间的线性关系越好。

利用 Origin 进行线性拟合，可以很方便地得出拟合参数 a、b 及相关系数 r。选择图 1-5-9（a）中"Analysis"菜单下的"Fit Linear"（"线性拟合"）选项，即可得到图 1-5-9（b）所示的线性拟合图形。图 1-5-9（c）中"A"为拟合直线的截距，"B"为拟合直线的斜率，"R"为拟合直线的相关系数。从拟合结果来看，相关系数为 0.999 65，非常接近 1，说明温差电动势 E 和温差 Δt 之间的相关性比较好,拟合结果是有效的。同时,由拟合参数可知斜率为 $0.043\,6\ \mathrm{mV/℃}$,此即温差电系数。

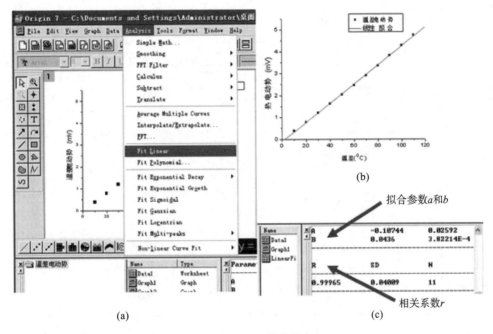

图 1-5-9　Origin 线性拟合

有些情况下,物理量之间并不满足线性关系,根据实验数据所得曲线是非线性的,此时通常只能进行非线性拟合。但是,对于某些特殊的函数关系,可以将非线性关系转化为线性关系,这称为曲线的线性化。然后再利用线性拟合,确定曲线方程的待定参数。

下面以热敏电阻阻值 R_T 与温度 T 的关系为例来说明如何将非线性函数线性化,然后进行线性拟合。表 1-5-5 为测量某种负温度系数热敏电阻温度特性所得的数据。对于某些采用负温度系数材料制成的热敏电阻,阻值与温度之间的经验公式大致具有如下形式:

$$R_T = A\mathrm{e}^{B/T} \tag{1-5-12}$$

其中 A 和 B 为与材料有关的常数。为了确定 A 和 B,可以对等式两边取对数,得 $\ln R_T = B\dfrac{1}{T} + \ln A$。

表 1-5-5　某种负温度系数热敏电阻温度特性实验数据

n	$t/℃$	T/K	$1/T/(/\mathrm{K})$	U/V	R_T/Ω
1	20	293	0.003 413	0.48	58 650.00
2	22	295	0.003 390	0.51	54 900.00
3	24	297	0.003 367	0.57	48 584.21

n	$t/℃$	T/K	$1/T/(/K)$	U/V	$R_T/Ω$
8	34	307	0.003 257	0.84	31 328.57
9	36	309	0.003 236	0.88	29 672.73
10	38	311	0.003 215	0.94	27 453.19
11	40	313	0.003 195	1.05	24 042.86
12	42	315	0.003 175	1.12	22 221.43
13	44	317	0.003 155	1.19	20 614.29
14	46	319	0.003 135	1.33	17 907.52
15	48	321	0.003 115	1.4	16 757.14
16	50	323	0.003 096	1.52	15 031.58
17	52	325	0.003 077	1.54	14 770.13
18	54	327	0.003 058	1.68	13 114.29
19	56	329	0.003 04	1.77	12 188.14
20	58	331	0.003 021	1.88	11 176.60
21	60	333	0.003 003	2.00	10 200.00

以 $1/T$ 为横坐标,以 R_T 的对数 $\ln R_T$ 为纵坐标作出散点图(这种坐标轴称为半对数坐标轴),从而使函数曲线线性化,再用"Linear Fit"进行线性拟合,结果如图 1-5-10 所示。根据拟合结果,可得 $\ln R_T = 4\ 314.3\dfrac{1}{T} - 3.7$,拟合的线性相关系数为 0.998 92,非常接近 1,可见拟合结果与原始数据吻合得相当好。将拟合曲线函数式与经验公式 $\ln R_T = B\dfrac{1}{T} + \ln A$ 对照,可得 $B = 4\ 314.3$,$A = 0.024\ 7$,相应地得出经验公式为 $R_T = 0.024\ 7\mathrm{e}^{\frac{4\ 314.3}{T}}$。

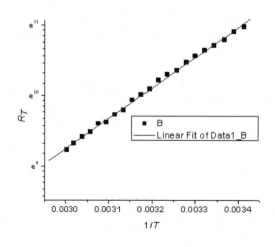

图 1-5-10　半对数坐标的线性拟合

（2）非线性拟合。

如果由实验曲线不能得到线性函数，则只能根据曲线特点，选择合适的非线性拟合函数进行拟合，此即非线性拟合。

Origin 具有强大的曲线拟合功能，其中最具有代表性的是非线性最小平方拟合，且其算法就是前文介绍的最小二乘法，只不过拟合函数是非线性函数而已。Origin 提供了 200 多个曲线拟合的数学表达式，选择图 1-5-9（a）中"Analysis"下拉菜单中"Non-Lineat Curve Fit"（非线性拟合）子菜单，即可选择这些拟合函数。此外，Origin 还能方便地实现用户自定义拟合函数，以满足特殊要求，在物理实验数据处理过程中降低数据处理难度。

下面仍以热敏电阻阻值 R_T 与温度 T 的关系为例来说明如何进行非线性拟合。

以 $1/T$ 为横坐标，以 R_T 为纵坐标，按照前面介绍的方法作出散点图，如图 1-5-11 所示。然后，在"Analysis"下拉菜单中选择"Non-Liner Curve Fit"，然后选择非线性拟合工具"Advanced Fitting Tool"，如图 1-5-12 所示。

一般情况下，非线性拟合的操作步骤如下。

① 打开 NLSF 窗口。单击"Advanced Fitting Tool"选项，打开

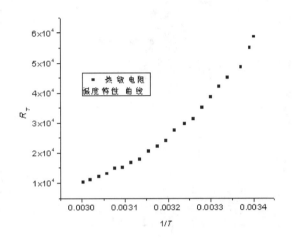

图 1-5-11　R_T 与 $1/T$ 的关系

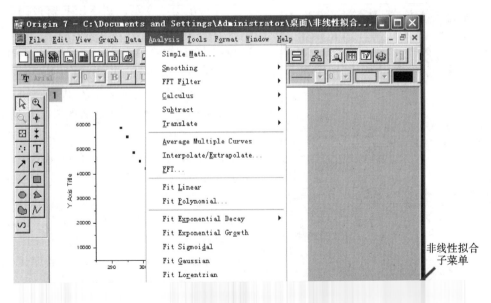

非线性拟合子菜单

NLSF 窗口,如图 1-5-13 所示,然后在 NLSF 窗口"Categories"子窗口中选择合适的函数类型。

②选择拟合函数。根据图 1-5-11 的特点,选择"Exponential"函数类。在所有指数函数中,ExpGro1 的函数形式最接近经验公式即式(1-5-12)。选择该函数,在下拉窗口中可以看到函数的基本表达式为 $y = y_0 + A_1 \mathrm{e}^{x/t_1}$,如图 1-5-14 所示。

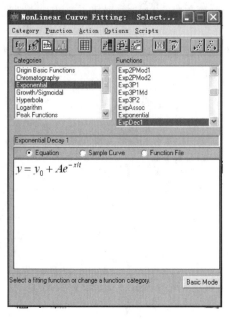

图 1-5-13 NLSF 窗口

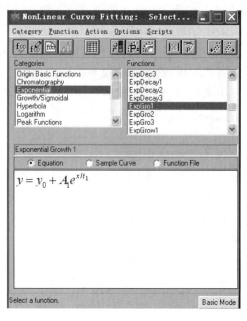

图 1-5-14 选择拟合函数

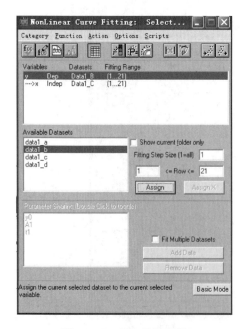

图 1-5-15 指定函数变量

③指定函数变量。在 NLSF 窗口的菜单中选择"Action"中的"Dataset",打开"Select Dataset"对话框。单击"Assign"按钮,选择 y 和 x 所对应的数据列,如图 1-5-15 所示。

④曲线拟合。在 NLSF 窗口的菜单中选择"Action"中的"Fit",分别设置参数的初始值,单击"100 Iter"按钮 2~5 次,直至参数值不变即可。拟合出的曲线也将出现在绘图框中。最后单击"Done"按钮,得到如图 1-5-16 所示的拟合曲线及相应参数。从拟合结果可以知道,拟合函数为 $R_T = -2\,571.6 + 0.098\,2\mathrm{e}^{1/(0.000\,267T)}$。

对非线性拟合的效果需要进行评定。在 Origin 中,主要通过两个指标来反映非线性拟合的效果,一个是相关系数的平方 R^2,另一个是 $\mathrm{Chi}^2/\mathrm{DOF}$。其中,$R^2$ 反映变量 x 引起 y 变异的回归平方和占总平方和的比率。R^2 的取值范围为 $[0,1]$,它只能表示相关程度而不能表示相关

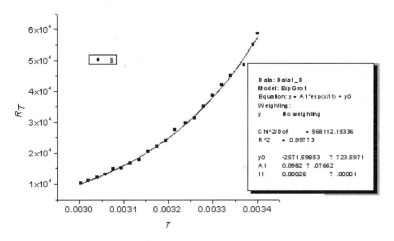

图 1-5-16 使用 ExpGro1 函数的拟合结果

性质,值越大说明相关性越好。Chi² 为剩余残差平方和,即 $\sum\limits_{i=1}^{n}\left[f(x_i)-y_i\right]^2$,其中 $f(x)$ 为非线性拟合函数,y_i 为纵坐标对应的实验数据值,x_i 为横坐标对应的实验数据值。它反映数据点偏离拟合曲线的程度。DOF 为自由度,通常取值为 $n-2$(n 为实验数据的个数)。一般来讲,Chi²/DOF 越小,非线性拟合的效果越好。

根据 Origin 给出的拟合数据,用指数函数 ExpGro1 拟合的相关系数的平方 $R^2=0.99773$,说明相关性较好,但 Chi²/DOF=568 112.153 36 较大。考虑到表 1-5-5 中电阻的测量值较大,即使拟合曲线与实际数据相对偏差较小,Chi²/DOF 也可能较大,故不能单纯地以 Chi²/DOF 值的大小来衡量非线性拟合的效果。

为此,Origin 还提供了一套评价非线性拟合效果的方案。此处仅介绍最简单实用的方法,具体操作步骤如下。

①单击"100 Iter",在拟合参数保持不变后,在 NLSF 窗口中选择"Action | Results",打开"Gernerate Results"对话框,如图 1-5-17 所示。可以看到,在"at Confidence"文本框中系统默认的可信度是 95%。

②单击"Conf. Brand"按钮生成可信带曲线,如图 1-5-18 所示。可信带曲线标识出拟合曲线在什么范围内是可信的。可信带曲线与拟合曲线之间的相对偏差较大,意味着拟合曲线的可信

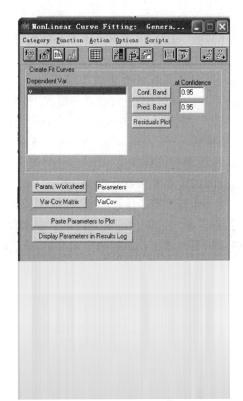

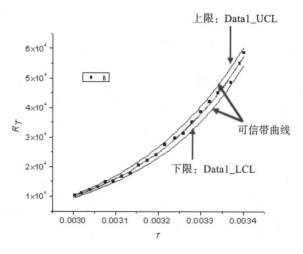

图 1-5-18　可信带曲线

```
Chi^2/DoF      R^2
------------------------------------------
568112.15336   0.99773
------------------------------------------


Parameter     Value          Error
------------------------------------------
y0            -2571.59853    1723.5971
A1            0.0982         0.07662
t1            0.00026        0.00001
```

图 1-5-19　"Results Log"窗口中的拟合参数

　　观察拟合参数的误差("Error"所显示的值)发现,用 ExpGro1 函数拟合时,拟合参数的误差都比较大。这意味着拟合效果不是太好,这些参数的值的可信程度比较低,由此来决定经验公式是不太合适的。

　　考虑到负温度系数热敏电阻阻值与温度之间的经验公式大致为 $R_T = Ae^{B/T}$ 形式,然而 Origin 非线性拟合函数没有这种形式,用户可自定义拟合函数进行非线性拟合,具体操作过程可参阅相关文献。图 1-5-20 所示为自定义拟合函数 $y = P_1 \times \exp(P_2 \times x)$ 所得的拟合结果。

　　根据图 1-5-21 和图 1-5-22 可以发现,使用自定义函数 $y = P_1 \times \exp(P_2 \times x)$ 拟合时可信带较窄,拟合参数的相对误差较小,说明拟合效果好于 ExpGro1 函数。最后,根据拟合结果,可以得出待测的负温度系数热敏电阻阻值与温度之间的经验公式为 $R_T = 0.029e^{4\,269.5/T}$。

　　从上面这个例子可以看出,非线性拟合相比线性拟合要复杂得多,若非线性拟合函数选择不当,或者非线性拟合函数的初始参数设置不当,则拟合的效果未必令人满意。鉴于此,我们通常的做法是尽量将非线性函数线性化,然后利用线性拟合的方法来进行拟合,这样会简单一些,拟合效果的评价和检验也容易一些。

　　以上仅介绍了用 Origin 处理物理实验数据的一些简单用法。事实上,Origin 所能做的远远不止这些,它是一款功能非常强大的数据处理软件。读者可以通过 Origin 操作界面上的下拉菜单去摸索,渐渐地就会有自己的心得了。总之,掌握 Origin 软件对于处理物理实验数据是非常有益的。

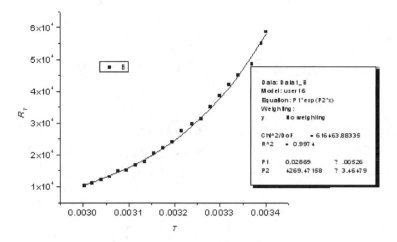

图 1-5-20　使用自定义函数拟合时的结果

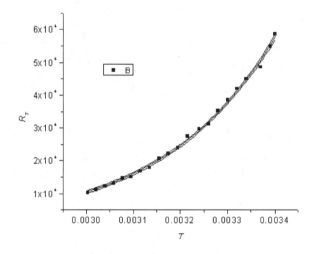

图 1-5-21　使用自定义函数拟合时的可信带曲线

Chi^2/DoF	R^2
616463.88335	0.9974

Parameter	Value	Error
P1	0.02869	0.00526

第 2 章　基础性实验

基础性实验主要学习基本物理量的测量、基本实验仪器的使用、基本实验技能和基本测量方法、误差与不确定度及数据处理的理论与方法等,也是新高考背景下大中物理教育衔接中关于大学物理实验与中学物理实验的衔接教学部分。本章包括力、热、电、光基础性实验共 24 个实验项目。

实验 2-1　长 度 测 量

【实验预习】

(1) 常用的长度单位有哪些?
(2) 常用的长度测量方法有哪些?

【实验目的】

(1) 练习使用测量长度的几种常用仪器。
(2) 练习做好记录和计算不确定度。
(3) 掌握游标卡尺的读数及螺旋测微器的工作原理,并学会正确使用。

【实验原理】

1. 选用适当仪器进行下列测量

(1) 测圆管的内外径及高,求体积。
(2) 测铜丝的直径。
提示:为减小出错,对于直径要做交叉测量。

2. 主要测量仪器的工作原理和精度

(1) 米尺。

米尺的分度值一般为 1 mm,标度的单位一般为厘米。用米尺测量长度时,可以准确到毫米这一位,毫米以下凭眼睛估计,最大估计误差为 0.5 mm(可估读到 0.1 mm)。读数的最后一位是读数的偶然误差所在的位。

(2) 游标卡尺。

游标卡尺的外形如图 2-1-1 所示。

游标刻度尺上一共有 m 分格,而 m 分格的总长度和主刻度尺上 $m-1$ 分格的总长度相等。设主刻度尺上每个等分格的长度为 y,游标刻度尺上每个等分格的长度为 x,则有 $mx=(m-1)y$,主刻度尺与游标刻度尺每个分格之差 $y-x=y/m$ 为游标卡尺的最小读数值,即最小刻度的分

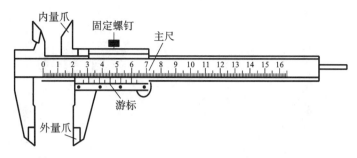

内量爪　固定螺钉　主尺

游标

外量爪

图 2-1-1　游标卡尺的外形

度数值。主刻度尺的最小分度是毫米,若 $m=10$,即游标刻度尺上 10 个等分格的总长度和主刻度尺上的 9 mm 相等,每个游标分度是 0.9 mm,主刻度尺与游标刻度尺每个分度之差 $\Delta x=1$ mm-0.9 mm$=0.1$ mm,这种游标卡尺称作 10 分度游标卡尺;若 $m=20$,则游标卡尺的最小分度为 $1/20$ mm$=0.05$ mm,这种游标卡尺称为 20 分度游标卡尺。常用的还有 50 分度游标卡尺,它的分度数值为 $1/50$ mm$=0.02$ mm。

游标卡尺的读数表示的是主刻度尺的 0 线与游标刻度尺的 0 线之间的距离。读数可分为两部分进行:首先,根据游标刻度尺 0 线的位置读出整数部分(毫米位);其次,根据游标刻度尺上与主刻度尺对齐的刻度线读出不足毫米分格的小数部分,二者相加就是测量值。以 10 分度游标卡尺为例,看一下图 2-1-2 所示的读数。毫米以上的整数部分直接从主刻度尺上读出,为 21 mm。读毫米以下的小数部分时,应细心寻找游标刻度尺上哪一根刻度线与主刻度尺上的刻度线对得

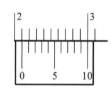

图 2-1-2　游标卡尺读数示图

最整齐,对得最整齐的那根刻度线表示的数值就是我们要找的小数部分。若游标刻度尺上第 6 根刻度线和主刻度尺上的刻度线对得最整齐,应该读作 0.6 mm。所测工件的读数值为 21 mm $+0.6$ mm$=21.6$ mm。如果游标刻度尺上第 4 根刻度线和主刻度尺上的刻度线对得最整齐,那么读数就是 21.4 mm。20 分度游标卡尺和 50 分度游标卡尺的读数方法与 10 分度游标卡尺相同,读数也由两部分组成。

使用游标卡尺时应注意以下几点。

①游标卡尺使用前,应该先将游标卡尺的卡口合拢,检查游标刻度尺的 0 线和主刻度尺的 0 线是否对齐。若二者对不齐,则说明卡口有零误差,应记下零点读数,用以修正测量值。

②推动游标刻度尺时,不要用力过猛,卡住被测物体时松紧应适当,且不能在卡住物体后再移动物体,以防卡口受损。

③用完后两卡口要留有间隙,然后将游标卡尺放入包装盒内,游标卡尺不能随便放在桌上,更不能放在潮湿的地方。

(3) 螺旋测微器(千分尺)。

螺旋测微器的外形如图 2-1-3 所示

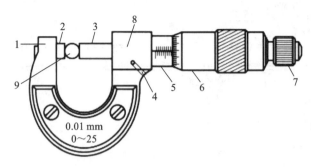

图 2-1-3　螺旋测微器的外形

1—尺架;2—测砧;3—测微螺杆;4—锁紧装置;
5—固定套筒;6—微分筒;7—棘轮;8—螺母套管;9—被测物

螺旋测微器的读数可分两步:首先,观察固定标尺读数准线(即微分筒前沿)所在的位置,可以从固定标尺上读出整数部分,每格 0.5 mm,即可读到半毫米;其次,以固定标尺的刻度线为读数准线,读出 0.5 mm 以下的数值,估计读数到最小分度的 1/10,然后两者相加。

如图 2-1-4 所示,整数部分是 5.5 mm(因固定标尺的读数准线已超过了 1/2 刻度线,所以是 5.5 mm),副刻度尺上的圆周刻度是 20 的刻线正好与读数准线对齐,即 0.200 mm。所以,读数值为 5.5 mm+0.200 mm=5.700 mm。如图 2-1-5 所示,整数部分(主尺部分)是 5 mm,而圆周刻度是 20.9,即 0.209 mm,读数值为 5 mm+0.209 mm=5.209 mm。使用螺旋测微器时要注意零误差,即当两个测量界面密合时,看一下副刻度尺 0 线和主刻度尺 0 线所对应的位置。经过使用后的螺旋测微器 0 点一般对不齐,而是显示某一读数,使用时要分清是正误差还是负误差。如图 2-1-6 和图 2-1-7 所示,如果零误差用 δ_0 表示,测量待测物的读数是 d,则待测量物体的实际长度为 $d'=d-\delta_0$,δ_0 可正可负。

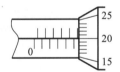

图 2-1-4　螺旋测微器读数示图(一)

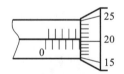

图 2-1-5　螺旋测微器读数示图(二)

在图 2-1-6 中,$\delta_0=-0.006$ mm,$d'=d-(-0.006$ mm$)=d+0.006$ mm。

在图 2-1-7 中,$\delta_0=+0.008$ mm,$d'=d-\delta_0=d-0.008$ mm。

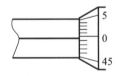

图 2-1-6　螺旋测微器读数示图(三)

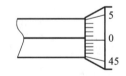

图 2-1-7　螺旋测微器读数示图(四)

【实验装置】

米尺、游标卡尺、螺旋测微器、被测物(圆管和铜丝)。

【实验内容与步骤】

（一）必做部分

（1）测量之前将实验仪器调零。

（2）将被测物固定好之后再读数。

（3）用游标卡尺测出圆管的内径、外径、高，共测五组数据。

（4）观察螺旋测微器的量程、分度值，估计出读数误差，测出铜丝的直径，共测量五次。

（5）对于实验步骤（3）、（4），计算测量不确定度，并写出测量结果。

（二）选做部分

求圆管的体积 V，计算测量不确定度，写出测量结果。

【问题思考】

（1）用螺旋测微器测细丝的直径时如何进行零点校准？

（2）你认为实验中主要误差来自哪里？如何减小误差？

实验 2-2　密　度　测　量

【实验预习】

（1）阿基米德定律是什么？

（2）用物理天平测量质量的方法及注意事项是什么？

【实验目的】

（1）掌握物理天平的使用方法。

（2）掌握测量固体和液体密度的方法。

【实验原理】

1. 用流体静力称衡法测量固体的密度

设待测固体不溶于水，质量为 m_1，用细线将其悬吊于纯水中的称衡值为 m_2，设水当时的密度为 ρ_w，待测固体体积为 V，则由阿基米德定律有

$$V\rho_w g = (m_1 - m_2)g$$

于是有体积为

2．用流体静力称衡法测量液体的密度

设所借助的物体不溶于水，如金属块，质量为 m_1，用细线将其悬吊于纯水中的称衡值为 m_2，悬吊于待测液体中的质量为 m_2'，则待测液体的密度为

$$\rho = \rho_w \frac{m_1 - m_2'}{m_1 - m_2} \tag{2-2-2}$$

3．用比重瓶测量液体的密度

比重瓶在一定温度下有一定的容积，将被测液体注入瓶中，多余的液体可由瓶塞上的毛细管溢出。

设空比重瓶的质量为 m_1，充满密度为 ρ 的待测液体时的质量为 m_2，充满同温度的纯水时的质量为 m_3，则待测液体的密度为

$$\rho = \rho_w \frac{m_2 - m_1}{m_3 - m_1} \tag{2-2-3}$$

【实验装置】

物理天平、烧杯、比重瓶、金属块、纯水、盐水、细线。

【实验内容与步骤】

1．调整天平

（1）调水平。旋转底脚螺钉，使水平仪的气泡位于中心。

（2）调空载平衡。空载时，通过调节横梁两端的调节螺母，使天平横梁抬起后，天平指针指中间或摆动格数相等。

2．用流体静力称衡法测量金属块和盐水的密度

（1）用天平称出被测物在空气中的质量 m_1。

（2）在天平左边的托盘上放上盛有纯水的烧杯，将金属块用细线悬吊于纯水中，称得此时的质量 m_2。

（3）将烧杯中的水倒掉，换上盐水重复上一步，称出金属块在盐水中的质量 m_2'。

（4）将测得数据代入公式进行计算。

3．用比重瓶测量盐水的密度

（1）称出比重瓶的质量 m_1。

（2）比重瓶充满密度为 ρ 的盐水，称出质量 m_2。

（3）称出比重瓶充满同温度的纯水时的质量 m_3。

（4）将数据代入公式进行计算。

【数据记录与处理】

1．用流体静力称衡法测量固体的密度

用流体静力称衡法测量固体的密度数据记录与处理表如表 2-2-1 所示。

表 2-2-1　用流体静力称衡法测量固体的密度数据记录与处理表

次数	待测固体质量 m_1/g	悬挂在纯水中的称衡值 m_2/g	待测固体的密度 $\rho = \rho_w \dfrac{m_1}{m_1 - m_2}$
1			
2			
3			
平均值			

2. 用流体静力称衡法测量液体的密度

用流体静力称衡法测量液体的密度数据记录与处理表如表 2-2-2 所示。

表 2-2-2　用流体静力称衡法测量液体的密度数据记录与处理表

次数	金属块质量 m_1/g	金属块悬挂在待测液体中的称衡值 m'_2/g	金属块悬挂在纯水中的称衡值 m_2/g	待测液体的密度 $\rho = \rho_w \dfrac{m_1 - m'_2}{m_1 - m_2}$
1				
2				
3				
平均值				

3. 用比重瓶测量液体的密度

用比重瓶测量液体的密度数据记录与处理表如表 2-2-3 所示。

表 2-2-3　用比重瓶测量液体的密度数据记录与处理表

次数	空比重瓶质量 m_1/g	充满待测液体质量 m_2/g	充满纯水质量 m_3/g	待测液体的密度 $\rho = \rho_w \dfrac{m_2 - m_1}{m_3 - m_1}$
1				
2				
3				
平均值				

实验 2-3　速度和加速度的测量

【实验预习】

（1）实验中测量速度和加速度分别使用什么类型的挡光片？使用什么操作挡？
（2）气垫导轨如何调平？

【实验目的】

（1）观察匀速直线运动，测量滑块的运动速度。
（2）学习使用气垫导轨和存储式数字计时计数测速仪。

【实验原理】

1. 测量滑块运动的瞬时速度 v

物体作直线运动时，它的瞬时速度定义为：

$$v = \lim_{\Delta t \to 0} \frac{\Delta s}{\Delta t} = \frac{\mathrm{d}s}{\mathrm{d}t} \tag{2-3-1}$$

根据这个定义，瞬时速度实际上是不可能测量的。因为当 $\Delta t \to 0$ 时，$\Delta s \to 0$，测量上有具体困难。我们只能取很小的 Δt 及相应的 Δs，用平均速度来代替瞬时速度 v，即

$$v = \frac{\Delta s}{\Delta t} \tag{2-3-2}$$

尽管像这样用平均速度代替瞬时速度会产生一定的误差，但只要物体的运动速度较大而加速度又不太大，这种误差就不会太大。

2. 测量滑块运动的加速度 a

如图 2-3-1 所示，如果将气垫导轨的一端垫高，形成斜面，滑块下滑时将作匀变速直线运动，有三个基本运动公式：

$$v - v_0 = a(t - t_0) \tag{2-3-3}$$
$$v^2 - v_0^2 = 2a(s - s_0) \tag{2-3-4}$$
$$s - s_0 = v_0(t - t_0) + \frac{1}{2}a\,(t - t_0)^2 \tag{2-3-5}$$

式中 s_0 和 s 以及 v_0 和 v 分别为 t_0 和 t 时刻滑块的位置坐标和相应的瞬时速度。在实验中使用的毫秒计只能从 $t_0 = 0$ 时刻开始计时，所以运动方程变为

$$v - v_0 = at \tag{2-3-6}$$
$$v^2 - v_0^2 = 2a(s - s_0) = 2as \tag{2-3-7}$$
$$s = v_0 t + \frac{1}{2}at^2 \tag{2-3-8}$$

此时 t 为滑块从 s_0 处到 s 处的运动时间，s 为两光电门之间的距离。

实验时，使滑块由导轨最高端（或某一固定位置）静止自由下滑，即可测得不同位置 $s_0, s_1, s_2, \cdots$ 处相应的速度和加速度值，如图 2-3-2 所示。

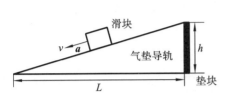

图 2-3-1　滑块下滑示意图

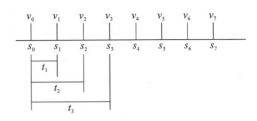

图 2-3-2　位置和速度对应图

【实验装置】

气垫导轨、气源、光电门、MUJ-5B 计时计数测速仪、挡光片、垫块。

【实验内容与步骤】

（1）检查光电门,使存储式数字毫秒计处于正常工作状态;给气垫导轨通气。

（2）水平调整:由于斜面高度 h 是相对于水平面而言的,因此测量前首先应把导轨调整水平。导轨的水平调整分两步完成。

第一步是粗调,方法是在导轨中注入压缩空气,形成气垫后,将滑块放在导轨中部,观察滑块的运动方向,从而判断导轨的倾斜方向。调整导轨支座独脚螺钉,使滑块在导轨上基本稳定。

第二步是用计时器进行细调。如果导轨水平,那么滑块经推动后滑过 P_1 和 P_2 两点的速度应相同,也就要求 Δt_1 与 Δt_2 相等,但考虑到空气阻力的影响,如果导轨水平,那么在滑块从 P_1 向 P_2 运动时应使 P_2 处的速度 v_2 略小于 P_1 处的速度 v_1（或者讲 Δt_2 略大于 Δt_1）,且满足 $0<\dfrac{\Delta t_2-\Delta t_1}{\Delta t_1}<2\%$,同理也要求滑块经碰撞后弹回来经过 P_1、P_2 时,v_1' 略小于 v_2',即 $\Delta t_1'$ 略大于 $\Delta t_2'$,且满足 $0<\dfrac{\Delta t_1'-\Delta t_2'}{\Delta t_1'}<2\%$。达到上述水平调整要求后,再重复做 5 次实验,记录 5 组数据（每组包括 Δt_1、Δt_2、$\Delta t_2'$ 和 $\Delta t_1'$）,以此来证实导轨已水平。

（3）观察匀速直线运动——测量速度。

轻轻推动滑块,观察滑块在导轨上的运动,包括和导轨两端的缓冲弹簧的碰撞情况。分别记下滑块经过两个光电门时的速度 v_1 和 v_2,试比较 v_1 和 v_2 的数值,若 v_1 和 v_2 之间的差别小于 v_1（或 v_2）的 1%,则导轨接近水平,此时可近似认为滑块作匀速直线运动;若 v_1 和 v_2 相差较大,可通过调节导轨底脚螺钉使导轨水平。

（4）测量滑块在倾斜导轨上作匀加速直线运动时任一位置处的瞬时速度 v。

①在倾斜导轨上任一位置处放置一个光电门。

②使滑块从导轨最高处（或某一固定位置）静止自由下滑,由存储式数字毫秒计测出滑块经

两个光电门之间经过时的加速度 a，至少重复 5 次，取平均值。

③改变滑块位置，再自由释放，然后重复步骤②，将数据填入表 2-3-2。

【数据记录与处理】

速度测量数据记录与处理表如表 2-3-1 所示。

表 2-3-1 速度测量数据记录与处理表

滑块位置	速度 v					平均速度 $\bar{v}$
	1	2	3	4	5	
I						
II						
III						

加速度测量数据记录与处理表如表 2-3-2 所示。

表 2-3-2 加速度测量数据记录与处理表

滑块位置	加速度 a					平均加速度 $\bar{a}$
	1	2	3	4	5	
I						
II						
III						

【问题思考】

（1）用平均速度代替瞬时速度的依据是什么？必须保证哪些实验条件？

（2）如果没有天平，我们是否能用气垫导轨与存储式数字毫秒计来测出物体质量？若能，简述操作步骤。

【注意事项】

（1）实验时保持气垫导轨的气流通畅，只有气垫导轨喷气，才可将滑块放在气垫导轨上；实验完毕后，先从气垫导轨上取下滑块，再关气源，以避免划伤气垫导轨。

（2）如气垫导轨不喷气，滑块长时间放在气垫导轨上，会使气垫导轨变形。

实验 2-4 扭摆法测刚体的转动惯量

【实验预习】

（1）转动惯量的计算公式是什么？

（2）转动定律是什么？

【实验目的】

(1) 用扭摆测定几种不同形状物体的转动惯量和弹簧的扭转常数,并与理论值进行比较。

(2) 验证转动惯量的平行轴定理。

【实验原理】

扭摆的构造如图 2-4-1 所示。在垂直轴上装有一根薄片状的螺旋弹簧,用以产生恢复力矩。在垂直轴的上方可以装上各种待测物体。垂直轴与支座间装有轴承,以降低摩擦力矩。水平仪用来调整系统平衡。

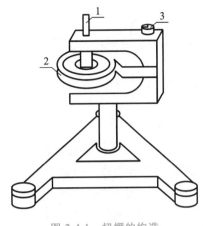

图 2-4-1　扭摆的构造

1—垂直轴;2—螺旋弹簧;3—水平仪

将物体在水平面内转过一个角度 θ 后,在弹簧的恢复力矩作用下,物体开始绕垂直轴作往返扭转运动。根据胡克定律,弹簧受扭转而产生的恢复力矩 M 与所转过的角度 θ 成正比,即

$$M = -K\theta \tag{2-4-1}$$

式中,K 为弹簧的扭转常数。根据转动定律,有

$$M = I\beta \tag{2-4-2}$$

其中,I 为物体绕转轴的转动惯量,β 为角加速度。令 $\omega^2 = K/I$,忽略轴承的摩擦阻力矩,则由式(2-4-1)、式(2-4-2)得

$$\beta = \frac{\mathrm{d}^2\theta}{\mathrm{d}t^2} = -\frac{K}{I}\theta = -\omega^2\theta \tag{2-4-3}$$

式(2-4-3)表明:扭摆运动具有角谐振动的特性,角加速度与角位移成正比,且方向相反。此方程的解为

$$\theta = A\cos(\omega t + \varphi) \tag{2-4-4}$$

式中,A 为谐振动的角振幅,φ 为初相位角,ω 为角频率。谐振动的周期为

$$T = \frac{2\pi}{\omega} = 2\pi\sqrt{\frac{I}{K}} \tag{2-4-5}$$

由式(2-4-5)可知,当 I 和 K 中任何一个量为已知时,测得物体扭摆的摆动周期 T,即可计算出另一个量。

本实验首先测定一个几何形状规则的物体的摆动周期,它的转动惯量可以根据它的质量和几何尺寸用理论公式直接计算得到,因此可根据式(2-4-5)算出本仪器弹簧的 K 值。接着测定其他物体的转动惯量,即将待测物体安放在本仪器顶部的夹具上,测定其摆动周期,由式(2-4-5)算出物体绕转动轴的转动惯量。

【实验装置】

扭摆及几种待测转动惯量的物体、TH-Ⅰ型转动惯量测试仪、游标卡尺、卷尺、物理天平。

【实验内容与步骤】

实验操作微课

（一）必做部分

（1）测出塑料圆柱体的直径、金属圆筒的内外直径、塑料球的直径、金属细杆的长度及各物体的质量，计算各物体的转动惯量理论值。

（2）调整扭摆基座底脚螺钉，使水准仪中的气泡居中。

（3）测定扭摆的扭转常数 K。

①装上金属载物盘，并调整光电探头的位置，使金属载物盘上的挡光杆处于光电探头缺口中央且能遮住发射、接收红外光线的小孔，测定摆动周期 T_0。

②将塑料圆柱体垂直放在金属载物盘上，测定摆动周期 T_1。

③由 T_0、T_1 及塑料圆柱体转动惯量的理论值 I_1' 计算扭摆的扭转常数 K。

$$K = 4\pi^2 \frac{I_1'}{T_1^2 - T_0^2}$$

（4）分别测定金属圆筒、塑料球及金属细杆的转动惯量。

①用金属圆筒代替塑料圆柱体，测定摆动周期 T_2。

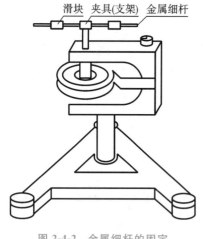

图 2-4-2　金属细杆的固定

②取下金属载物盘，装上塑料球，测定摆动周期 T_3（在计算塑料球的转动惯量时，应扣除夹具的转动惯量 $I_{支座}$）。

③取下塑料球，按图 2-4-2 装上金属细杆（金属细杆中心必须与转轴重合），测定摆动周期 T_4（在计算转动惯量时，应扣除夹具的转动惯量 $I_{夹具}$）。

④根据上述测定的摆动周期，分别计算出各待测物的转动惯量的实验值，并与理论值相比较，计算二者的百分误差。

（二）选做部分

验证转动惯量的平行轴定理：将滑块对称地放置在金属细杆两边的凹槽内，此时滑块质心离转轴的距离分别为 5.00 cm，10.00 cm，15.00 cm，20.00 cm，25.00 cm，分别测定金属细杆的摆动周期，计算滑块在不同位置时的转动惯量（计算时应扣除夹具的转动惯量 $I_{夹具}$），并与理论值相比较，计算二者的百分误差。

【数据记录与处理】

（1）用列表法给出各物体几何尺寸、质量的测量结果及转动惯量理论值。

转动惯量的测定数据记录与处理表如表 2-4-1 所示。

表 2-4-1 转动惯量的测定数据记录与处理表

物体名称	质量 m/kg	几何尺寸 /($\times 10^{-2}$ m)	周期/s T_i	周期/s $\overline{T_i}$	转动惯量理论值 /($\times 10^{-4}$ kg·m^2)	转动惯量实验值 /($\times 10^{-4}$ kg·m^2)
金属载物盘	/	/			/	$I_0 = \dfrac{I_1' T_0^2}{T_1^2 - T_0^2}$
塑料圆柱体					$I_1' = \dfrac{1}{8} m D_{柱}^2$	$I_1 = \dfrac{K T_1^2}{4\pi^2} - I_0$
金属圆筒					$I_2' = \dfrac{1}{8} m (D_{外}^2 + D_{内}^2)$	$I_2 = \dfrac{K T_2^2}{4\pi^2} - I_0$
塑料球					$I_0' = \dfrac{1}{10} m D_{球}^2$	$I_3 = \dfrac{K T_3^2}{4\pi^2} - I_{支座}$
金属细杆					$I_4' = \dfrac{1}{12} m L^2$	$I_4 = \dfrac{K T_4^2}{4\pi^2} - I_{夹具}$

（2）计算扭摆中弹簧的扭转常数 K。

（3）给出各物体转动惯量的实验值，与相应理论值相比较，并给出相对误差。

（4）转动惯量平衡轴定理的验证。

验证转动惯量平行轴定理数据记录与处理表如表 2-4-2 所示。

表 2-4-2 验证转动惯量平行轴定理数据记录与处理表

x/($\times 10^{-2}$ m)	5.00	10.00	15.00	20.00	25.00
摆动周期 T /s					
摆动周期平均值 $\overline{T}$ /s					
转动惯量实验值 /($\times 10^{-4}$ kg·m^2) （$I = \dfrac{K}{4\pi^2} T^2 - I_{夹具}$）					

球支座转动惯量实验值为

$$I_{支座} = 0.187 \times 10^{-4} \ \text{kg} \cdot \text{m}^2$$

金属细杆夹具转动惯量实验值为

$$I_{夹具} = 0.321 \times 10^{-4} \ \text{kg} \cdot \text{m}^2$$

两滑块绕通过滑块质心转轴的转动惯量理论值为

$$I'_5 = 0.753 \times 10^{-4} \ \text{kg} \cdot \text{m}^2$$

【问题思考】

（1）计算金属载物盘的转动惯量 I_0。

（2）求出圆环的转动惯量 I_1，并与理论值相比较，求相对误差并进行讨论。

实验 2-5　动量守恒定律的验证

【实验预习】

（1）弹性碰撞和完全非弹性碰撞分别有什么特点？

（2）在气垫导轨上能研究什么类型的碰撞过程？能验证完全弹性碰撞吗？

【实验目的】

（1）在弹性碰撞和完全非弹性碰撞两种情形下，验证动量守恒定律。

（2）学习使用气垫导轨和电脑通用计数器。

（3）了解弹性碰撞和完全非弹性碰撞的特点。

【实验原理】

如果系统不受外力或所受外力的矢量和为零，则系统的总动量（包括方向和大小）保持不变。这一结论称为动量守恒定律。显然，在系统只包括两个物体，且此两物体沿一条直线发生碰撞的简单情形下，只要系统所受的各外力在此直线方向上的分量的矢量和为零，在该方向上系统的总动量就保持不变。

本实验研究两个滑块在水平气垫导轨上沿直线发生的碰撞（见图 2-5-1）。由于气垫的漂浮作用，滑块受到的摩擦力可忽略不计。这样，当发生碰撞时，系统（即两个滑块）仅受内力的相互作用，而在水平方向上不受外力，故系统的动量守恒。

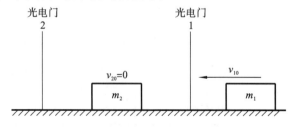

图 2-5-1　验证动量守恒定律原理图

设两个滑块的质量分别为 m_1 和 m_2，它们在碰撞前的速度分别为 v_{10} 和 v_{20}，在碰撞后的速度分别为 v_1 和 v_2，则根据动量守恒定律，有

$$m_1 \boldsymbol{v}_{10} + m_2 \boldsymbol{v}_{20} = m_1 \boldsymbol{v}_1 + m_2 \boldsymbol{v}_2$$

在给定速度的正方向后，上述的矢量式可写成下面的标量式：

$$m_1 v_{10} + m_2 v_{20} = m_1 v_1 + m_2 v_2 \tag{2-5-1}$$

下面分两种情况讨论。

（1）弹性碰撞。

弹性碰撞的特点是碰撞前后系统的动量守恒，机械能也守恒。用公式可表示为

$$\frac{1}{2} m_1 v_{10}^2 + \frac{1}{2} m_2 v_{20}^2 = \frac{1}{2} m_1 v_1^2 + \frac{1}{2} m_2 v_2^2 \tag{2-5-2}$$

若两个滑块质量相等，即 $m_1 = m_2 = m$，且 $v_{20} = 0$，则由式（2-5-1）和式（2-5-2），并考虑物理上的实际情形，将得到

$$v_1 = 0, \quad v_2 = v_{10}$$

即两滑块彼此交换速度。

若两个滑块质量不相等，即 $m_1 \neq m_2$，仍令 $v_{20} = 0$，则有

$$m_1 v_{10} = m_1 v_1 + m_2 v_2, \quad m_1 v_{10}^2 = m_1 v_1^2 + m_2 v_2^2$$

进而可解得：

$$v_1 = \frac{m_1 - m_2}{m_1 + m_2} v_{10}, \quad v_2 = \frac{2m_1}{m_1 + m_2} v_{10}$$

（2）完全非弹性碰撞。

在上述相同的条件下，如果两个滑块碰撞后，以同一速度运动而不分开，就称为完全非弹性碰撞。完全非弹性碰撞的特点是，碰撞前后系统的动量守恒，但机械能不守恒。

设完全非弹性碰撞后两个滑块一起运动的速度为 v，即 $v_1 = v_2 = v$，则由式（2-5-1）可得

$$m_1 v_{10} + m_2 v_{20} = (m_1 + m_2) v$$

所以

$$v = \frac{m_1 v_{10} + m_2 v_{20}}{m_1 + m_2}$$

当 $m_1 = m_2 = m$，且 $v_{20} = 0$ 时，则 $v = \frac{1}{2} v_{10}$。

【实验装置】

气垫导轨、滑块、挡光片、电脑通用计数器、天平。

【实验内容与步骤】

1. 将气垫导轨调成水平，并使电脑通用计数器处于正常工作状态

（1）调平气垫导轨的两种方法。

下通过两个光电门的速度 v_1 和 v_2，调节支点螺钉使 $v_1 = v_2$，此时可视为气垫导轨已调平。

（2）切记：一定要根据挡光片的宽度选择电脑通用计数器上所需要的挡光片宽度，两者必须一致。这是因为电脑通用计数器直接记录的是挡光片通过光电门的时间，通过电脑通用计数器的转换键使测量值在时间和速度之间转换，才可得到挡光片通过光电门的速度。电脑通用计数器的使用方法见器材介绍。

2．在弹性碰撞情形下验证动量守恒定律

（1）在质量相等（即 $m_1 = m_2$）的两个滑块上，分别装上弹性碰撞器（即金属圈）。

（2）接通气源后，将滑块 m_2 置于两个光电门之间，令其初速度等于零（即 $v_{20} = 0$）。将滑块 m_1 放在气垫导轨任一端，令其运动，经过第一个光电门记录碰前速度为 v_{10}。两滑块相碰后，滑块 m_2 以速度 v_2 向前运动，滑块 m_1 以速度 v_1 运动，测出两滑块碰后的运动速度 v_1 和 v_2 并填入表格。

（3）重复（2）步骤，进行多次测量，记录数据并填入表格。

（4）在滑块 m_1 上加配重，使 $m_1 > m_2$，按照（1）、（2）、（3）步骤重复以上操作，记录数据并填入表格。

注：当 m_2 已经过第二个光电门，而 m_1 还未经过第二个光电门时，应使 m_2 静止，以避免 m_2 与气垫导轨一端相撞后又反弹，影响测量 v_1。

3．在完全非弹性碰撞情形下验证动量守恒定律

（1）在质量相等（即 $m_1 = m_2$）的两个滑块上，分别装上完全非弹性碰撞器（尼龙塔）。

（2）接通气源后，将滑块 m_2 置于两个光电门之间，令其初速度等于零（即 $v_{20} = 0$）。将滑块 m_1 放在气垫导轨任一端，令其运动，经过第一个光电门记录碰前速度为 v_{10}。两滑块相碰后，滑块 m_2 和滑块 m_1 以相同的速度 v 向前运动，当 m_2 经过第二个光电门时记录的速度就是两滑块相撞后的速度 v。

（3）重复（2）步骤，进行多次测量，记录数据并填入表格。

（4）在滑块 m_1 上加配重，使 $m_1 > m_2$，按照（1）、（2）、（3）步骤重复以上操作。

【数据记录与处理】

本实验数据记录与处理表如表 2-5-1～表 2-5-4 所示。

表 2-5-1 动量守恒定律的验证数据记录与处理表（一）

$m_1 = $_____；$m_2 = $_____；$v_{20} = 0$；挡光片宽 $X = $_____

次数	v_{10}	v_1	v_2	$m_1 v_{10}$	$m_1 v_1 + m_2 v_2$

表 2-5-2 动量守恒定律的验证数据记录与处理表（二）

$m_1 = $_____；$m_2 = $_____；$v_{20} = 0$；挡光片宽 $X = $_____

次数	v_{10}	v_1	v_2	$m_1 v_{10}$	$m_1 v_1 + m_2 v_2$

续表

次数	v_{10}	v_1	v_2	$m_1 v_{10}$	$m_1 v_1 + m_2 v_2$

表 2-5-3　动量守恒定律的验证数据记录与处理表（三）

$m_1 = $ _____；$m_2 = $ _____；$v_{20} = 0$；挡光片宽 $X = $ _____

次数	v_{10}	v_1	v_2	$m_1 v_{10}$	$m_1 v_1 + m_2 v_2$

表 2-5-4　动量守恒定律的验证数据记录与处理表（四）

$m_1 = $ _____；$m_2 = $ _____；$v_{20} = 0$；挡光片宽 $X = $ _____

次数	v_{10}	v_1	v_2	$m_1 v_{10}$	$m_1 v_1 + m_2 v_2$

【问题思考】

（1）气垫导轨没有调平对测量结果有何影响？

（2）气流的阻力和导轨的摩擦阻力不可能完全消除，它们对测量结果有何影响？

（3）在弹性碰撞情形下，当 $m_1 \neq m_2$，$v_{20} = 0$ 时，两个滑块碰撞前、后的总动能是否相等？如果不相等，试分析产生误差的原因。

（4）在完全非弹性碰撞情形下，若 $m_1 = m_2$，v_{10} 和 v_{20} 都不等于零，而且方向相同，则由 $m_1 v_{10} + m_2 v_{20} = (m_1 + m_2)v$ 有 $v_{10} + v_{20} = 2v$。试问：如果要验证这个公式，实验应当如何进行？

【注意事项】

（1）气垫导轨的轨面不允许用其他东西敲、碰，否则将破坏轨面精度，甚至使仪器损坏而不能使用。如果轨面有灰尘污物，可用棉球蘸少许酒精擦净轨面。

（2）滑块内表面光洁度很高，严防划伤、碰坏，更不允许让滑块掉在地上。气垫导轨不喷气时，不要将滑块在轨道上来回滑动。调换挡光片时，要将滑块取下。换好挡光片后，再将滑块轻轻地放在导轨上。实验完毕，要把滑块从导轨上取下来，以免导轨变形。需要拿放滑块时要轻拿轻放。

（6）碰撞时应控制滑块碰前速度在 $22\sim30$ cm/s 之间,即频率计计时显示为 $0.3\sim0.45$ s。滑块碰前速度太大,弹簧容易变形;滑块碰前速度太小,碰后滑块运动速度太小,影响测量精度。

实验 2-6 拉伸法测金属丝的杨氏模量

杨氏模量是描述固体材料抵抗形变能力的重要物理量,是工程上选用材料的重要参数之一。它与材料的力学性质和温度有关,而与材料的几何形状无关。测定杨氏模量的方法有很多种,如拉伸法、弯曲法和振动法等。本实验利用静态拉伸法测定金属丝的杨氏模量。在测量金属丝的微小形变时,采用光杠杆法。光杠杆法可实现非接触式的放大测量,直观、简便、精确度高。

【实验预习】

了解什么是杨氏模量。

【实验目的】

（1）掌握光杠杆的原理和使用方法。
（2）掌握各种长度量具的选择与使用。
（3）学会用逐差法和作图法处理实验数据。

【实验原理】

1. 杨氏模量

设金属丝的原长为 L,横截面积为 S,沿长度方向施加外力 F 后,金属丝的伸长量为 ΔL,则金属丝单位面积上受到的垂直作用力 F/S 为正应力,金属丝的相对伸长量 $\dfrac{\Delta L}{L}$ 为线应变。在弹性限度内,由胡克定律可知,金属丝的正应力大小与线应变成正比:

$$\frac{F}{S} = E\frac{\Delta L}{L} \tag{2-6-1}$$

即

$$E = \frac{F/S}{\Delta L/L} \tag{2-6-2}$$

比例系数 E 即为杨氏模量。假定金属丝直径为 d,则金属丝的横截面积为 $S = \dfrac{\pi d^2}{4}$,因此有

$$E = \frac{4FL}{\pi d^2 \Delta L} \tag{2-6-3}$$

只要测出式(2-6-3)中等号右边各量,就可计算出金属丝的杨氏模量。

在式(2-6-3)中,金属丝原长 L 可用米尺测量,直径 d 可用螺旋测微器测量,外力大小 F 可由金属丝下面悬挂的砝码的重量得出。另外,本实验利用光杠杆的光学放大作用,实现对微小伸长量 ΔL 的间接测量。

2．光杠杆测微小长度的变化

图 2-6-1 所示为光杠杆示意图。开始时，光杠杆的平面镜竖直，即镜面法线在水平位置，在望远镜中恰能看到望远镜处标尺刻度线 S_1 的像。当挂上重物后，光杠杆的后脚尖 f_1 随金属丝下降 ΔL，光杠杆的平面镜转过一个角度 θ，法线也转过同一角度 θ，标尺刻度线的像将移动 Δn。

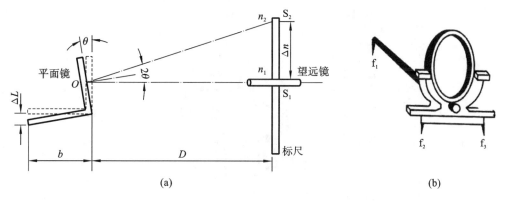

图 2-6-1　光杠杆示意图

由图 2-6-1 可知

$$\tan\theta = \frac{\Delta L}{b} \qquad (2\text{-}6\text{-}4)$$

$$\tan(2\theta) = \frac{\Delta n}{D} \qquad (2\text{-}6\text{-}5)$$

在式(2-6-4)、式(2-6-5)中，b 为光杠杆常数(光杠杆后脚尖至前脚尖连线的垂直距离)，D 为光杠杆镜面至望远镜标尺的距离。由于偏转角度 θ 很小，因此有

$$\theta \approx \frac{\Delta L}{b}, \quad 2\theta \approx \frac{\Delta n}{D}$$

则

$$\Delta L = \frac{b}{2D} \cdot \Delta n \qquad (2\text{-}6\text{-}6)$$

由式(2-6-6)可知，微小变化量 ΔL 可通过测量 b、D、Δn 间接求得。取 $D \gg b$，光杠杆将微小长度变化 ΔL 转换成测量数值较大的标尺读数变化量 Δn，相当于 ΔL 被放大了 $\frac{2D}{b}$ 倍。

将式(2-6-6)代入式(2-6-3)，则有

$$E = \frac{8LD}{\pi d^2 b} \cdot \frac{F}{\Delta n} \qquad (2\text{-}6\text{-}7)$$

通过式(2-6-7)即可计算出杨氏模量 E。

【实验装置】

金属丝的上端。立柱的中部有一个可沿立柱上下移动的平台,用来承托光杠杆。平台上有一个圆孔,孔中有一个可上下滑动的夹头,将金属丝的下端夹紧在夹头中。夹头下面有一个挂钩,挂有砝码托,用来放置拉伸金属丝的砝码。

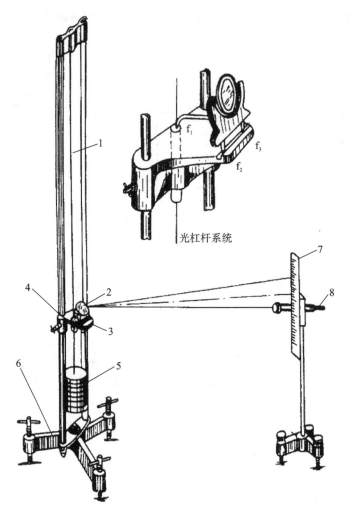

光杠杆系统

图 2-6-2　金属丝杨氏模量测定仪示意图
1—金属丝;2—光杠杆;3—平台;4—挂钩;5—砝码;6—三角底座;7—标尺;8—望远镜

　　光杠杆装置包括镜架和镜尺两大部分。镜架如图 2-6-1(b)所示,它将一直立的平面镜装在一个三脚支架的一端。

　　尺读望远镜结构图如图 2-6-3 所示。在望远镜镜筒内的分划板上,有上下对称两条水平刻线——视距线。测量时,望远镜水平地对准光杠杆镜架上的平面镜,经光杠杆平面镜反射的标尺刻度线的虚像又成实像于分划板上,从两条视距线上可读出标尺刻度线像上的读数。

【实验内容与步骤】

1. 金属丝杨氏模量测定仪的调节
(1) 调节三角底座上的调整螺钉,使支架和金属丝铅直、平台水平。

实验操作微课

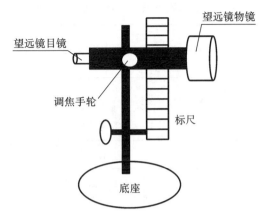

图 2-6-3　尺读望远镜结构图

（2）将光杠杆放在平台上，两前脚放在平台前面的横槽中；后脚（为主脚）放在金属丝下端夹头上适当的位置，不能与金属丝接触，不要靠着圆孔边，也不要放在夹缝中。

2. 光杠杆及尺读望远镜组的调整

（1）将望远镜放在离光杠杆镜面 1.5～2.0 m 处，并粗略地使二者在同一高度。调整光杠杆镜面与平台面垂直，使望远镜呈水平，并与标尺垂直，望远镜应水平对准平面镜中部。

（2）调整望远镜。

①移动标尺架和微调平面镜的仰角，使得通过望远镜镜筒上的准心往平面镜中观察，能看到标尺刻度线的像。

②调整目镜至能看清镜筒中叉丝的像。

③慢慢调整望远镜右侧物镜调焦手轮，直到能在望远镜中看见清晰的标尺刻度线像，并使望远镜中的标尺刻度线的像与叉丝水平线的像重合。

④眼睛在目镜处微微上下移动，如果发现叉丝水平线的像与标尺刻度线的像出现相对位移，应重新微调目镜和物镜，直到视差消除为止。

（3）试加八个砝码，从望远镜中观察是否能看到刻度（估计一下满负荷时标尺读数是否够用），若不能，应将标尺上移至能看到刻度，调好后取下砝码。

（4）用等增量测量法测量。

①记下标尺的初读数 n_1，此时砝码悬挂重量为 1 kg。

②加减砝码。先逐个加砝码，共七个。每加一个砝码（1 kg），记录一次标尺的位置 n_i；然后依次减砝码，每减一个砝码，记下相应的标尺位置 n_i'（所记 n_i 和 n_i' 分别应为偶数个）。

③用钢卷尺或米尺测出金属丝原长（两夹头之间的距离）L。

④在金属丝上选不同部位，用螺旋测微器测出金属丝直径 d，重复测量三次，取平均值。

⑤用钢卷尺测量由平面镜镜面至标尺间的垂直距离 D。

⑥取下光杠杆，在展开的白纸上同时按下三个尖脚，用直尺作出光杠杆后脚尖到两前脚尖
连线的垂线，再用米尺测出 l。

表 2-6-1　金属丝直径数据记录与处理表

序号	1	2	3	平均值
直径 d/mm				

（3）记录加外力 F 后标尺的读数于表 2-6-2 中。

表 2-6-2　加外力 F 后标尺的读数记录与处理表

次数	外力 F/kg	标尺读数/mm		
		加砝码 n_i	减砝码 n_i'	$\overline{n_i}$
1	1.00			
2	2.00			
3	3.00			
4	4.00			
5	5.00			
6	6.00			
7	7.00			
8	8.00			

n_i 是每次加 1 kg 砝码后标尺的读数，$\overline{n_i} = \frac{1}{2}(n_i + n_i')$。

（4）用逐差法处理数据。本实验的直接测量量是等间距变化的多次测量值，故采用逐差法计算出每增加一个砝码标尺读数变化的平均值 $\overline{\Delta n}$（采取隔 4 项逐差）。

（5）计算杨氏模量及其不确定度。

【问题思考】

（1）材料相同，粗细、长度不同的两根金属丝的杨氏模量是否相同？
（2）光杠杆法是如何测量微小长度变化的？有何优点？

【注意事项】

（1）不要用手触摸平面镜和望远镜镜面。
（2）待测金属丝不能扭折。如果金属丝严重生锈和不直，要更换金属丝。
（3）一旦开始测量 n_i，绝对不能对装置的任何部分进行调整。
（4）加减砝码时，要轻拿轻放，在系统稳定后才能读取标尺刻度 n_i。
（5）光杠杆主脚不能与金属丝接触，不要靠着圆孔边，也不要放在夹缝中。
（6）实验完成后，应将砝码取下，防止金属丝疲劳。

实验 2-7　测量金属的线膨胀系数

【实验预习】

微小长度测量方法有哪些?

【实验目的】

(1) 学习并掌握测量金属线膨胀系数的一种方法。
(2) 学会用千分表测量长度的微小增量。

【实验原理】

材料的线膨胀是指材料受热膨胀时,在一维方向上的伸长。线膨胀系数是选用材料的一项重要指标。特别是研制新材料时,少不了要对材料线膨胀系数做测定。

固体受热后长度的增加称为线膨胀。经验表明,在一定的温度范围内,原长为 L 的物体,受热后的伸长量 ΔL 与温度的增加量 Δt 近似成正比,与原长 L 亦成正比,即

$$\Delta L = \alpha \cdot L \cdot \Delta t \tag{2-7-1}$$

式中的比例系数 α 称为固体的线膨胀系数(简称线胀系数)。大量实验表明,不同材料的线膨胀系数不同,塑料的线膨胀系数最大,金属的线膨胀系数次之,殷钢、熔融石英的线膨胀系数很小。殷钢和熔融石英的这一特性在精密测量仪器中有较多的应用。几种材料线膨胀系数的数量级如表 2-7-1 所示。

表 2-7-1　几种材料线膨胀系数的数量级

材料	铜、铁、铝	普通玻璃、陶瓷	殷钢	熔融石英
数量级	$\times 10^{-5}/℃$	$\times 10^{-6}/℃$	$< 2 \times 10^{-6}/℃$	$\times 10^{-7}/℃$

实验还发现,在不同温度区域,同一材料的线膨胀系数不一定相同。某些合金,在金相组织发生变化的温度附近,同时会出现线膨胀量的突变。另外,实验还发现,线膨胀系数与材料纯度有关,某些材料掺杂后,线膨胀系数变化很大。因此,测定线膨胀系数也是了解材料特性的一种手段。但是,在温度变化不大的范围内,线膨胀系数仍可认为是一常量。

为测量线膨胀系数,我们将材料做成条状或杆状。由式(2-7-1)可知,测量初时杆长 L、受热后温度从 t_1 升高到 t_2 时的伸长量 ΔL 和受热前后温度的升高量 Δt ($\Delta t = t_2 - t_1$),则该材料在 (t_1, t_2) 温度区域内的线膨胀系数为

$$\alpha = \frac{\Delta L}{L \cdot \Delta t} \tag{2-7-2}$$

$\Delta t \approx 0.25$ mm。对于这么微小的伸长量,用普通量具如钢尺或游标卡尺是测不准的,可采用千分表(分度值为 0.001 mm)、读数显微镜和光杠杆放大法、光学干涉法等仪器和方法测量。本实验就用千分表测微小的线膨胀量。

【实验装置】

FB712 型金属线膨胀系数测定仪(见图 2-7-1、图 2-7-2)、空心铜棒、空心铝棒、千分表等。

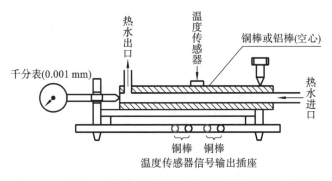

图 2-7-1　FB712 型金属线膨胀系数测定仪测试架结构示意图

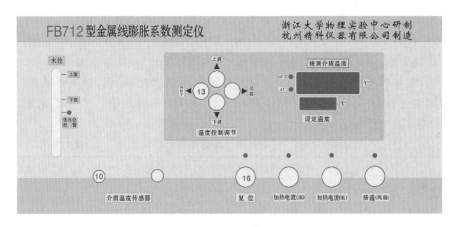

图 2-7-2　FB712 型金属线膨胀系数测定仪面板图

【实验内容与步骤】

(1) 把样品空心铜棒或空心铝棒安装在测试架上。在室温下用米尺重复测量金属棒的原有长度 2~3 次并记录,求出原有长度 L 的平均值。

(2) 参照图 2-7-1 安装好实验装置,连接好加热皮管,打开电源开关,以便从仪器面板水位显示器上观察水位情况。水箱容积大约为 750 mL。

(3) 加水步骤:先打开机箱顶部的加水口和后面的溢水管口塑料盖,用漏斗从加水口往系统内加水,管路中的气体将从溢水管口跑出,直到系统的水位计仅有上方一个红灯亮,其余都转变为绿灯时,可以先关闭溢水管口塑料盖。接着可以按下强制冷却按钮,让循环水泵试运行。这样做的原因是:系统内可能存在大量气泡,造成水位计显示虚假水位,因此利用循环水泵试运行过程,把系统内的气体排出,这时候系统水位下降,仪器自动停机(说明:为了保护加热器不损坏,仪器内置了自动保护装置,只有系统水位处于正常状态才能启动加热或强制冷却装置,系统水位过低、缺水时加热或强制冷却装置将自动停机)。因此,在虚假水位显示已满的情况下,可反复启动强制冷却装置,利用循环水泵的间断工作把管路中的空气排除,即进行启动强制冷却装置→强制冷却装置自动停机→再加水的反复过程,直到系统的水位计最终稳定显示,水位计只剩上方一个红灯未转变为绿灯,此时必须停止加水,以防水从系统溢出,流淌到实验桌上。接下来即可进行正常实验,实验过程中发现水位下降,应该适时补充水。

(4)设置好温度控制器加热温度:金属棒加热温度设定值可根据金属棒所需要的实际温度值设置。

(5)将铜棒(或铝棒)对应的温度传感器信号输出插座与测定仪的介质温度传感器插座相连接。将千分表装在被测介质铜棒(或铝棒)的自由伸缩端固定位置上,使千分表测试端与被测介质接触。为了保证接触良好,一般可使千分表初读数为 0.2 mm 左右,并且把该数值作为初读数对待,不必调零。如果认为有必要调零,可以通过转动表面把千分表主指针读数基本调零,而副指针因无调零装置无须调零。

(6)正常测量时,按下加热按钮(高速或低速均可;但低速挡由于功率小,一般最高只能加热到 50 ℃ 左右),观察被测金属棒温度的变化,直至金属棒温度等于所需温度值(如 35 ℃)。

(7)测量并记录数据。

当被测介质温度为 35 ℃ 时,读出千分表数值 L_{35} 并记录。接着在温度为 40 ℃、45 ℃、50 ℃、55 ℃、60 ℃、65 ℃、70 ℃ 时,记录对应的千分表读数 L_{40}、L_{45}、L_{50}、L_{55}、L_{60}、L_{65}、L_{70}。

(8)用逐差法求出温度每升高 5 ℃ 金属棒的平均伸长量,由式 (2-7-2)即可求出金属棒在 (35 ℃,70 ℃)温度区间的线膨胀系数。

【数据记录与处理】

铜棒、铝棒有效长度记录与处理表如表 2-7-2 所示。

表 2-7-2　铜棒、铝棒有效长度记录与处理表

测量次数	1	2	3	平均值
铜棒有效长度/mm				
铝棒有效长度/mm				

注意:有效长度应等于总长度减去固定螺钉外的一小段(5 mm 左右)。

测铜棒、铝棒千分表读数记录表如表 2-7-3 所示。

表 2-7-3　测铜棒、铝棒千分表读数记录表

样品温度/ ℃	35	40	45	50	55	60	65	70
测铜棒千分表读数 L_i/($\times 10^{-6}$ m)								

【问题思考】

(1) 该实验的误差来源主要有哪些?

(2) 利用千分表读数时应注意哪些问题? 如何消除误差?

实验2-8　直流电桥测电阻

【实验预习】

(1) 惠斯通电桥测电阻的原理是什么?

(2) 开尔文双电桥测低值电阻的原理是什么?

【实验目的】

(1) 掌握用惠斯通电桥测中值电阻的原理和方法。

(2) 掌握用开尔文双电桥测低值电阻的原理和方法。

(3) 熟悉直流电桥测量电阻的原理与特点。

【实验原理】

1. 惠斯通电桥测电阻

图 2-8-1 所示是惠斯通电桥的电路图。在图 2-8-1 中,R_1、R_2、R_3 是三个可调的标准电阻, R_x 是待测电阻,四个电阻连成一个四边形,每条边称作电桥的一个臂。G 是检流计,对角 B 和 D 之间连接检流计,这条线路称为"桥"。G 的作用是将"桥"的两个端点的电位直接进行比较。当 B、D 两点的电位相等时,检流计中无电流通过,即电桥达到平衡。容易证明,这时下式成立:

$$\frac{R_1}{R_2} = \frac{R_x}{R_3} \tag{2-8-1}$$

即

$$R_x = \frac{R_1}{R_2} R_3 = kR_3 \tag{2-8-2}$$

其中 $k = \dfrac{R_1}{R_2}$,称为比例臂的倍率。实验中,k 要取合适的倍率(一是取 10 的整数次幂;二是要保证测量结果有更多的有效数字)。

只要检流计足够灵敏,上式就能相当好地成立,被测电阻值 R_x 可以仅根据三个标准电阻值求得,而与电源电压 E 无关。这一过程相当于把 R_x 和标准电阻相比较,因而 R_x 的测量精度较高。由于在式(2-8-2)中 R_1、R_2 和 R_3 是已知电阻,当电桥灵敏度较高时,待测电阻 R_x 的读数取决于 R_1、R_2 和 R_3 的准确度。

2. 开尔文双电桥测低值电阻

单电桥桥臂上的导线电阻和接点处的接触电阻约为 10^{-3} Ω 量级。由于这些附加电阻与桥臂电阻相比小得多,因此可忽略它们的影响。但用单电桥测 1 Ω 以下的电阻时,这些附加电阻对测量结果的影响就比较突出了。

　　开尔文双电桥可用于测量 $10^{-6} \sim 10\ \Omega$ 的电阻,有效地消减了附加电阻的影响。图 2-8-2、图 2-8-3 所示分别为开尔文双电桥电路结构及其等效电路。开尔文双电桥在电路结构上与单电桥有两点显著不同:①待测电阻 R_x 和桥臂电阻 R_n(标准电阻)均为四端接法;②增加两个高阻值电阻 R_3、R_4,构成双电桥的"内臂"。在该电路中,标准电阻 R_n 的电流头接触电阻为 R_{in1}、R_{in2},待测电阻 R_x 的电流头接触电阻为 R_{ix1}、R_{ix2},这些接触电阻都连接到双臂电桥电流测量回路中,只对总的工作电流 I 有影响,而对电桥的平衡无影响。将标准电阻的电压头接触电阻 R_{n1}、R_{n2} 和待测电阻 R_x 的电压头接触电阻 R_{x1}、R_{x2}

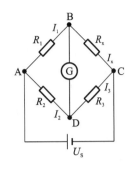

图 2-8-1　惠斯通电桥的
　　　　　电路图

分别连接到双臂电桥电压测量回路中,因为它们与较大电阻 R_1、R_2、R_3、R_4 相串联,对测量结果的影响也极其微小。这样就减少了这部分接触电阻和导线电阻对测量结果的影响。

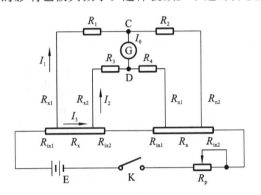

图 2-8-2　开尔文双电桥电路

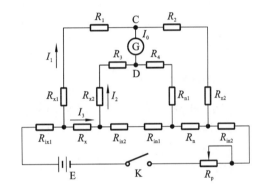

图 2-8-3　开尔文双电桥等效电路

　　当电桥平衡时,通过检流计 G 的电流 $I_G = 0$,C、D 两点等电位,根据基尔霍夫定律,有

$$I_1 R_1 = I_3 R_x + I_2 R_3$$

$$I_1 R_2 = I_3 R_n + I_2 R_4$$

$$(I_3 - I_2) R_i = I_2 (R_3 + R_4)$$

解以上方程组得

$$R_x = \frac{R_1}{R_2} R_n + \frac{R_4 \cdot R_i}{R_3 + R_4 + R_i} \left(\frac{R_1}{R_2} - \frac{R_3}{R_4} \right) \tag{2-8-3}$$

　　调节 R_1、R_2、R_3、R_4,使得 $\dfrac{R_1}{R_2} = \dfrac{R_3}{R_4}$,则式(2-8-3)中等号右边第二项为零,待测电阻 R_x 和标准电阻 R_n 的接触电阻 R_{in1}、R_{ix2} 均包括在低电阻导线 R_i 内,则有

$$R_x = \frac{R_1}{R_2} R_n \tag{2-8-4}$$

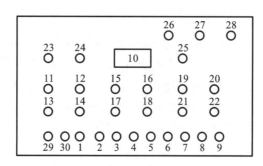

图 2-8-4　DHQJ-3 型非平衡电桥面板结构

1—工作电源负端;2—R_1 电阻端;3—R_2 电阻端;4,5—双桥电流端;6—R_3' 电阻端;7—单桥被测端;8—R_3 电阻端;

9—工作电源正端;10—数显直流毫伏表;11,12,13,14—R_1 电阻调节盘,分别为×1000、×100、×10、×1 电阻盘;

15,16,17,18—R_2 电阻调节盘,分别为×1000、×100、×10、×1 电阻盘;

19,20,21,22—R_3 和 R_3' 电阻调节盘,分别为×1000、×100、×10、×1 电阻盘;23—电源指示灯;

24—电源选择开关,分别选择双桥、3 V、6 V、9 V 四种工作电源;

25—电桥输出转换开关,扳向下为内接,扳向上为外接;26,27—电桥输出"外接"端;

28—屏蔽端,接仪器外壳;29,30—电桥的 B、G 按钮,即工作电源和电桥输出通断按钮

【实验内容与步骤】

利用 DHQJ-3 型非平衡电桥,可以组成平衡电桥惠斯通电桥、开尔文双电桥,也可以组成多种形式的非平衡电桥。本实验用惠斯通电桥测量中值电阻,用开尔文双电桥测低值电阻。

实验操作微课

(1)按图 2-8-1、图 2-8-2,在 DHQJ-3 型非平衡电桥上连接好线路,检查无误后就可进行测量。

(2)测一个中值电阻 R_{x1} 的阻值,测量 3 次(平衡之后读取第一次数据,旋转 R_3 破坏平衡,再调 R_3 达到平衡,读取第二次数据。反复 3 次测量读数。注意,不要动 R_1、R_2,只动 R_3),将测量值填入表 2-8-1 中。

表 2-8-1　中值电阻阻值的测量数据及结果

次数	R_1	R_2	R_3	R_{x1}	$\overline{R_{x1}}$
1					
2					
3					

(3)选择一个标准电阻,测低值电阻 R_{x2} 的阻值,测量 3 次取平均值,将测量值填入表 2-8-2 中。

表 2-8-2　低值电阻阻值的测量数据及结果

标准电阻阻值为_____Ω

次数	R_1	R_2	R_3	R_{x2}	$\overline{R_{x2}}$
1					
2					
3					

【问题思考】

(1) 下列因素是否会使电桥测量的误差增大？为什么？

①电源电压不稳定；

②检流计(内接数字电压表)分度值过大；

③电源电压过低；

④导线电阻不能完全忽略。

(2) 假如要自组建电桥,测量一个阻值约为 1 200 Ω 的电阻,应该考虑哪些因素？给出一组合适的值。

【注意事项】

(1) 将电桥连至 220 V 交流电源,打开电桥后面的电源开关,这时电源指示灯亮,表示已接通电源。

(2) 若选择仪器本身的数显直流毫伏表进行测量,则将电桥输出转换开关扳向"内接";若选择外接电表进行测量,则将电桥输出转换开关扳向"外接"。

(3) 根据被测对象选择合适的工作电压,若做双桥实验,则将电源选择开关打向"双桥";若做单桥、三端电桥和非平衡电桥实验,则根据被测电阻阻值大小,选择 3 V、6 V、9 V 为工作电源。

实验 2-9　测电阻、二极管等电子元件的伏安特性

当电子元件两端被加上电压时,电子元件内部会有电流通过,电流的大小随外加电压的变化而变化。如果以电压为横坐标,以电流为纵坐标,可作出电子元件的电流-电压关系曲线,该曲线称为电子元件的伏安特性曲线。若电子元件的伏安特性曲线是一条直线,则该电子元件为线性电阻元件;若电子元件的伏安特性曲线是曲线,则该电子元件为非线性电阻元件(如二极管、三极管等)。对电子元件伏安特性的研究,有助于加深对有关物理过程、物理规律及其应用的理解和认识。

【实验预习】

(1) 电子元件有哪些?

(2) 怎么测量电子元件的伏安特性?

【实验原理】

金属导体一般是线性电阻元件,它的伏安特性曲线是一条通过原点的直线,如图 2-9-1 所示。从图 2-9-1 中可以看出,直线处在第一、第三象限。金属导体的阻值不随电压、电流的变化而变化,大小为该直线斜率的倒数,即 $R = \dfrac{u}{i}$。

二极管是非线性电阻元件,它的伏安特性曲线如图 2-9-2 所示。二极管有两个极,一个为正极,另一个为负极,电路符号如图 2-9-3 所示。将二极管正极接到电路中的高电位端,负极接至电路中的低电位端,为正向接法;反之,为反向接法。二极管正向连接时导通,反向连接时截止,在电路中表现出单向导电性。

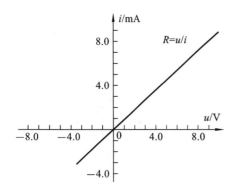

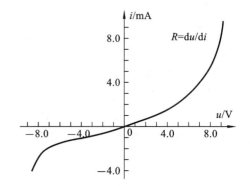

图 2-9-1　线性电阻的伏安特性曲线　　　　图 2-9-2　二极管的伏安特性曲线

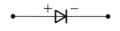

图 2-9-3　二极管电路符号

当外加正向电压很低时,二极管呈现出很大的电阻,电流很小;在外加正向电压增大到超过一定的数值以后,二极管的电阻会显著减小(一般为几十欧),电流增长很快。这个一定数值的外加正向电压称为死区电压,它的大小与电阻材料及环境温度有关。通常,硅二极管的死区电压约为 0.5 V,锗二极管的死区电压约为 0.1 V。在使用二极管时,要注意其工作电流不能大于其正向最大工作电流 I_{max},否则会损坏二极管。

当二极管在电路中反接时,反向电流很小。锗二极管(如 2AP9)的反向电流一般是几十至几百微安,而硅二极管的反向电流在 1 μA 以下。然而,在外加反向电压增大到一定数值后,反向电流会突然增大,二极管失去单向导电性,这种现象称为击穿。二极管被击穿后,一般不能恢复原来的性能,此时二极管失效。对应的这一电压值称为二极管的反向击穿电压。二极管有一个最大反向工作电压,该电压通常取反向击穿电压的一半。使用二极管时,要注意加在其上的反向电压不得超过其最大反向工作电压。

【实验装置】

2AP9 型二极管、DH1718D-4 型双路跟踪稳压稳流电源、MF 10 型万用表、数字万用表、滑线变阻器、820 Ω 待测电阻(金属膜电阻)、30 Ω 保护电阻、导线若干。

【实验内容与步骤】

1. 测绘电阻的伏安特性曲线

（1）按图 2-9-4 连接电路。由于待测电阻的阻值远大于毫安表的内阻,因此采用毫安表内接法。连接电路时要注意两点:选择合适的电表量程;在电源接通前,把滑线变阻器的滑动端调至电压为零的位置。

（2）接通电源。调节滑线变阻器的滑动端,使 R 两端电压从零开始逐步增大。当电压表读数依次为 0.0 V,2.0 V,…,8.0 V 时,从电流表中读出相应的电流值。

（3）把滑线变阻器的滑动端调至电压为零的位置,断开电源开关。将电阻反向,再接通电源开关。依次调节电压至 0.0 V,2.0 V,…,8.0 V,并从电流表中读出相应的电流值。

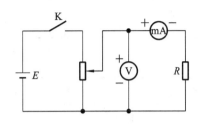

图 2-9-4　测电阻伏安特性电路

（4）记录测得的正、反向电压和电流值,以电压为横坐标,以电流为纵坐标,绘出电阻的伏安特性曲线。

2. 测绘二极管的伏安特性曲线

在测量之前,先记录下所选用二极管的型号和主要参数(如最大正向工作电流和最大反向工作电压),并判断二极管的正负极。

（1）测二极管的正向伏安特性。按图 2-9-5 连接电路,其中 R 是保护电阻,阻值为 30 Ω。选取电压表量程为 2 V、毫安表量程为 10 mA。接通电源,调节滑线变阻器的滑动端,使毫安表读数依次为 0.0 mA,0.2 mA,0.6 mA,1.0 mA,2.0 mA,…,8.0 mA,分别读出电压表相应的读数并记录。

（2）测二极管的反向伏安特性。按图 2-9-6 连接电路,将毫安表换成微安表,选取电流表量程为 50 μA 左右(在必要时可以换量程)、电压表量程为 20 V。接通电源后,逐步改变电压,当电压表读数为 0.0 V,1.0 V,2.0 V,…,8.0 V 时,读出相应的电流值并记录。

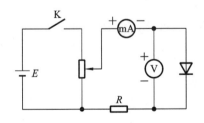

图 2-9-5　测二极管正向伏安特性电路

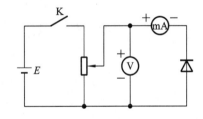

图 2-9-6　测二极管反向伏安特性电路

（3）以电压为横坐标,以电流为纵坐标,根据测得的正、反向电压和电流值,绘出二极管的

【数据记录与处理】

本实验数据记录表可参考表 2-9-1～表 2-9-3 设计。

表 2-9-1　线性电阻的伏安特性数据

电压值/V	0.0	2.0	4.0	6.0	8.0
正向电流值/mA					
反向电流值/mA					

表 2-9-2　二极管的正向伏安特性数据

电压值/V					
正向电流值/mA					

表 2-9-3　二极管的反向伏安特性数据

电压值/V					
反向电流值/mA					

【问题思考】

用电压表和电流表测量电子元件的伏安特性时,电压表可接在电流表之前或之后,两者对测量误差有何影响? 实际测量时应根据什么原则选择?

【注意事项】

开始实验前,应先估算电压和电流的大小,合理选择仪表的量程,勿使仪表超量程,且仪表的极性不能接错。

实验 2-10　数字示波器的调节与使用

【实验预习】

了解数字示波器和模拟示波器的区别。

【实验目的】

(1) 了解示波器的结构与示波原理。

(2) 掌握示波器的使用方法,学会用示波器观测各种电信号的波形。

(3) 学会用示波器测正弦交流电压信号的幅值及频率。

(4) 学会用李萨如图法测量正弦信号的频率。

【实验原理】

1. 双踪示波器的原理

双踪示波器控制电路主要包括电子开关、垂直放大电路、水平放大电路、扫描发生器、同步电路、电源等。

双踪示波器原理框图如图 2-10-1 所示。

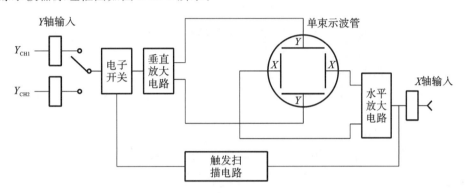

图 2-10-1　双踪示波器原理框图

其中,电子开关使两个待测电压信号 Y_{CH1} 和 Y_{CH2} 周期性地轮流作用于 Y 偏转板,这样在荧光屏上忽而显示 Y_{CH1} 信号波形,忽而显示 Y_{CH2} 信号波形。由于荧光屏荧光物质的余晖及人眼视觉滞留效应,从荧光屏上看到的是两个波形。

正弦波与锯齿波电压的周期稍不同,荧光屏上出现的是一个移动的不稳定图形,这是因为扫描信号的周期与被测信号的周期不一致或不成整数倍,以致每次扫描开始时波形曲线上的起点均不一样。为了获得一定数量的完整周期波形,示波器上设有"time/div"调节旋钮,用来调节锯齿波电压的周期,使之与被测信号的周期呈合适的关系,从而显示出完整周期的正弦波形。

当扫描信号的周期与待测信号的周期一致或是成整数倍时,荧光屏上一般会显示出完整周期的正弦波形,但由于环境或其他因素的影响,波形会移动,为此示波器内装有扫描同步电路,它从垂直放大电路中取出部分待测信号,并输入扫描发生器,迫使扫描信号与待测信号同步,此称为内同步。如果同步电路信号从仪器外部输入,则称为外同步。

2. 示波器显示波形的原理

如果在示波器的 Y_{CH1} 或 Y_{CH2} 端口加上正弦波,在示波器的 X 偏转板加上示波器内部的锯齿波,当锯齿波电压的变化周期与正弦波电压的变化周期相等时,荧光屏上将显示出完整周期的正弦波形,如图 2-10-2 所示。如果在示波器的 Y_{CH1}、Y_{CH2} 端口同时加上正弦波,在示波器的 X 偏转板加上示波器内部的锯齿波,则在荧光屏上将得到两个正弦波。

3. 数字存储示波器的基本原理

数字存储示波器的基本原理框图如图 2-10-3 所示。

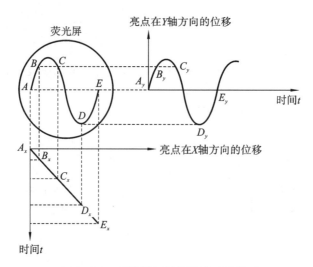

图 2-10-2　示波器显示正弦波形的原理

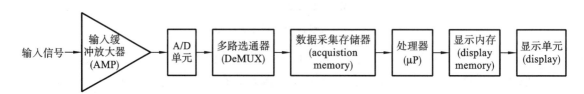

图 2-10-3　数字存储示波器的基本原理框图

至适当的电平范围(示波器可以处理的范围),也就是说不同幅值的信号在通过输入缓冲放大器后会转变成相同电压范围内的信号。

　　A/D 单元的作用是将连续的模拟信号转变为离散的数字序列,然后按照数字序列的先后顺序重建波形。所以,A/D 单元起到一个采样的作用。它在采样时钟的作用下,将采样脉冲到来时刻的信号幅值的大小转化为数字表示的数值。这个点我们称为采样点。A/D 转换器是波形采集的关键部件。

　　多路选通器(DeMUX)将数据按照顺序排列,即将 A/D 转换的数据按照在模拟波形上的先后顺序存入存储器,也就是给数据安排地址,数据地址的顺序就是采样点在波形上的顺序,采样点相邻数据之间的时间间隔就是采样间隔。

　　数据采集存储器(acquisition memory)是将采样点存储下来的存储单元。它将采样数据按照安排好的地址存储下来。当数据采集存储器内的数据足够复原波形时,再将数据送入后级处理,用于复原波形并显示。

　　处理器(μP)用于控制和处理所有的控制信息,并把采样点复原为波形点,存入显示内存区,并用于显示。显示单元(display)将显示内存(display memory)中的波形点显示出来。显示内存中的数据与 LCD 显示面板上的点是一一对应的关系。

　　4. 李萨如图形的基本原理

　　如果在示波器的 CH1 通道加上一正弦波,在示波器的 CH2 通道加上另一正弦波,当两正弦信号的频率比为简单整数比时,在荧光屏上将得到李萨如图形,如图 2-10-4 所示。

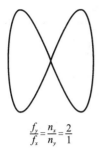

$$\frac{f_y}{f_x} = \frac{n_x}{n_y} = \frac{2}{1} \qquad \frac{f_y}{f_x} = \frac{n_x}{n_y} = \frac{4}{3} \qquad \frac{f_y}{f_x} = \frac{n_x}{n_y} = \frac{8}{5}$$

图 2-10-4　几种李萨如图形

这些李萨如图形是两个相互垂直的简谐振动合成的结果,它们满足

$$\frac{f_y}{f_x} = \frac{n_x}{n_y}$$

其中,f_x 代表 CH1 通道正弦信号的频率,f_y 代表 CH2 通道正弦信号的频率,n_x 代表李萨如图形与假想水平线的切点数目,n_y 代表李萨如图形与假想垂直线的切点数目。

【实验装置】

RIGOL DS1000E 型数字存储示波器,RIGOL DG1022 型信号发生器。

【实验内容与步骤】

实验操作微课

(1) 观察各种波形并测量三个正弦信号的电压、周期和频率,计算相对误差。

调节信号发生器,分别观察三角波、方波、正弦波,熟悉信号发生器和示波器的使用。选择三个频率段的正弦波形,分别测量对应波形电压(峰-峰值)、周期和频率。将数据填入表格,并计算相对误差。注意:标准值即信号发生器显示的值。

(2) 利用李萨如图形测频率(拍照片)。

将两信号发生器分别与示波器的 CH1 输入端和 CH2 输入端相连,将 CH1 和 CH2 输入端信号置于"XY"模式,保持 CH1 输入端信号发生器的频率不变(如 $f_x = 100$ Hz),调节 CH2 输入端信号发生器的频率,使荧光屏上出现大小适中的图形,即出现李莎如图形,计算出 f_y,读出信号发生器上 CH2 输入端信号的频率 f_y',比较 f_y 和 f_y'。

【数据记录与处理】

(1) 观察各种波形并测量三种正弦信号的电压、周期和频率,计算相对误差并填入表 2-10-1 中。

表 2-10-1　三种正弦信号的参数测量

续表

	U_{p-p}/V		f/Hz		T/s	
	测量值	标准值	测量值	标准值	测量值	标准值
信号 2						
相对误差						
信号 3						
相对误差						

（2）用李萨如图形求频率，并填表 2-10-2。

表 2-10-2　用李萨如图形求频率

$f_y：f_x$	1：1	2：1	3：1
f_x(CH1)/Hz	100	100	100
李萨如图形			
n_x			
n_y			
f_y/Hz(计算值)			
f_y'/Hz(标准值)			

【问题思考】

（1）若在示波器上看到的信号幅值太小，应调节哪个旋钮，使信号幅值的大小适中？

（2）怎样用示波器定量地测量交流电压信号的有效值和频率？

（3）观察两个信号的合成李萨如图形时，应如何操作示波器？

【注意事项】

（1）本数字存储示波器 AC 电源输入应该在 100～240 V、47～63 Hz 范围以内。

（2）第一次使用本数字存储示波器前先确认安装了正确的熔断器：输入电压为 100～240 V AC，型号为 T2A / 250V。

（3）接地警告：为避免电击，电源线的地线必须接地。使用本数字存储示波器时，为确保使用者的安全及周边仪器安全，在与产品的输入与输出端子连接之前，确认产品已正确接地。

（4）本数字存储示波器应依后面板标示值选用熔断器。更换熔断器的注意事项为：更换前必须先切断电源，并将电源线从电源插座上取下来；换熔断器前先将仪器电源开关（POWER）关闭。

（5）本数字存储示波器开机前先确定熔断器已装设妥当。

警告：为了确保防火措施有效，只限于更换特定样式和额定值的熔断器。

实验 2-11　亥姆霍兹线圈测磁场

测量磁场的方法通常有三种:感应法、核磁共振法和霍尔效应法。亥姆霍兹线圈磁场实验仪(以下简称磁场实验仪)采用感应法来测量较弱的磁场。它根据法拉第电磁感应定律,通过测量一个探测线圈在交变磁场中磁通量的变化来测量磁场。这种方法测量精度较低。

核磁共振法是利用原子核的磁矩在磁场中发生进动现象来测量磁场的。这种方法测量精度很高,可达到 $10^{-6} \sim 10^{-7}$ 量级,但设备操作复杂,且只能测量均匀磁场。

霍尔效应法是目前应用最为广泛的方法,设备简单,操作容易,适用于弱磁场和非均匀磁场的测量,测量精度介于感应法和核磁共振法之间。

【实验预习】

了解毕奥-萨伐尔定律和磁场的叠加原理。

【实验目的】

(1) 学习用感应法测量圆线圈和亥姆霍兹线圈轴线上的磁场分布。
(2) 验证磁场的叠加原理。

【实验原理】

1. 圆线圈轴线上的磁场分布

根据毕奥-萨伐尔定律,一个载流圆线圈在轴线上某点 P 的磁感应强度为

$$B_x = B_0 \left[1 + \left(\frac{x}{R}^2 \right) \right]^{-\frac{3}{2}} \tag{2-11-1}$$

即

$$\frac{B_x}{B_0} = \left[1 + \left(\frac{x}{R} \right)^2 \right]^{-\frac{3}{2}} \tag{2-11-2}$$

式中,x 为 P 点到圆线圈中心的距离,$B_0 = \dfrac{\mu_0 I}{2R}$ 是圆线圈中心($x=0$ 处)的磁感应强度,也就是圆线圈轴线上磁场的最大值。当 I、R 为确定值时,B_0 为一个常数。

由式(2-11-2)可以得到以下几点结论。

① 由 $B_x = B_{-x}$,即载流圆线圈轴线上的磁场呈镜像对称分布。B 随 x 的变化关系如图 2-11-1 所示。

② 若以 $\left[1 + \left(\dfrac{x}{R} \right)^2 \right]^{-\frac{3}{2}}$ 为横坐标,以 $\dfrac{B_x}{B_0}$ 为纵坐标,则根据式(2-11-2)可画出一条通过坐标原

间距的中心 O 为坐标原点,则两圆线圈的中心 O_1 及 O_2 分别对应于坐标 $-\dfrac{R}{2}$ 及 $\dfrac{R}{2}$。

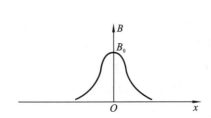

图 2-11-1　圆线圈轴线上的磁场分布

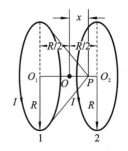

图 2-11-2　亥姆霍兹线圈

由于两圆线圈中的电流方向相同,因而它们在轴线上任一点 P 处所产生磁场同向。根据式(2-11-2),两圆线圈在 P 点产生的磁感应强度分别为

$$B_1 = \frac{\mu_0 I R^2 N}{2\left[R^2 + \left(\dfrac{R}{2} + x\right)^2\right]^{\frac{3}{2}}}$$

$$B_2 = \frac{\mu I R^2 N}{2\left[R^2 + \left(\dfrac{R}{2} - x\right)^2\right]^{\frac{3}{2}}}$$

P 点的合磁场 B 为

$$B = B_1 + B_2 \tag{2-11-3}$$

显然,B 是 x 的函数。在 $x=0$ 处(即两圆线圈中心处),$B(0)$ 为

$$B(0) = \frac{\mu_0 NI}{R}\left(\frac{8}{5^{\frac{3}{2}}}\right) \tag{2-11-4}$$

当 $|x| < R/10$ 时,$B(x)$ 和 $B(0)$ 间差别约万分之一。因此,亥姆霍兹线圈轴线上能产生比较均匀的磁场。在生产科研中,当磁场不太强时,常用亥姆霍兹线圈来产生较均匀的磁场。如果两圆线圈间的距离大于或小于 R,则亥姆霍兹线圈轴线上将产生不均匀的磁场,如图 2-11-3 所示。

3. 磁场的测量

本实验采用感应法来测量磁场。感应法利用一个小探测线圈中磁通量变化所产生的感应电动势的大小来测量磁场。探测线圈的结构如图 2-11-4 所示。

测量线路如图 2-11-5 所示。图中 A、B 是圆线圈;一个毫伏表并联在探测线圈上,另一个毫伏表并联在 10 Ω 的电阻两端,用来监视信号源输出的电流;S 是低频信号发生器,输出频率取 1 000 Hz,在测量过程中,它的输出电流要保持恒定。

在圆线圈 A 或 B 中通入正弦交流电后,圆线圈周围

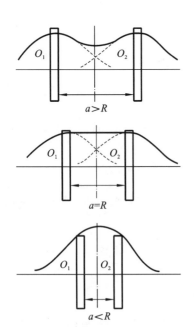

图 2-11-3　亥姆霍兹线圈的磁场分布

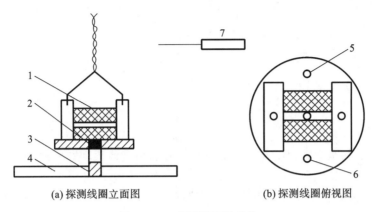

(a) 探测线圈立面图   (b) 探测线圈俯视图

图 2-11-4 探测线圈的结构

1—探测线圈;2—定位孔;3—定位针;4—垫片;5,6—测量孔;7—记录针

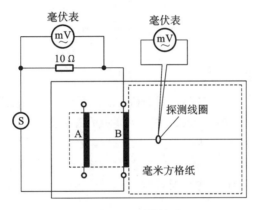

图 2-11-5 测量线路

空间产生一个按正弦变化的磁场,且 $B = B_m \sin(\omega t)$。根据式(2-11-2),在圆线圈轴线上的 x 点处,$B_x = B_{mx} \sin(\omega t)$,$B$ 的峰值为

$$B_{mx} = \frac{B_{m0}}{\left[1 + \left(\dfrac{x}{R}\right)^2\right]^{\frac{3}{2}}}$$

式中,B_{m0} 是 $x = 0$ 处 B 的峰值。

把一个匝数为 n、面积为 S 的探测线圈放到 x 处,设此线圈平面的法线与磁场方向的夹角为 θ,则通过该线圈的磁通量为

$$\Phi = nSB = nSB_x \cos\theta = nSB_{mx} \cos\theta \sin(\omega t) \tag{2-11-5}$$

在此线圈中感生的电动势为

$$\varepsilon = -\frac{\mathrm{d}\Phi}{\mathrm{d}t} = -nS\omega B_{mx} \cos\theta \cos(\omega t) = -\varepsilon_m \cos(\omega t) \tag{2-11-6}$$

由此可见,U 随 $\theta(0\leqslant\theta\leqslant 90°)$ 的增加而减小。当 $\theta=0$ 时,探测线圈平面的法线与磁场 $\boldsymbol{B}$ 的方向一致,线圈中的感应电动势达到最大值,即

$$U_{\max}=\frac{nSB_{mx}\omega}{\sqrt{2}}$$

即

$$B_{mx}=\frac{\sqrt{2}}{nS\omega}U_{\max} \tag{2-11-8}$$

由于 n、S 及 ω 均是常数,B_{mx} 与 $U_{\max}$ 成正比,因此,用毫伏表读数的最大值就能确定磁场的大小。

为减小误差,实验中常采用比较法。在圆线圈轴线上任一点 x 处测得电压值 $U_{\max}$ 与圆心处 $U_{0\max}$ 值之比,根据式(2-11-8)得

$$\frac{U_{\max}}{U_{0\max}}=\frac{B_{mx}}{B_{m0}}$$

此式表明,$U_{\max}/U_{0\max}$ 和 B_{mx}/B_{m0} 的变化规律完全相同。因此,只要实验证明 $\dfrac{U_{\max}}{U_{0\max}}=\left[1+\left(\dfrac{x}{R}\right)^2\right]^{-\frac{3}{2}}$ 成立,就证明了 $\dfrac{B_{mx}}{B_{m0}}=\left[1+\left(\dfrac{x}{R}\right)^2\right]^{-\frac{3}{2}}$,即毕奥-萨伐尔定律的正确性。

磁场的方向如何来确定呢?本实验可用探测线圈输出端毫伏表读数最大时,探测线圈平面的法线方向来确定磁场方向。但是,用这种方法测定的磁场方向误差较大,原因在于,这时磁通量 Φ 变化率小,所产生的感应电动势引起毫伏表的读数变化不易察觉。如果这时把探测线圈平面旋转 90°,使磁场方向与线圈平面法线垂直,那么磁通量变化率最大,线圈方向稍有变化,就能引起毫伏表的读数明显变化,使测量误差减小。因此,在实验中,以毫伏表读数最小时的探测线圈方向来确定磁场的方向。

【实验装置】

ZE-3 磁场测量仪、ZE-2 磁场描绘仪信号源(低频信号发生器)、ZE-4 探测线圈、数字万用表(含交流 20 mV、交流 20 mA 和频率计)、导线。

【实验内容与步骤】

1. 测量圆线圈轴线上的磁场分布

实验操作微课

按图 2-11-5 连接电路,调节低频信号发生器,输出频率取 1 000 Hz,使 10 Ω 电阻两端电压为 0.1~0.3 V。从圆线圈中心开始,将垫片上的定位针对准测试点,用手按住不动,再将圆线圈定位孔套在定位针上。圆线圈绕定位针旋转时,所产生的感应电动势就会发生变化。通过毫伏表读出感应电动势最大值,以此值确定该点磁场的大小。然后沿轴线方向每隔 10 mm 测量一次,在测量过程中注意保持励磁电流值不变。将所测数据依次记入表格中。

2. 描绘亥姆霍兹线圈的匀强区

描绘亥姆霍兹线圈之间的磁力线的方法为:将圆线圈 A、B 串联起来,然后将垫片中间的定位针对准待测点,把探测线圈的定位孔也插到垫片的定位针上,右手按住垫片不动,左手旋转探测线圈。当转到探测线圈中的感应电动势值最小处(毫伏表上的读数最小)时,用左手固定探测

线圈,右手放开垫片,并在毫米方格纸上标出记号,依次逐点测量,把所标记号连成光滑曲线。按同样的方法,作出其他几条磁力线。根据磁力线的分布情形,初步圈出匀强区的范围,随后再精细描绘亥姆霍兹线圈轴线中点附近磁场为 $\Delta B/B_0 = \pm 5\%$ 的均匀磁场区域。

【数据记录与处理】

(1) 按表 2-11-1 设计数据记录与处理表,并将所测数据及其相关处理结果填入表格中。

表 2-11-1　测量圆线圈轴线上的磁场分布数据记录与处理表

$R =$ _____ mm

x/ mm	0	10	20	30	40	50	60	70	80	...	160
U/mV											
$\left(\dfrac{B}{B_0}\right)_{理} = \left[1+\left(\dfrac{x}{R}\right)^2\right]^{-\frac{3}{2}}$											
$\left(\dfrac{B}{B_0}\right)_{实} = \dfrac{U}{U_0}$											
$\dfrac{(B/B_0)_{理} - (B/B_0)_{实}}{(B/B_0)_{理}}$											

(2) 根据表格中的数据,以 x 为横坐标,以 U/U_0 为纵坐标,作出圆线圈沿轴线的磁场分布曲线。

【问题思考】

(1) 圆线圈轴线上的磁场分布有什么特点? 实验中如何测定磁场的大小和方向?

(2) 亥姆霍兹线圈是怎样组成的? 基本条件有哪些? 它的磁场分布有何特点?

实验 2-12　薄透镜焦距的测量

【实验预习】

【实验目的】

(1) 通过实验进一步理解透镜的成像规律。

(2) 掌握测量透镜焦距的几种方法。

(3) 理解和掌握光学系统光路调节的方法。

【实验原理】

1. 薄透镜成像原理和成像公式

在近轴光线条件下,薄透镜的成像公式为

$$\frac{1}{u} + \frac{1}{v} = \frac{1}{f} \tag{2-12-1}$$

式中,u 为物距,v 为像距,f 为焦距。对于凸透镜、凹透镜而言,u 恒为正;成实像时 v 为正,成虚像时 v 为负;凸透镜 f 恒为正,凹透镜 f 恒为负。

2. 测量凸透镜焦距的原理

(1) 物距-像距法。

根据成像公式,直接测量物距和像距,从而求得凸透镜的焦距。

(2) 共轭法(位移法)。

如图 2-12-1 所示,物屏和像屏距离为 $L(L>4f)$,凸透镜在 O_1、O_2 两个位置,分别在像屏上成放大和缩小的像。由凸透镜成像公式可知,成放大的像时,有 $\frac{1}{u} + \frac{1}{v} = \frac{1}{f}$;成缩小的像时,

有 $\frac{1}{u+D} + \frac{1}{v-D} = \frac{1}{f}$。又由于 $u+v=L$,因此 $f = \frac{L^2 - D^2}{4L}$。

(3) 自准法。

位于凸透镜 L 焦平面上的物体 AB 上(实验中用一个圆内三个圆心角为 60° 的扇形)各点发出的光线,经凸透镜折射后成为平行光束,由平面镜 M 反射回去仍为平行光束,经凸透镜会聚成一个倒立等大的实像于原焦平面上,这时像的中心与凸透镜光心的距离就是焦距 f,如图 2-12-2 所示。

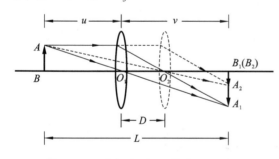

图 2-12-1 共轭法测凸透镜焦距原理图

3. 测量凹透镜焦距的原理

(1) 自准法。

通常凹透镜所成的是虚像,像屏接收不到,凹透镜只有与凸透镜组合起来才可能成实像。凹透镜的发散作用同凸透镜的会聚特性结合得好时,像屏上才会出现清晰的像,如图 2-12-3 所示。这时测凹透镜焦距的自准法就成为测凸、凹透镜组特定位置的自准法。

来自物点 S 的光线经凸透镜成像于点 P,在 L_1 和点 P 间置一个凹透镜 L_2 和一个平面镜 M,仅移动 L_2 使得由 M 反射回去的光线再经 L_2、L_1 后成像 S' 于物点 S 处。对于由 L_1 和 L_2 组成的透镜组而言,S 点即为焦点,在 L_2 与 M 间的光线也一定为平行光。对于 L_2 来说,从 M 反射回去的平行光线入射 L_2 成虚像于凹透镜的焦点 P,它与光心 O_2 的距离就为该凹透镜的焦距 f。

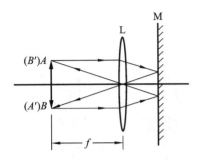

图 2-12-2　自准法测凸透镜焦距原理图

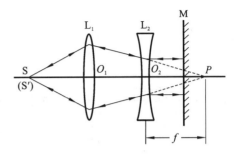

图 2-12-3　自准法测凹透镜焦距原理图

（2）物距-像距法。

将凹透镜与凸透镜组成透镜组，就可以用物距-像距法测凹透镜的焦距。如图 2-12-4 所示，先用凸透镜 L_1 使物 AB 成缩小倒立的实像 $A'B'$，然后将待测凹透镜 L_2 置于凸透镜 L_1 与像 $A'B'$ 之间，如果 $O'B' < |f_2|$（f_2 为凹透镜焦距），则通过 L_1 的光束经过 L_2 折射后，仍能成一个实像 $A''B''$。对于凹透镜 L_2 来讲，$A'B'$ 为虚像，物距 $u = -|O'B'|$，像距 $v = |O'B''|$，代入成像公式（即式（2-11-1））即能计算出凹透镜焦距 f_2。

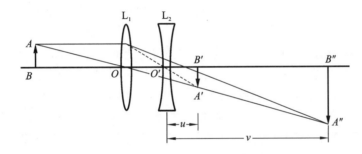

图 2-12-4　物距-像距法测凹透镜焦距原理图

【实验装置】

光学平台、溴钨灯、薄凸透镜、平面镜、物屏、白屏、二维调节架、二维平移底座、三维平移底座等。

薄透镜焦距测量实验装置如图 2-12-5 所示。

【实验内容与步骤】

（一）必做部分

（1）在光学平台上，调节实验中用到的透镜、物屏和像屏的中心，使三者位于平行于光学平台的同一直线上。此即为共轴调节。

①粗调。让雯调整仪器彼此靠近，通过眼睛观察和判断，将透镜、物屏、像屏的几何中心调

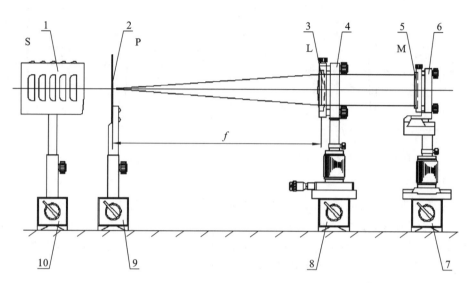

图 2-12-5　薄透镜焦距测量实验装置图

1—白光光源 S(GY-6A)；2—物屏 P(SZ-14)；3—凸透镜 L($f'=190$ mm)；4—二维架(SZ-07)或透镜架(SZ-08)；

5—平面镜 M；6—二维调节架(SZ-16)；7～10—各种底座

（2）用共轭法测凸透镜的焦距。固定物屏与像屏之间的距离为 L，粗略估计凸透镜焦距 f，使 L 满足 $L>4f$。但 L 也不宜过大，否则成像不清，比 $4f$ 略大一些即可。在物屏与像屏之间移动凸透镜，记下成放大像与缩小像时凸透镜的位置，算出两位置之差 D 的值。由共轭成像关系可得出计算焦距 f 的公式。由 D 和 L 可算出 f，而不必测物距和像距，这样就避免了因凸透镜光心位置不确定带来物距和像距的测量误差。取 3 个不同的 L，分别各测 1 次。将所测得的数据填入自己设计的表格中，并计算出焦距 f。

（3）用自准法测凸透镜的焦距。自准法测凸透镜焦距就是用平面镜取代像屏，调整物屏与凸透镜之间的距离，直到在物屏上成一个清晰、倒立且与物等大的像（即像与物互补形成一个完整的圆）。重复测量 3 次，将所测得的数据填入自己设计的表格中，并计算出焦距 f。

（二）选做部分

测量凹透镜的焦距。试根据实验原理，采用透镜组合的方法，测量凹透镜的焦距。

【数据记录与处理】

（1）表 2-12-1 为物距-像距法测凸透镜焦距的数据记录与处理表格。其他测量方法请自行设计表格。

表 2-12-1　物距-像距法测凸透镜焦距的数据记录与处理表

次数	u/ mm	v/ mm	f/ mm
1			
2			
3			

f 的平均值 $\overline{f}=$ _____ 。

（2）误差分析。

【问题思考】

（1）共轭法测凸透镜焦距时，物屏与像屏间的距离 L 为什么要略大于四倍焦距？

（2）采用自准法进行测量时，当物屏与透镜之间的距离小于 f 时，也可能成像，且将平面镜移去，像依然存在，这是由什么原因导致的？

（3）共轭法与物距-像距法相比有何优点？

（4）日常生活中常用眼镜的度数值来表示该眼镜片的焦距，二者之间的换算方法为：眼镜的度数等于眼镜片焦距（以米为单位）的倒数乘以 100。例如，焦距为 -0.5 m 的凹透镜所对应的度数为 -200 度，也就是该眼镜片为 -200 度近视眼镜镜片。你能否利用前面所述实验原理，测出老花镜和近视眼镜镜片的度数呢？

实验 2-13　分光计的调节和使用

分光计是精确测定光线偏转角的仪器，可以用于测量材料的折射率、光源的光谱，在光谱学、材料特性、偏振光、棱镜特性、光栅特性的研究中都有广泛的应用。

【实验预习】

（1）预习反射法测三棱镜顶角 α 的原理。

（2）预习最小偏向角法测三棱镜折射率的原理。

【实验目的】

（1）了解分光计的结构，掌握调节和使用分光计的方法。

（2）掌握测定棱镜角的方法。

（3）用最小偏向角法测定三棱镜的折射率。

【实验原理】

1. 反射法测三棱镜顶角 α

三棱镜示意图如图 2-13-1 所示。$ABB'A'$ 和 $ACC'A'$ 是透光的光学面，又称折射面，它们的夹角 α 称为三棱镜的顶角；$BCC'B'$ 为毛玻璃面，称为三棱镜的底面。图 2-13-2 所示为反射法测顶角 α 的原理图。将三棱镜放到载物台上，使平行光管射出的光束同时投射到三棱镜的两个光学面 $ABB'A'$ 和 $ACC'A'$ 上，光线分别由 $ABB'A'$ 面和 $ACC'A'$ 面反射，转动望远镜观察 ABB'

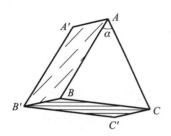

图 2-13-1　三棱镜示意图

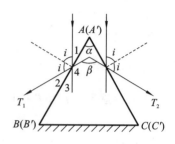

图 2-13-2　反射法测顶角

2. 最小偏向角法测三棱镜的折射率

假设有一束单色平行光 LD 入射到三棱镜上,经过两次折射后沿 ER 方向射出,则入射光线 LD 与出射光线 ER 间的夹角 δ 称为偏向角,如图 2-13-3 所示。转动三棱镜,改变入射光对光学面 $ABB'A'$ 的入射角,出射光线的方向 ER 也随之改变,即偏向角 δ 发生变化。沿偏向角减小的方向继续缓慢转动三棱镜,使偏向角逐渐减小。当转到某个位置时,若再继续沿此方向转动,偏向角又将逐渐增大,则处于此位置时偏向角达到最小值 $\delta_{\min}$。

$$\delta_{\min} = \frac{1}{2}(|T_3 - T_4| + |T'_3 - T'_4|) \tag{2-13-2}$$

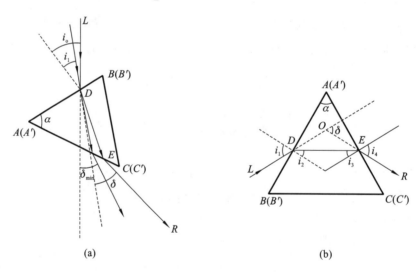

(a)　　　　　　　　　　(b)

图 2-13-3　测定最小偏向角的光路示意图

可以证明三棱镜的折射率 n 与顶角 α 及最小偏向角的关系式为

$$n = \frac{\sin\left(\dfrac{\delta_{\min} + \alpha}{2}\right)}{\sin\dfrac{\alpha}{2}} \tag{2-13-3}$$

实验中,利用分光镜测出三棱镜的顶角 α 及最小偏向角 $\delta_{\min}$,代入式(2-13-3)即可算出三棱镜的折射率 n。

说明:式(2-13-1)、式(2-13-2)中的 $|T_i - T_j| < \dfrac{\pi}{2}$ 时,才能代入式(2-13-1)中求 β 的平均值,才能代入式(2-13-2)中求 $\delta_{\min}$ 的平均值。

【实验装置】

分光计(JJY 型 $1'$)、双面反射镜、钠光灯、三棱镜。

1. 分光计的结构

JJY 型 $1'$ 分光计的结构简图如图 2-13-4 所示。它由四部分组成:望远镜、载物平台、平行光管和读数系统。

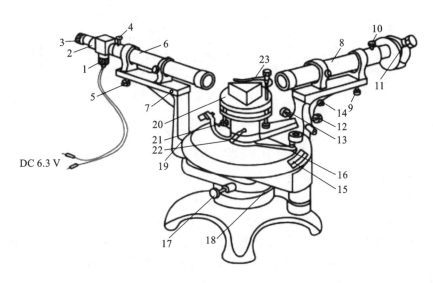

图 2-13-4　JJY 型 $1'$ 分光计的结构简图

1—小灯;2—分划板套筒;3—目镜视度调节手轮;4—目镜镜筒锁紧螺钉;5—望远镜光轴水平倾斜度调节螺钉;
6—望远镜镜筒;7—望远镜光轴水平调节螺钉;8—平行光管;9—平行光管光轴水平倾斜度调节螺钉;
10—狭缝套筒制动螺钉;11—狭缝宽度调节手轮;12—游标盘制动螺钉;13—游标盘微调螺钉;14—平行光管光轴水平
调节螺钉;15—游标盘;16—刻度盘;17—望远镜制动螺钉;18—转座与刻度盘制动螺钉;19—望远镜微调螺钉;20—载物平台;
21—载物平台水平调节螺钉;22—载物平台紧固螺钉;23—夹持待测物弹簧片

(1) 望远镜。

望远镜用来观察和确定光线进行的方向,由物镜、目镜组、分划板、照明灯泡等组成。目镜组又由场镜和目镜组成。JJY 型 $1'$ 分光计的目镜组是阿贝自准式。在场镜前有一个刻有两条水平线(下边的一条水平线通过直径)和一条竖直线(与水平线正交并通过直径)的分划板。在分划板靠近场镜的一侧下方贴一个全反射小棱镜,小棱镜紧贴分划板的一侧刻有一个透光的十字窗(十字水平线与分划板上面的水平线对称),棱镜下方照明灯发出的光线照亮十字窗,从目镜中观察到一个明亮的十字,如图 2-13-5(a)所示。若在物镜前放一个平面镜,前后调节目镜(连同分划板)与物镜间的距离,根据自准直关系,当分划板位于物镜的焦平面处时,亮十字的光经物镜投射到平面镜,反射回来的光经物镜后再在分划板上方成像。若平面镜与望远镜的光轴

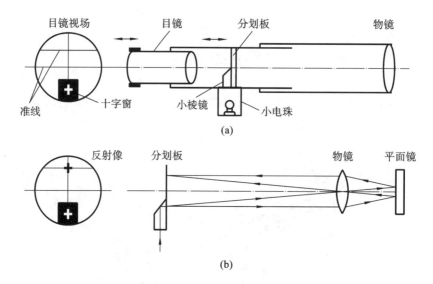

图 2-13-5 望远镜原理光路图

轴升降,以适应高低不同的被测对象。

(3)平行光管。

平行光管的作用是产生平行光。平行光管的一端装有会聚透镜,另一端装有一个套筒,套筒的顶端为一个宽度可调的狭缝。改变狭缝和会聚透镜的距离,当狭缝位于会聚透镜的焦平面上时,就可使照在狭缝的光经过会聚透镜后成为平行光,射向位于载物平台上的光学元件。平行光管光路图如图 2-13-7 所示。

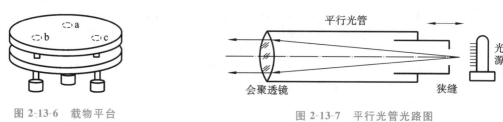

图 2-13-6 载物平台   图 2-13-7 平行光管光路图

(4)读数系统。

读数装置由圆环形刻度盘和与之同心的游标盘组成,如图 2-13-8 所示。沿游标盘相距180°对称安置了两个角游标。载物平台可与游标盘锁定,望远镜可与刻度盘锁定。望远镜相对载物平台的转角可借助两个角游标读出。刻度盘分度值为 0.5°,小于 0.5°的角度可由角游标读出。角游标共有 30 个分度,因此读数值为 1′。角游标原理及读数方法与直游标(卡尺)类似。设置对称的两个角游标是为了消除刻度盘几何中心与分光计中心转轴不同心而带来的系统误差。

2. 分光计的调整

分光计常用于测量入射光与出射光之间的角度。为了能够准确测得此角度,测量时必须满足两个条件:①入射光与出射光(如反射光、折射光等)均为平行光;②入射光与出射光都与刻度盘平面平行。为此,必须对分光计进行调整,以满足以下条件:望远镜聚焦于无穷远处(即可适于观察平行光);望远镜与平行光管等高,并均与分光计的中心转轴垂直;平行光管射出的是平

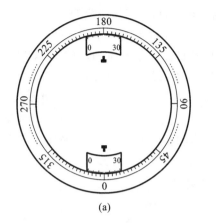

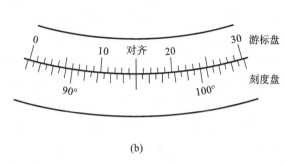

图 2-13-8　JJY 型 1′分光计上的读数系统

行光等。具体调整方法如下。

（1）粗调。

根据目测粗略估计，调节望远镜和平行光管的光轴水平倾斜度调节螺钉，使二者大致呈水平状态；调节载物平台下的三个调节螺钉使载物平台也基本水平。打开分光计电源，调节目镜相对分划板的距离，看清分划板上的刻线和十字窗的亮线。将平面镜（双面反射镜）放于载物平台上，并与望远镜镜筒基本垂直。由于望远镜视场较小，开始时在望远镜中可能找不到十字窗的像。可用眼睛从望远镜旁观察，判断从平面镜反射的十字像是否能进入望远镜。再将载物平台转过 180°，带动平面镜转过同样角度，同样观察到十字像。若两次看到的十字像偏上或偏下，则适当调节望远镜的光轴水平倾斜度调节螺钉和载物平台下的调节螺钉，使两次的反射像都能进入望远镜镜筒。这一步很重要，是后面调节的基础。

（2）望远镜调焦于无穷远处。

用自准法调整望远镜，用望远镜观察，找到反射的十字像后，调节望远镜分划板相对物镜的距离，使反射的十字像清晰，移动眼睛观察十字像与分划板上的刻线间是否有相对位移（即视差）。若有视差，需反复调节目镜相对分划板、分划板相对物镜的距离，直到无视差。这说明望远镜的分划板平面、物镜焦平面、目镜焦平面重合，望远镜已聚焦于无穷远处（即平行光已聚焦于分划板平面），能观察平行光了。

（3）调节望远镜光轴与分光计中心转轴垂直。

为了既快又准确地达到调节要求，先将平面镜（双面反射镜）放置在载物平台中心，镜面平行于 b、c 两个调节螺钉的连线，且镜面与望远镜基本垂直（可转动载物平台以达到上述要求），如图 2-13-9（a）所示。调节调节螺钉 a 和望远镜的光轴水平倾斜度调节螺钉，使平面镜正反两面的反射像都成像

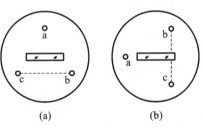

实际调节时,先观察十字像的成像位置,如果转动载物平台,从平面镜正反两面反射回来的十字像都成像在分划板上方水平线的同一侧(上方或下方),且与水平线距离大致相同,说明载物平台与仪器的中心转轴基本垂直,而望远镜光轴不垂直于仪器的中心转轴,可调节望远镜的光轴水平倾斜度调节螺钉;如果平面镜正反两面反射的十字像一次在分划板水平线上方,另一次在分划板水平线下方,位置又基本对称,则主要是载物平台不垂直于仪器的中心转轴,主要调节载物平台的水平调节螺钉。实际情况多为两种因素兼有,可采用渐近法,逐次逼近,即先调节载物平台的水平调节螺钉,使十字像与分划板上方水平线的间距缩小一半,再调整望远镜的光轴水平倾斜度调节螺钉,使十字像与该水平线重合,如图 2-13-10 所示。载物平台转过 180°后,再调另一面。这样反复调节,逐次逼近,即可较快达到调整要求。

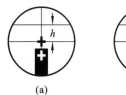

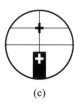

(a)　　　　　　　(b)　　　　　　　(c)

图 2-13-10　各半调节法

（4）调节平行光管。

用已调好的望远镜作为基准,正对平行光管观察。用光照亮狭缝,调节平行光管狭缝与会聚透镜的距离,在望远镜中能看到清晰的狭缝的像,移动眼睛观看,狭缝像与分划板无视差,这时平行光管发出的光就是平行光。然后调节平行光管的光轴水平倾斜度调节螺钉,使狭缝在分

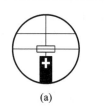
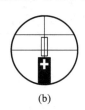

(a)　　　　　　(b)

图 2-13-11　狭缝像与分划板位置

划板上的像居中且上下对称,如图 2-13-11 所示。调节完成后,平行光管光轴与望远镜光轴重合,并均垂直于仪器的中心转轴。测量时狭缝要细,这样读数位置较准确。平行光管调节的总体要求就是狭缝像清晰、居中、缝宽适当,无视差。经过以上调整,分光计达到了良好的使用状态。

至此,分光计已全部调整好。使用时必须注意分光计上除刻度盘制动螺钉及其微调螺钉外,其他螺钉不能任意转动,否则将破坏分光计的工作条件,需要重新调节。

【实验内容与步骤】

实验操作微课

1. 分光计的调整

（1）观察分光计,了解其结构,对照仪器结构图和实物熟悉调节装置的位置,掌握各调节螺钉的作用。

（2）按照前面所述调整方法,将分光计调至以下状态:

①双面反射镜反射回来的十字像清晰,与叉丝无视差;

②双面反射镜正反两面反射回来的十字像均与上叉丝重合,且转动载物平台过程中十字像沿上叉丝移动;

③狭缝像清晰且与叉丝无视差,狭缝像中点与中心叉丝等高。

2. 用反射法测定三棱镜顶角

如图 2-13-12 所示,将三棱镜放置在载物平台上,并使三棱镜的顶角对准平行光管,开启钠光灯,使平行光照射在三棱镜的 $ACC'A'$、$ABB'A'$ 面上,旋紧游标盘制动螺钉,固定游标盘位置,放松望远镜制动螺钉,转动望远镜(连同刻度盘)寻找 $ABB'A'$ 面反射的狭缝像,使分划板上竖直线与狭缝像基本对准后,旋紧望远镜微调螺钉,用望远镜微调螺钉使竖直线与狭缝像完全重合,记下此时两对称游标盘上指示的读数 T_1 和 T_1'。转动望远镜至 $ACC'A'$ 面进行同样的测量得 T_2 和 T_2',将测量值依次代入式(2-13-1),可得三棱镜的顶角 α。

重复测量 4 次并记录测量数据

3. 测定三棱镜对单色光的最小偏向角 $\delta_{\min}$,计算三棱镜折射率 n

将三棱镜按图 2-13-12 所示放在载物平台上,用钠光灯照亮平行光管狭缝,出射平行光由 LD 方向(见图 2-13-3(b))照射到三棱镜 $ABB'A'$ 面上,经三棱镜二次折射由 $ACC'A'$ 面出射,用眼睛观察,微微转动游标盘(带动载物平台一起转动),观察到出射光 ER。再用望远镜观察该光线,继续缓慢将游标盘向偏向角减小的方向转动,直至看到光线移至某一位置而向反向移动,此逆转处即为偏向角最小时所处的位置。用望远镜分划板竖直线对准出射光,记录两游标盘所示方位角度数 T_3 和 T_3'。移去三棱镜,将望远镜对准平行光管,使望远镜分划板竖直线与狭缝像重合,记录两个游标盘的示数 T_4 和 T_4',即可由式(2-13-2)计算出 $\delta_{\min}$ 的值。

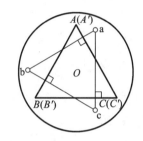

图 2-13-12　三棱镜放置法

重复测量 6 次并记录测量数据。

根据 $\delta_{\min}$ 的平均值和顶角 α 的平均值,由式(2-13-3)计算三棱镜的折射率。

$$n = \frac{\sin\left(\dfrac{\overline{\delta}_{\min} + \overline{\alpha}}{2}\right)}{\sin\dfrac{\overline{\alpha}}{2}} = \underline{\hspace{2cm}}$$

注意:转动过程中若游标盘跨过了 0 线,读数应相应加上或减去 360°。

【数据记录与处理】

1. 用反射法测定三棱镜顶角

用反射法测三棱镜顶角 α 的数据记录与处理表如表 2-13-1 所示。

表 2-13-1　用反射法测三棱镜顶角 α 的数据记录与处理表

次数	T_1	T_1'	T_2	T_2'	α	$\overline{\alpha}$
1						

2. 测三棱镜最小偏向角 $\delta_{\min}$

测三棱镜最小偏向角 $\delta_{\min}$ 的数据记录与处理表如表 2-13-2 所示。

表 2-13-2　测三棱镜最小偏向角 $\delta_{\min}$ 的数据记录与处理表

次数	T_3	T_3'	T_4	T_4'	$\delta_{\min}$	$\overline{\delta}_{\min}$
1						
2						
3						
4						
5						
6						

将表 2-13-1 和表 2-13-2 中的相关数据代入式(2-13-3)，计算得到三棱镜折射率 $n=$ _____ 。

【问题思考】

(1) 调节分光计时所使用的双面反射镜起到了什么作用？能否用三棱镜代替该平面镜来调整望远镜？

(2) 如果调节时从望远镜中观察到平面镜的两个反射像如图 2-13-13 所示，怎样调节能最快地将十字叉丝像与上十字线重合？写出调节步骤。

图 2-13-13　望远镜视场中十字叉丝像

拓展：

若将钠光灯换成汞光灯，可分别测定三棱镜对汞光灯光谱中各单色谱线的最小偏向角，进而计算出三棱镜对各色光的折射率，并加以比较，说明折射率与光波波长间的关系。如果将光源换为白炽灯，则可观察白炽灯光谱，可与汞光灯光谱进行比较。

实验 2-14　杨氏双缝干涉实验

【实验预习】

(1) 预习杨氏双缝干涉的原理。

(2) 预习产生干涉的条件。

(3) 预习分波阵面干涉的方法。

【实验目的】

（1）理解干涉的原理。

（2）掌握分波阵面干涉的方法。

（3）掌握干涉的测量，并且利用干涉法测光的波长。

【实验原理】

杨氏双缝干涉原理图如图 2-14-1 所示，其中 S、S_1 和 S_2 为单缝，P 为观察屏。

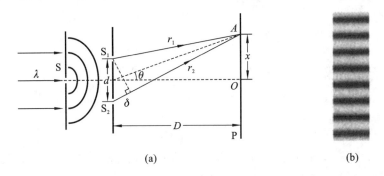

图 2-14-1　杨氏双缝干涉原理图

如果 S 在 S_1 和 S_2 的垂直中线上，则可证明从 S 单缝发出的光线到 S_1 和 S_2 双缝的光程差为

$$\delta = r_2 - r_1 = d\sin\theta = \frac{xd}{D} \tag{2-14-1}$$

式中，d 为双缝间距，θ 是衍射角，D 是双缝至观察屏的间距。根据干涉加强、干涉减弱的条件，有

$$\delta = d\sin\theta = \frac{xd}{D} = \begin{cases} \pm k\lambda, & k = 0,1,2,\cdots \text{ 干涉加强} \\ \pm(2k-1)\dfrac{\lambda}{2}, & k = 1,2,\cdots \text{ 干涉减弱} \end{cases} \tag{2-14-2}$$

即 A 点到双缝的波程差为波长的整数倍时，A 点处将出现明纹。其中，k 称为干涉级，$k=0$ 对应的明纹称为零级明纹，$k=1,2,\cdots$ 对应的明纹分别称为第 1 级明纹、第 2 级明纹……A 点到双缝的波程差为半波长的奇数倍时，A 点处出现暗纹，$k=1,2,\cdots$ 对应的暗纹分别称为第 1 级暗纹、第 2 级暗纹……波程差为其他值的各点，光强介于明与暗之间。因此，可以在观察屏上看到明暗相间的稳定的干涉条纹。

由干涉原理可得，相邻明纹或相邻暗纹的间距是相等的，因此 $\lambda = \dfrac{\Delta xd}{D}$，用米尺测出 D，用

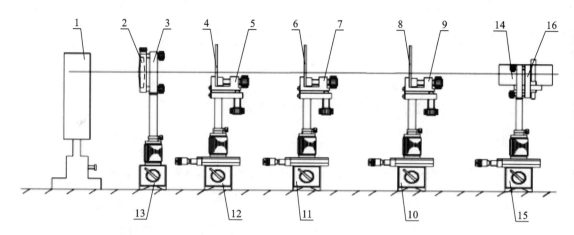

图 2-14-2　杨氏双缝干涉实验装置图

1—钠光灯(加圆孔光阑)；2—透镜 L_1($f_1=50$ mm)；3—二维架；4—可调狭缝；5,7,9—调节支架；

6—双缝；8—透镜 L_2($f_2=150$ mm)；10,11,12,13,15—底座；14—测微目镜；16—测微目镜架

【实验内容与步骤】

(1) 参考图 2-14-2 安排实验光路，可调狭缝(即单缝)要铅直，并与双缝和测微目镜分划板的毫尺刻线平行。双缝与测微目镜之间的距离要适当，以获得适于观测的干涉条纹。

(2) 调单缝、双缝至与测微目镜平行且共轴，调节单缝的宽度，注意单缝、透镜 L_2、测微目镜三者之间的距离分别为 300 mm，以便在目镜中能看到干涉条纹。

(3) 用测微目镜测量干涉条纹的间距 Δx 以及双缝的间距 d，用米尺测量双缝至目镜焦面的距离 D，计算钠黄光的波长 λ，并记录结果。

(4) 观察单缝宽度改变和单缝、透镜 L_2、测微目镜三者之间的距离改变时干涉条纹的变化，分析发生变化的原因。

【数据记录与处理】

1. 数据记录表格

杨氏双缝干涉实验测量数据记录与处理表如表 2-14-1 所示。

表 2-14-1　杨氏双缝干涉实验测量数据记录与处理表

次数	Δx/mm	d/mm	D/mm	$\lambda=\dfrac{\Delta x d}{D}$ /nm
1				
2				
3				
4				
5				

注意：为减小测量误差，不直接测相邻条纹的间距 Δx，而测 n 个条纹的间距再取平均值。

2. 数据处理

(1) 钠光波长平均值：$\bar{\lambda}=$ _____ 。

钠黄光波长公认值(或称标准值):589.3 nm。

(2) 绝对误差:$\Delta\lambda = 589.3\ \text{nm} - \bar{\lambda} =$ _____。

(3) 相对误差:$\dfrac{\Delta\lambda}{589.3\ \text{nm}} \times 100\% =$ _____。

【问题思考】

(1) 若狭缝宽度变大,条纹如何变化?

(2) 若双缝与观察屏的间距变小,条纹如何变化?

(3) 在做实验时,若按要求安装好实验装置后,在观察屏上却观察不到干涉图样,可能的原因是什么?

实验 2-15　牛顿环测透镜曲率半径

牛顿环是一种分振幅等厚干涉现象,在光学加工中有着广泛的应用,如用于测量光学元件的曲率半径等。牛顿环测曲率半径是光学法的一种,适用于测量大的曲率半径。

【实验预习】

(1) 预习等厚干涉的基本原理。

(2) 什么是牛顿环?

【实验目的】

(1) 学会用牛顿环测量透镜曲率半径的原理和方法。

(2) 学会读数显微镜的调整和使用。

【实验原理】

将一块曲率半径很大的平凸透镜的凸面放在另一块光学平板玻璃上即构成牛顿环装置,如图 2-15-1 所示。这时在平凸透镜凸面和平板玻璃之间形成从中心向四周逐渐增厚的空气层。当一束单色光垂直入射到平凸透镜上时,入射光经空气层上下表面反射的两相干光束存在光程差,在平凸透镜凸面上相遇而发生干涉。由于光程差取决于空气层的厚度,因此厚度相同处呈现同一干涉条纹,显然这些干涉条纹是以接触点为中心的一系列明暗相间的同心圆环,称为牛顿环(见图 2-15-2)。由于同一干涉环上各处的空气层厚度是相同的,因此这些干涉条纹属于等厚干涉条纹。

易知,两束相干光的光程差为

$$\delta = 2d + \frac{\lambda}{2} \qquad (2\text{-}15\text{-}1)$$

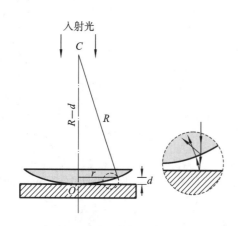

图 2-15-1　牛顿环装置图

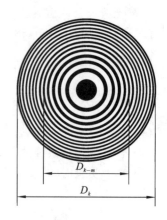

图 2-15-2　牛顿环

$$R^2 = (R-d)^2 + r^2 = R^2 - 2Rd + d^2 + r^2 \quad\quad (2\text{-}15\text{-}2)$$

因为 $R \gg d$，因此 $d^2 \ll 2Rd$，略去 d^2 项，式(2-15-2)变为

$$d \approx \frac{r^2}{2R} \quad\quad (2\text{-}15\text{-}3)$$

产生暗环的条件是

$$\delta = (2k+1)\frac{\lambda}{2} \quad (k=0,1,2,3,\cdots) \quad\quad (2\text{-}15\text{-}4)$$

式中，k 为干涉条纹的级次。综合式(2-15-1)、式(2-15-3)、式(2-15-4)，得到第 k 级暗环的半径为

$$r_k = \sqrt{kR\lambda} \quad\quad (2\text{-}15\text{-}5)$$

由式(2-15-5)知，只要入射光波长 λ 已知，测出第 k 级暗环半径 r_k 即可得出 R 值。但是利用此测量关系式往往误差很大，这是因为平凸透镜凸面和平板玻璃平面不可能是理想的点接触，接触压力会引起弹性变形，使接触处变为一个圆面；或者，灰尘的存在使平凸透镜凸面和平板玻璃平面之间有间隙，从而引起附加光程差，中央的暗斑可变成亮斑或半明半暗。这就使得环中心和级次 k 都无法确定。比较准确的方法是测量距中心较远的两个干涉环的直径，以二者的平方差来计算 R 值。

由式(2-15-5)得第 k 级暗环半径满足

$$r_k^2 = kR\lambda$$

第 $k-m$ 环半径满足

$$r_{k-m}^2 = (k-m)R\lambda$$

两式相减，得

$$R = \frac{r_k^2 - r_{k-m}^2}{m\lambda}$$

$$R = \frac{D_k^2 - D_{k-m}^2}{4m\lambda} \quad\quad (2\text{-}15\text{-}6)$$

式中，D_k，D_{k-m} 分别是第 k 级、第 $k-m$ 级环的直径。

显然，由式(2-15-6)知，在测量中只需要能正确数出所测各环的环数差 m 而无须确定各环究竟是第几级，而且由于直径的平方差等于弦的平方差，因此实验中可以不必严格确定出环的中心。这样经过上述变换后基于式(2-15-6)进行测量可以消除由于中心和级次无法确定而引起的系统误差。

【实验装置】

读数显微镜(JCD₃型,见图 2-15-3)、牛顿环装置、钠光灯、升降台。

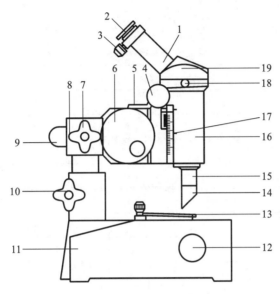

图 2-15-3　JCD₃型读数显微镜简图

1—目镜接筒；2—目镜；3—锁紧螺钉；4—调焦手轮；5—标尺；6—测微鼓轮；7—锁紧手轮Ⅰ；
8—接头轴；9—方轴；10—锁紧手轮Ⅱ；11—底座；12—反光镜旋轮；13—压片；14—半反镜组；
15—物镜组；16—镜筒；17—刻尺；18—锁紧螺钉；19—棱镜室

【实验内容与步骤】

实验操作微课

实验光路如图 2-15-4 所示。经钠光灯发出的波长 λ＝5 893 Å 的单色光射向读数显微镜半反镜,由读数显微镜半反镜反射而接近垂直地入射到牛顿环仪上,形成的干涉条纹,利用读数显微镜观察和测量。

(1)打开钠光灯电源。摆正读数显微镜位置,并使半反镜对准入射光,即看到读数显微镜视场中充满钠黄光。调整读数显微镜镜筒至居标尺中央附近。

(2)调节牛顿环仪,直至直接用眼睛能看清牛顿环,然后将牛顿环仪放在读数显微镜平台上,并使牛顿环环心位于镜筒下方。

(3)调节读数显微镜:调节目镜,使分划板十字叉丝清晰;旋转调焦手轮,使镜筒从靠近牛顿环仪处缓慢上升,同时观察视

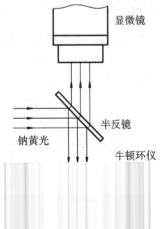

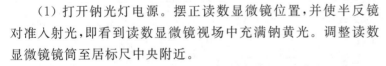

大学物理实验教程

读数显微镜镜筒,同时数出经过叉丝的暗环数,直至第 22 环外侧,然后向右(或向左)移动镜筒,移动过程中读出并记录下第 22 环到第 21 环、第 14 环到第 13 环的位置,将数据填入表 2-15-1 中。继续向右(或向左)移动镜筒,记录下环右边第 13 环到第 17 环、第 18 环到第 22 环的位置,并将数据填入表 2-15-1 中。测量时,应使叉丝交点对准暗环纹中央。

【数据记录与处理】

牛顿环测透镜曲率半径实验数据记录与处理表如表 2-15-1 所示。

表 2-15-1　牛顿环测透镜曲率半径实验数据记录与处理表

环数 k	22	21	20	19	18
环左边位置/mm					
环右边位置/mm					
直径 D_k/mm					
D_k^2/mm²					
环数 $k-m$	17	16	15	14	13
环左边位置/mm					
环右边位置/mm					
直径 D_{k-m}/mm					
D_{k-m}^2/ mm²					
$D_k^2 - D_{k-m}^2$/mm²					
$R_i(i=1,2,3,4,5)$/mm					
$\overline{\Delta D_i^2}$/mm²					
$\overline{R}$/mm					

(1)根据测量结果用逐差法处理数据,依次计算表 2-15-1 中的 $\Delta D_i^2 = D_k^2 - D_{k-m}^2$、$\overline{\Delta D_i^2}$,按式(2-15-6)计算 R_i 及其平均值 $\overline{R} = \dfrac{\overline{\Delta D_i^2}}{4m\lambda}$。

(2)计算曲率半径 R 的不确定度 Δ_R。

①计算测量 A 类不确定度 Δ_A:

$$\Delta_A = \sqrt{\frac{\sum_{i=1}^{5}(\Delta D_i^2 - \overline{\Delta D_i^2})^2}{N-1}}, \quad N=5$$

②若不考虑 B 类不确定度,则测量不确定度就等于测量 A 类不确定度,即

$$\Delta = \Delta_A$$

③根据传递公式可得曲率半径 R 的不确定度 Δ_R:

$$\Delta_R = \frac{\Delta_A}{4m\lambda}$$

其中,$\lambda = 589.3$ nm,$m=5$。

（2）根据式（1-4-18）、式（1-4-19）实验结果表示为：

$$\begin{cases} R = \overline{R} \pm \Delta_R \\ E = \dfrac{\Delta_R}{\overline{R}} \times 100\% \end{cases}$$

【问题思考】

（1）读数显微镜应如何调节？
（2）实验中为何用式（2-15-6）而不是用式（2-15-5）计算 R？

【注意事项】

（1）读数显微镜调焦时，应使镜筒由下而上调节，避免损伤待测元件。
（2）为避免由于读数显微镜螺旋空程而引入隙动差，测量过程中测微鼓轮只能单向转动，不能回转。

实验 2-16　用迈克耳孙干涉仪测波长

【实验预习】

（1）预习迈克耳孙干涉的原理。
（2）预习等倾干涉与等厚干涉的原理。
（3）预习迈克耳孙干涉产生的条纹的特点。
（4）预习分振幅干涉的方法。

【实验目的】

（1）掌握迈克耳孙干涉仪的调节和使用方法。
（2）调节和观察迈克耳孙干涉仪产生的干涉图，加深对各种干涉条纹特点的理解。
（3）应用迈克耳孙干涉仪测定氦氖激光器的波长。

【实验原理】

1. 迈克耳孙干涉仪的原理

迈克耳孙干涉仪的工作原理如图 2-16-1 所示，其中 G_1 的第二面上涂有半反半透膜（即半反射膜），能够将入射光分成振幅几乎相等的反射光、透射光，所以 G_1 称为分光板（又称为分光镜）。光经 M_1 反射后由原路返回再次穿过分光板 G_1 后成为 1 光，到达观察点 E 处；光被 M_2 反

自 M_1、M_2 的反射相当于自 M_1、M_2' 的反射。也就是，在迈克耳孙干涉仪中产生的干涉相当于厚度为 d 的空气薄膜所产生的干涉。

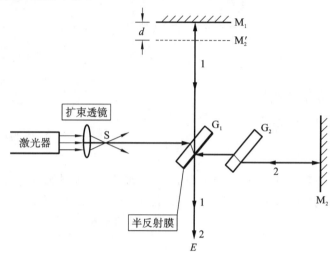

图 2-16-1　迈克耳孙干涉仪的工作原理图

2. 等倾干涉原理

如图 2-16-2 所示，波长为 λ 的光束 y 经间隔为 d 的上下两平面 M_1 和 M_2' 反射，反射后的光束分别为 y_1 和 y_2。设 y_1 经过的光程为 l，y_2 经过的光程为 $l+\Delta l$，Δl 即为这两束光的光程差（$\Delta l = AB+BD$），如果入射角为 θ，则 $\Delta l = 2d\cos\theta$，从而有

$$\begin{cases} \Delta l = 2d\cos\theta = \pm k\lambda, & k = 0,1,2\cdots,亮条纹 \\ \Delta l = 2d\cos\theta = \pm(2k-1)\dfrac{\lambda}{2}, & k = 1,2,\cdots,暗条纹 \end{cases} \tag{2-16-1}$$

其中 k 为干涉级序数，与某条干涉条纹对应。

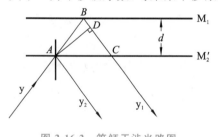

图 2-16-2　等倾干涉光路图

当 M_1、M_2' 上下表面平行时，可以观察到明暗相间的圆形条纹，这种干涉叫等倾干涉。M_1 每移动（增加或减少）$\lambda/2$ 距离，视场中心就"吐出"一个环纹或"吞进"一个环纹。视场中干涉条纹变化或移过的数目 N 与 M_2 移动距离 Δd 间的关系是

$$\Delta d = N\frac{\lambda}{2} \tag{2-16-2}$$

式（2-16-2）表明，已知 M_2 移动的距离，在实验时只要数出"吐出"或"吞进"的条纹个数，就可确定光的波长。

$$\lambda = \frac{2\Delta d}{N} \tag{2-16-3}$$

【实验装置】

迈克耳孙干涉仪、氦氖激光器、扩束镜、升降台等。

实验操作微课

【实验内容与步骤】

1. 仪器的调整

（1）点亮氦氖激光器，取下扩束镜，使激光束经分光板 G_1 分束，由 M_1、M_2 反射后，照射在 E 处的与光路垂直放置的观察屏（毛玻璃）上，即呈现两组分立的光斑。

（2）调节 M_1、M_2 两镜后面的螺钉，以改变 M_1、M_2 镜镜面的方位，使观察屏上两组光点完全重复。

（3）装上扩束镜，观察屏上即可出现干涉条纹。

（4）缓慢细心地调节 M_2 镜旁的微调螺旋，使条纹呈同心圆环干涉图样。

2. 测氦氖激光的波长

（1）慢慢地转动微动手轮，可以在观察屏上看到中心条纹向外一个个冒出（或缩入中心）。

（2）开始计数前，记录 M_1 镜的位置读数 d_1。

（3）继续转动微动手轮（必要时也可旋动粗调手轮，但必须同向转动），数到条纹向外冒出（或向中心缩入）50 个时，停止转动，再记录 M_1 镜的位置读数 d_2。重复上述测量 5 次，将全部数据记于测氦氖激光波长数据表中。

【数据记录与处理】

1. 数据记录表格

用迈克耳孙干涉仪测波长实验数据记录与处理表如表 2-16-1 所示。

表 2-16-1　用迈克耳孙干涉仪测波长实验数据记录与处理表

次数	d_1/mm	d_2/mm	$\Delta d = |d_2 - d_1|/\text{mm}$	$\lambda = \dfrac{2\Delta d}{50}/\text{nm}$
1				
2				
3				
4				
5				

2. 数据处理

（1）测得氦氖激光波长的平均值：$\bar{\lambda} = \dfrac{1}{5}\sum \lambda_i = $ _____ 。

氦氖激光波长公认值（或称标准值）：632.8 nm。

（2）绝对误差：$\Delta\lambda = 632.8\ \text{nm} - \bar{\lambda} = $ _____ 。

（3）相对误差：$\dfrac{\Delta\lambda}{632.8} \times 100\% = $ _____ 。

(3) 调节迈克耳孙干涉仪时,看到的亮点为什么是两排而不是两个? 两排亮点是怎样形成的?

实验 2-17　夫琅禾费单缝衍射实验

【实验预习】

(1) 预习惠更斯-菲涅耳原理。
(2) 预习菲涅耳的半波带法。

【实验目的】

(1) 观察单缝衍射现象,了解单缝宽度对衍射条纹的影响。
(2) 学习一种测量单缝宽度的方法。
(3) 通过数据处理,加深对误差传递过程的理解。

【实验原理】

单色平行光垂直照射宽度为 a 的狭缝 AB(见图 2-17-1,图中将缝宽放大了约百倍),按惠更斯-菲涅耳原理,AB 面上各子波源的球面波向各方向传播,在出发处,相位相同。其中:沿入射方向传播的,经透镜 L 会聚于 P_0 处时,仍然同相,故加强为中央亮纹;与入射方向成 φ 角传播的,经 L 会聚于 P_k 处,P_k 处的明暗取决于各次级波线的光程差。从 A 点作 AC 线垂直于 BC,从 AC 线到达 P_k 点的所有波线都是等光程的。沿缝宽各波线之间的光程差取决于从 AB 到 AC 的路程,而最大光程差为

$$BC = a\sin\varphi$$

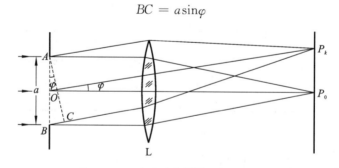

图 2-17-1　夫琅禾费单缝衍射原理图

若用相距 $l/2$ 的许多平行于 AC 的平面分割 BC,狭缝面上的波阵面也被分成一些等面积的部分,即菲涅耳半波带,于是两个相邻半波带的对应点发出的波线到达 AC 面时的光程差均为 $l/2$,相位差为 π,经 L 会聚后相位差仍为 π,故强度互相抵消。据此推断:对应某确定的 φ 方向,若单缝波阵面可分成偶数个半波带,P_k 处必为暗条纹;若单缝波阵面可分成奇数个半波带,P_k 处将有明条纹;在半波带个数为非整数所对应的方位上,强度在明暗之间。总之,当 φ 满足

$$a\sin\varphi = 2k\frac{l}{2} = kl \quad (k = \pm 1, \pm 2, \cdots) \tag{2-17-1}$$

时产生暗条纹;当 φ 满足

$$a\sin\varphi = (2k+1)\frac{l}{2} \quad (k=\pm1,\pm2,\cdots) \tag{2-17-2}$$

时产生明条纹,而零级明条纹范围通常认为是从

$$a\sin\varphi = \lambda$$

到

$$a\sin\varphi = -\lambda$$

设中央零级明条纹线宽度为 e,透镜 L 的焦距为 f',对于第 1 级暗条纹,近似有

$$\lambda f' = a\frac{e}{2} \tag{2-17-3}$$

据此,若入射光波长 λ 和 f' 已知,只要测得中央零级明条纹线的宽度 e,即可得狭缝宽度 a。

【实验装置】

夫琅禾费单缝衍射实验装置如图 2-17-2 所示。

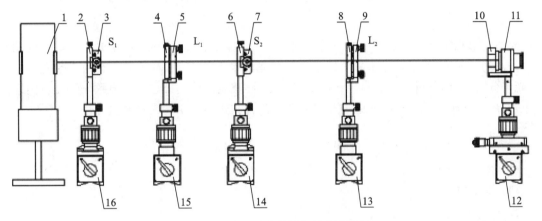

图 2-17-2　夫琅禾费单缝衍射实验装置

1—钠光灯;2,6—透镜架(SZ=08);3,7—测微狭缝(SZ-27);4,8—透镜 $L_1(f_1=150\text{ mm})$ 和 $L_2(f_2=300\text{ mm})$;
5,9—二维架(SZ-07);10—测微目镜架(SZ-36);11—测微目镜;12~16—各种平移底座(SZ-01、SZ-02、SZ-03)

【实验内容与步骤】

(1) 参照图 2-17-2 沿米尺调节共轴光路。

(2) 使狭缝 S_1 靠近钠光灯,位于透镜 L_1 的焦平面上,通过透镜 L_1 形成平行光束,垂直照射狭缝 S_2,用透镜 L_2 将衍射光束会聚到测微目镜的分划板,调节狭缝至铅直,并使分划板的毫米刻度线与衍射条纹平行。S_1 的缝宽小于 0.1 mm(兼顾衍射条纹清晰与视场光强)。

(3) 用测微目镜测量中央零级明条纹线宽度 e,连同已知的 λ(实验所用钠黄光波长为 589.3 nm)和 f' 值代入式(2-17-3),可算出缝宽 $a=$＿＿＿＿＿ mm。

表 2-17-1　夫琅禾费单缝衍射实验数据记录与处理表

次数	$e/$ mm	$a/$ mm	$\bar{a}/$mm
1			
2			
3			

【问题思考】

缝宽 a 满足什么条件时,光的衍射效应明显,而在什么条件下光的衍射效应不明显？请调节狭缝做实验来回答。

实验 2-18　单缝单丝衍射光强分布研究

光的衍射现象是光的波动性的一种表现。衍射现象的存在,深刻说明了光子的运动受测不准关系制约。研究光的衍射,不仅有助于加深对光的本性的理解,而且有助于为近代光学技术(如光谱分析、晶体分析、全息分析、光学信息处理等)奠定实验基础。衍射导致光强在空间重新分布,利用光电传感元件探测光强的相对变化是近代技术中常用的光强测量方法之一。

【实验预习】

(1) 预习惠更斯-菲涅耳原理。
(2) 预习菲涅耳的半波带法。

【实验目的】

(1) 观察单缝衍射现象,研究单缝衍射光强分布,加深对衍射理论的理解。
(2) 学会用光电元件测量单缝衍射的相对光强分布,并掌握分布规律。
(3) 学会用衍射法测量狭缝的宽度。

【实验原理】

1. 单缝衍射的光强分布

当光在传播过程中经过障碍物,如不透明物体的边缘、小孔、细线、狭缝等时,一部分光会传播到几何阴影中去,产生衍射现象。如果障碍物的尺寸与波长相近,那么这样的衍射现象就比较容易观察到。单缝衍射有两种:一种是菲涅耳衍射,单缝距离光源和观察屏均为有限远,或者说入射波和衍射波都是球面波;另一种是夫琅禾费衍射,单缝距离光源和观察屏均为无限远或相当于无限远,即入射波和衍射波都可看作是平面波。

用散射角极小(<0.002 rad)的激光器产生激光束,在激光器后设置一条很细的狭缝(0.1～0.3 mm 宽),在狭缝后大于 0.5 m 的地方放上观察屏,就可以看到衍射条纹。它实际上就是夫琅禾费衍射条纹。

当激光束照射在单缝上时,根据惠更斯-菲涅耳原理,单缝上的每一点都可看成是向各个方向发射球面子波的新波源。由于子波相干叠加,在观察屏上可以得到一组平行于单缝的明暗相间的条纹。

激光束的方向性强,可视为平行光束。利用宽度为 d 的单缝产生夫琅禾费衍射图样时,衍射光路图满足近似条件:

$$\sin\theta \approx \theta \approx \frac{x}{D} \quad (D \gg d)$$

产生暗纹的条件为

$$d\sin\theta = k\lambda \quad (k = \pm 1, \pm 2, \pm 3, \cdots) \tag{2-18-1}$$

暗纹的中心位置为

$$x = \frac{k\lambda D}{d} \tag{2-18-2}$$

两相邻暗纹之间的中心是明纹次极大的中心。通过理论计算可得,垂直入射于单缝平面的平行光经单缝衍射后光强分布的规律为

$$I = I_0 \frac{\sin^2\beta}{\beta^2}, \quad \beta = \frac{\pi d\sin\theta}{\lambda} \tag{2-18-3}$$

上述式中,d 是狭缝宽度,λ 是波长,D 是单缝位置到光电池位置的距离,x 是从衍射条纹的中心位置到测量点的距离。单缝衍射光强分布如图 2-18-1 所示。当 θ 相同,即 x 相同时,光强相同,所以在观察屏上得到的光强相同的图样是平行于狭缝的条纹。

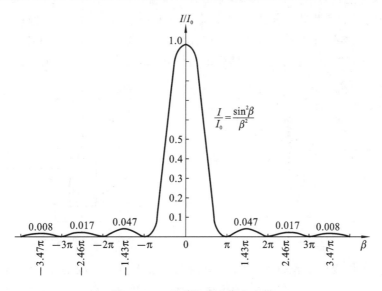

图 2-18-1　单缝衍射光强分布图

当 $\beta = 0$,即 $x = 0$ 时,$I = I_0$,在整个衍射图样中,此处光强最强,称为中央主极大;中央明纹

确定，$\Delta x = \dfrac{2\lambda D}{d}$；某一级暗纹的位置与缝宽 d 成反比，d 大，x 小，各级衍射条纹向中央收缩；当 d 宽到一定程度时，衍射现象不再明显，只能看到中央位置有一条亮线，这时可以认为光线是沿几何直线传播的。

次极大明纹与中央明纹的相对光强分别为

$$\frac{I}{I_0} = 0.047, 0.017, 0.008, \cdots \tag{2-18-4}$$

2. 衍射障碍宽度 d 的测量

由以上分析可知，若已知光波波长 λ，可得单缝的宽度计算公式为

$$d = \frac{k\lambda D}{x} \tag{2-18-5}$$

因此，如果测得第 k 级暗纹的位置 x，用光的衍射可以测量狭缝的宽度 d。同理，如果已知狭缝的宽度 d，可以测量未知的光波波长 λ。

3. 光电检测

光的衍射现象是光的波动性的一种表现。研究光的衍射现象不仅有助于加深对光本质的理解，而且能为进一步学好近代光学技术打下基础。衍射使光强在空间重新分布，利用光电元件测量光强的相对变化，是测量光强的方法之一，也是光学精密测量的常用方法。

如果在小孔屏位置处放上硅光电池和一维光强读数装置，与数字检流计（也称光点检流计）相连的硅光电池可沿衍射展开方向移动，那么数字检流计所显示的光电流的大小就与落在硅光电池上的光强成正比，实验装置如图 2-18-2 所示。根据硅光电池的光电特性可知，光电流和入射光能量成正比，只要工作电压不太小，光电流就和工作电压无关，且光电特性是线性关系。所以，当硅光电池与数字检流计构成的回路中电阻恒定时，光电流的相对强度就直接表示了光的相对强度。

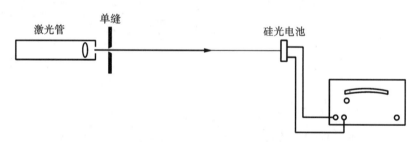

图 2-18-2　单缝单丝衍射光强分布研究实验装置简图

由于硅光电池的受光面积较大，而实际要求测出各个点位置处的光强，所以在硅光电池前装一细缝光阑（0.5 mm），用以控制受光面积，并把硅光电池装在带有螺旋测微装置的底座上，使硅光电池可沿横向移动。硅光电池沿横向移动相当于改变了衍射角。

【实验装置】

①单色光源：氦氖激光器。②衍射器件：可调狭缝。③接收器件：光传感器、光电流放大器、白屏。④光具座：1 m 硬铝导轨。

【实验内容与步骤】

按图 2-18-2 安装好实验装置。开启光电流放大器,预热 10～20 min。

1. 准备工作

以一维测量架上光电探头的轴线为基准,调节光学系统中各光学元件至同轴等高。

(1) 转动一维测量架上的百分鼓轮,将光电探头调到适当位置。

(2) 调节激光器至水平。

①将光靶装入一个有横向调节装置的普通滑座上。移动光靶,使光靶平面和一维测量架进光口平行,并通过横向调节装置,使靶心对准光电探头进光口正中心。

②接通激光器电源,沿导轨来回移动光靶,调节激光器架上的六个方向控制手钮,使得光点始终打在靶心上。

(3) 取下光靶,装上白屏。

将狭缝装入有横向调节装置的滑座上,调整狭缝至同轴等高。同时,将狭缝固定在距离光传感器 850 mm 左右处。

注意:由于光传感器接收面距导轨上的刻度尺有一个固定距离,所以在读刻度尺的读数时要加上约 60 mm。

2. 观察衍射图样

将白屏放在光传感器前,观察衍射图样。根据衍射斑的状况,适当调节狭缝宽度,直至衍射图样清晰,各级分开的距离适中,便于测量。

3. 测量

(1) 取下白屏,接通光电流放大器电源。

转动百分鼓轮,横向微移一维测量架,使衍射中央主极大进入光传感器接收口。左右移动一维测量架的同时,观察数显值。若数显值出现 1,说明光能量太强,应:

①逆时针调节光电流放大器的增益,建议示值在 1 500 左右;

②调节光传感器侧面的测微头,减小入射面到接收面上的能量。

注意:如果狭缝的宽度是确定的,那么在整个数据测量过程中都不得改动狭缝宽度。

(2) 按刻度尺和百分鼓轮上的读数及光电流放大器数字显示,记下光电探头位置和相对光强数值。

(3) 在略小于中央主极大处开始记录数据。

选定任意单方向转动百分鼓轮,每转动 0.1 mm(百分鼓轮上的 10 个格),记录 1 次数据,直到测完 0～2 级极大和 1～3 级极小为止。

注意:在读数前,应绕选定的单方向旋转几圈百分鼓轮后再开始读数,避免回程差。

另外,激光器的功率输出或光传感器的电流输出有些起伏,属于正常现象。使用前经 10～20 min 预热,可能会好些。实际上,接收装置显示数值的起伏变化小于 10% 时,对衍射图样的

【数据记录与处理】

1. 数据表格

单缝单丝衍射光强分布研究测量数据记录表如表 2-18-1 所示。

表 2-18-1　单缝单丝衍射光强分布研究测量数据记录表（一）

坐标 x/mm	相对光强 I/I_0	坐标 x/mm	相对光强 I/I_0	坐标 x/mm	相对光强 I/I_0	坐标 x/mm	相对光强 I/I_0

2. 数据处理

（1）按测得的数据画出相对光强 I/I_0 与被测点到中央级的距离 x 的函数关系曲线。

（2）从图中找出极大值和极小值的位置，以及各极大值对应光强值，列出表格（见表 2-18-2）。计算 1～3 级暗纹与中央主极大之间距离的理论值和测量值及理论值与测量值的误差；计算 1～2 级明纹与中央主极大之间距离的相对光强的理论值和测量值及理论值与测量值的误差。

表 2-18-2　单缝单丝衍射光强分布研究测量数据记录表（二）

项目	极大值			极小值		
级数	0	1	2	1	2	3
坐标位置 x/mm						
相对光强 I/I_0						

（3）计算狭缝宽度及其误差。

【问题思考】

（1）激光器输出的光强有变动，对单缝衍射图样和光强分布曲线有无影响？若有，请问有什么影响？

（2）如果以矩形孔代替狭缝，衍射图样是在长边方向展开得宽些，还是在短边方向上展开得宽些？为什么？

实验 2-19　菲涅耳双棱镜干涉

自 1802 年英国科学家托马斯·杨(T. Young)完成双缝干涉实验后,光的波动说开始为许多学者所接受,但仍有不少反对意见。有人认为杨氏条纹不是由干涉导致的,而是由双缝的边缘效应导致的。20 多年后,法国科学家菲涅耳(A. J. Fresnel)做了几个新实验,令人信服地证明了光的干涉现象的存在。其中,在 1826 年进行的双棱镜实验不借助光的衍射形成了分波面干涉,以毫米级的测量得到纳米级的精度。该实验的物理思想、实验方法与测量技巧至今仍然值得我们学习。

【实验预习】

(1) 预习光的干涉原理。
(2) 预习杨氏双缝干涉实验原理。

【实验目的】

(1) 观察和研究双棱镜产生的干涉现象。
(2) 测量干涉滤光片的透射波长 λ_0。

【实验原理】

菲涅耳双棱镜装置如图 2-19-1(a)所示。它由两个相同的棱镜组成,两个棱镜的折射角 α 很小,一般约为 $30'$。从点(或缝)光源 S 来的一束光,经双棱镜折射后分为两束。从图中可以看出,这两束折射光波如同从棱镜形成的两个虚像 S_1 和 S_2 发出的一样,S_1 和 S_2 构成两相干光源,在两光波的叠加区产生干涉。

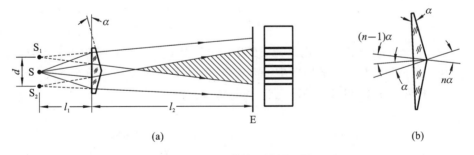

(a)　　　　　　　　　　(b)

图 2-19-1　双棱镜干涉原理图

从图 2-19-1 看出,若双棱镜的折射率为 n,则两虚像 S_1、S_2 之间的距离为

$$d = 2l_1(n-1)\alpha \qquad (2\text{-}19\text{-}1)$$

$$e = \frac{l_1 + l_2}{l_1 \alpha} \lambda \tag{2-19-3}$$

可解出

$$\lambda = \frac{l_1 \alpha}{l_1 + l_2} e \tag{2-19-4}$$

若在叠加区内放置观察屏 E,就可接收到平行于脊棱的等距直线条纹。当用白光照明时,可接收到彩色条纹。

利用图 2-19-2 可导出干涉孔径角为

$$\beta = \frac{l_2 \alpha}{l_1 + l_2} \tag{2-19-5}$$

光源临界宽度为

$$b = \frac{\lambda}{\beta} = \frac{1 + \dfrac{l_1}{l_2}}{\alpha} \lambda \tag{2-19-6}$$

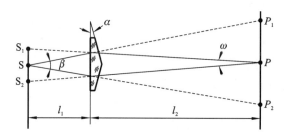

图 2-19-2 双棱镜干涉的几何关系图

由式(2-19-5)、式(2-19-6)看出,当 $l_2 = 0$ 时,$\beta = 0$,光源的临界宽度 b 变为无穷大。此时,干涉条纹定域在双棱镜的脊棱附近。b 为有限值时,干涉条纹定域在

$$l_2 \leqslant \frac{\lambda l_1}{b\alpha - \lambda} \tag{2-19-7}$$

的区域内。

如图 2-19-3 所示,从狭缝 S 发出的光波经菲涅耳双棱镜的两个棱镜角折射,形成稍许倾斜的两束光,在这两束光的相遇区域即发生干涉现象,用屏幕 M 可以接收干涉条纹。S_1 和 S_2 是 S 经折射后产生的两个虚像,相当于杨氏双缝,可称为虚光源。

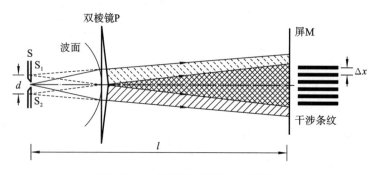

图 2-19-3 菲涅耳双棱镜干涉光路图

设 S 至 M 的距离为 $l = l_1 + l_2$（S_1 和 S_2 与 S 近似在同一平面上），d 为两虚光源之间的距离，相邻明纹或暗纹的间距为 Δx，测出这几个长度，利用公式

$$\lambda = \frac{d}{l}\Delta x \qquad (2\text{-}19\text{-}8)$$

就可以计算出单色光的波长 λ。

为了测量两个虚光源的间距 d，可利用透镜放大率公式

$$d = \frac{u}{v}d' \qquad (2\text{-}19\text{-}9)$$

式中，u 是狭缝至凸透镜的距离，v 是凸透镜到测微目镜的距离，d' 是两个虚光源像之间的距离。

【实验装置】

菲涅耳双棱镜干涉实验装置如图 2-19-4 所示。

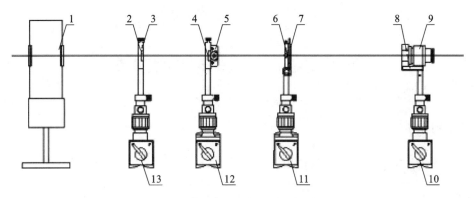

图 2-19-4　菲涅耳双棱镜干涉实验装置图

1—钠光灯；2—透镜 L_1（$f_1 = 50$ mm）；3,4—透镜架（SZ-08）；5—测微狭缝（SZ-27）；6—双棱镜架（SZ-41）；
7—双棱镜；8—测微目镜架（SZ-36）；9—测微目镜；10～13—底座

另外，备一块凸透镜 L_2（$f_2 = 190$ mm）。

【实验内容与步骤】

(1) 参照图 2-19-4 沿米尺安置各器件，调节它们至等高共轴。

(2) 开启钠光源，使钠黄光通过透镜 L_1 会聚在狭缝上，狭缝要尽量窄，双棱镜的棱脊与狭缝必须平行置于 L_1 和测微目镜的光轴上，以获得清晰的干涉条纹。

(3) 利用测微目镜测量干涉条纹的间距 Δx（可连续测定 11 个条纹位置，用逐差法计算出 5 个 Δx，然后取平均值），并测出狭缝至测微目镜分划板的距离 l。

(4) 保持狭缝和双棱镜位置不动，在双棱镜后用凸透镜 L_2 在测微目镜分划板上成虚光源的放大实像，并测得这两个虚光源像之间的距离 d'，再根据式（2-19-9）计算出这两个虚光源的间

【数据记录与处理】

(1) 条纹间距 Δx 的平均值 $\overline{\Delta x}=$ _____。

(2) 狭缝至测微目镜分划板的距离 $l=$ _____。

(3) 两个虚光源像之间的距离 $d'=$ _____。

(4) 这两个虚光源的间距 $d=\dfrac{u}{v}d'=$ _____。

(5) 钠黄光的波长 $\lambda=\dfrac{d}{l}\Delta x=$ _____。

【问题思考】

(1) 如果给你多块双棱镜,你能否根据外形以及所产生的干涉条纹来比较它们质量的优劣?

(2) 狭缝方向与脊棱稍不平行就看不见干涉条纹,为什么?

实验 2-20　目镜焦距的测量

【实验预习】

测微目镜结构是怎样的? 如何使用它?

【实验目的】

了解、掌握用测量物像放大率来求目镜焦距 f_e 的原理及方法。

【实验原理】

焦距的测量可以归结为测量焦点到光学系统的某一指定点的距离。

测量焦距时,常用到牛顿公式:$x \cdot x' = f \cdot f'$。

若物空间和像空间的光学介质相同,则 $x \cdot x' = f^2$。

线放大率:$m = y'/y = -f/x = -x'/f'$。

本实验光路图如图 2-20-1 所示。

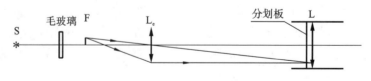

图 2-20-1　目镜焦距的测量光路图

【实验装置】

目镜焦距的测量实验装置实物简图如图 2-20-2 所示。

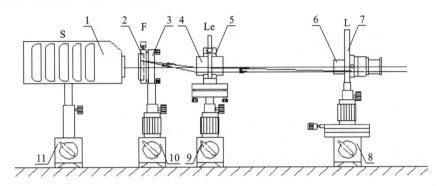

图 2-20-2 目镜焦距的测量实验装置实物简图

1—带有毛玻璃的白炽灯光源 S;2—1/10 mm 分划板 F;3—二维调整架;4—被测目镜 L_e(f_e=14 mm);5—可变口径二维架;
6—测微目镜 L(去掉物镜镜头的读数显微镜);7—读数显微镜镜架;8,9——维底座;10—通用底座

【实验内容与步骤】

(1) 把全部器件按图 2-20-2 所示的顺序摆放在平台上,靠拢后目测调至共轴。

(2) 在 F、L_e、L 的底座距离很小的情况下,前后移动 L_e,直至在测微目镜 L 中看到清晰的 1/10 mm 的刻线,并使之与测微目镜中的标尺(毫米刻线)无视差。

(3) 测出 1/10 mm 刻线的宽度,求出线放大倍率 m_1,并分别记下 L 和 L_e 的位置 a_1、b_1。

(4) 把测微目镜 L 向后移动 30~40 mm,再慢慢向前移动 L_e,直至在测微目镜 L 中又看到清晰且与标尺毫米刻线无视差的 1/10 mm 的刻线像。

(5) 测出 1/10 mm 刻线的宽度,求出 m_2,记下 L 和 L_e 的位置 a_2、b_2。

【数据记录与处理】

测量放大率为

$$m_x = (像宽/实宽) \div 20$$

其中,20 为测微目镜的放大倍数。

像距改变量为

$$S = (a_1 - a_2) + (b_2 - b_1)$$

被测目镜焦距为

$$f_e = \frac{S}{m_2 - m_1}$$

实验 2-21　物镜焦距的测量

物镜是显微镜最重要的光学部件,是衡量一台显微镜质量的首要标准。物镜的结构复杂,制作精密,通常都由透镜组组合而成,各镜片间彼此相隔一定的距离,以减小像差。每组透镜都由不同材料、不同参数的一块或数块透镜胶合而成。

【实验预习】

(1) 与宽光束有关的像差是球差、彗差以及位置色差。

(2) 与视场有关的像差是像散、场曲、畸变以及倍率色差。

【实验目的】

(1) 了解透镜成像的规律。

(2) 理解物像放大率公式。

(3) 掌握用测量物像放大率来求目镜焦距的原理及方法。

【实验原理】

焦距的测量可以归结为测量焦点到光学系统的某一指定点的距离。

测量焦距时,常用到牛顿公式:$x \cdot x' = f \cdot f'$。

若物空间和像空间的光学介质相同,则 $\dfrac{f'}{f} = -\dfrac{n'}{n} = -1$,即 $x \cdot x' = f^2$。

垂轴放大率:$m = y'/y = -f/x = -x'/f'$。

【实验装置】

物镜焦距的测量实验装置实物简图如图 2-21-1 所示。

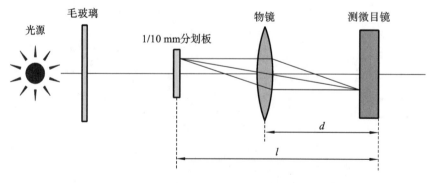

光源　毛玻璃　1/10 mm分划板　物镜　测微目镜

d

l

图 2-21-1　物镜焦距的测量实验装置实物简图

【实验内容与步骤】

（1）按图 2-21-1 所示的实验装置实物简图，依次摆好白炽灯光源、分划板、待测物镜、测微目镜，目测调至共轴。

（2）当分划板、待测物镜、测微目镜之间的距离较小时，前后移动待测物镜，直至在测微目镜中看到清晰的分划板刻线。

（3）测出 1/10 mm 刻线的宽度，可求出此时待测物镜的放大倍率 m_1，并测量分划板和待测物镜与测微目镜的距离 l_1、d_1，填入表 2-21-1 中。

（4）把测微目镜向后移动 30～40 mm，再缓慢调节待测物镜，直至在测微目镜中再次看到清晰的分划板刻线。

（5）再测出像宽，求出 m_2，并测量分划板和待测物镜与测微目镜的距离 l_2、d_2，填入表 2-21-1中。

【数据记录与处理】

物镜焦距的测量实验数据记录与处理表如表 2-21-1 所示。

表 2-21-1　物镜焦距的测量实验数据记录与处理表　　　　　单位：mm

相关量	l_1	d_1	l_2	d_2	S	m_1	m_2	f_e
数据								

像距改变量为

$$S = (l_1 - l_2) + (d_1 - d_2)$$

被测目镜焦距为

$$f_e = \frac{S}{m_2 - m_1}$$

注：1/10 mm 分划板，每小格是 0.1 mm。

【问题思考】

试分析显微物镜与目镜在参与成像上有哪些不同？

【注意事项】

（1）所有实验仪器的光学抛光表面都不得用手触摸或者随意擦抹，光学元件要轻拿轻放，安装光学元件如反射镜时不可拧得过紧，以免因应力集中而破裂。

（2）测微目镜要轻拿轻放，缓慢温柔地调节，严防跌落，严禁私自拆卸仪器。

实验 2-22　菲涅耳单缝衍射

【实验目的】

观察菲涅耳单缝衍射现象。

【实验原理】

菲涅耳衍射和夫琅禾费衍射是研究衍射现象的两种方法。前者不需要用任何仪器就可以直接观察到衍射现象。在这种情况下,观察点和光源(或其中之一)与障碍物(或孔)间的距离有限,在计算光程和叠加后的光强等时,难免遇到烦琐的数学运算。后者研究的是观察点和光源距障碍物都是无限远(平行光束)时的衍射现象。在这种情况下,计算衍射图样中的光强分布时,数学运算比较简单。所谓光源无限远,实际上就是把光源置于第一个透镜的焦平面上,得到平行光束;所谓观察点无限远,实际上就是在第二个透镜的焦平面上观察衍射图样。

【实验装置】

菲涅耳单缝衍射实验装置实物简图如图 2-22-1 所示。

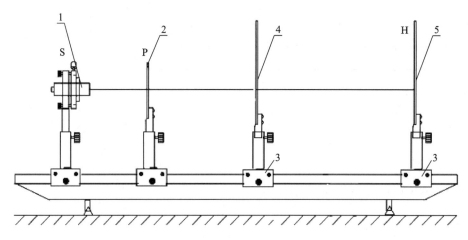

图 2-22-1　菲涅耳单缝衍射实验装置实物简图

1—激光器 S(λ＝650 nm);2—小孔径扩束镜 P;3—通用底座;4—单面狭缝;5—白屏 H

【实验内容与步骤】

把所有器件按图 2-22-1 所示的顺序摆放在平台上,调至共轴。激光器通过扩束镜(以不满足远场条件)投射到单缝上,即可在屏幕上看到衍射条纹,缓慢地、连续地将单缝由窄变宽,同时注意屏幕上的图样,即可观察到与理论分析结果一致的由夫琅禾费单缝衍射图样过渡到菲涅耳单缝衍射图样。

注:也可不加扩束镜。

【数据记录与处理】

在缓慢地、连续地将单缝由窄变宽时,用手机记录白屏上的衍射图样变化情况,并打印出来粘贴在实验报告数据记录栏。

【问题思考】

通过本实验观察总结由夫琅禾费单缝衍射图样过渡到菲涅耳单缝衍射图样的相关结论。

实验 2-23　菲涅耳圆孔衍射

【实验预习】

菲涅耳圆孔衍射与菲涅耳单缝衍射有什么不同？它们的衍射积分公式是怎样的？

【实验目的】

观察菲涅耳圆孔衍射现象。

【实验原理】

菲涅耳圆孔衍射原理如图 2-23-1 所示。S 是单色光源，P 是光场中任一点，S 与 P 之间有一带圆孔的光屏 M，圆孔中心在 SP 连线上。这时以 P 为中心，分别以 $r+\frac{\lambda}{2}$，$r+\lambda$，…… 为半径作出一系列球面，这些球面与圆孔露出的波面 Σ 相交成圆并将 Σ 划分为一个个环带（见图 2-23-1）。自相邻波带的边缘（或相应点）到 P 点的光程差为半个波长。这些环带就是菲涅耳半波带（r 是 P 到圆孔衍射屏的距离）。这些波带在 P 点产生的光强，不仅取决于波带的数目，而且取决于每个波带露出部分的面积，显然各个波带在 P 点产生的振幅正比于该波带的面积，反比于该波带到 P 点的距离。第 j 个波带在 P 点振动的振幅为 $A_j = \frac{a_1}{2} \pm \frac{a_i}{2}$。

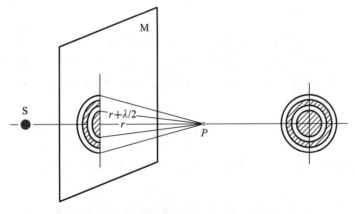

图 2-23-1　菲涅耳圆孔衍射原理图

【实验装置】

菲涅耳圆孔衍射实验装置实物简图如图 2-23-2 所示。

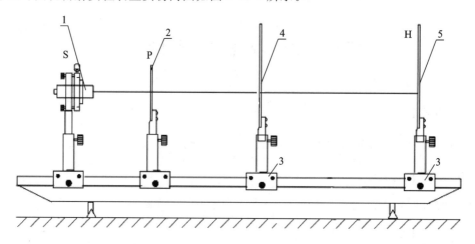

图 2-23-2　菲涅耳圆孔衍射实验装置实物简图

1—激光器 S(λ＝650 nm);2—小孔径扩束镜 P;3—通用底座;4—多孔架;5—白屏 H

【实验内容与步骤】

把所有器件按图 2-23-2 所示的顺序摆放在平台上,调至共轴。激光器通过扩束镜(以不满足远场条件)投射到直径衍射圆孔上,将白屏幕逐渐远离圆孔,将看到中心点有亮—暗—亮的衍射结果。当白屏与圆孔之间的距离为 400 mm 时,中心是一个暗点;当白屏与圆孔之间的距离分别为 210 mm 和 600 mm 时,中心均为亮点。

注:也可去掉扩束镜,找到合适的圆孔,观察艾里斑。

【数据记录与处理】

将白屏 H 逐渐远离圆孔,将看到中心点有亮—暗—亮的衍射结果。当二者之间的距离为 400 mm 时,中心是一个暗点;当二者之间的距离分别为 210 mm 和 600 mm 时,中心均为亮点。去掉扩束镜,找到合适的圆孔,观察艾里斑。用手机记录白屏上的衍射图样变化情况,并打印出来粘贴在数据记录栏。

【问题思考】

通过本实验观察总结菲涅耳单缝衍射与菲涅耳圆孔衍射的相关结论。

实验 2-24　菲涅耳直边衍射

【实验预习】

什么是菲涅耳直边衍射?

【实验目的】

观察菲涅耳直边衍射现象。

【实验原理】

菲涅耳圆孔衍射适合采用菲涅耳波带法做定性和半定量分析。本实验研究另一类孔径的菲涅耳衍射,这类孔径的边缘都平行于坐标轴的直边,如矩孔的衍射可以直接应用菲涅耳衍射的计算公式进行计算。

菲涅耳直边衍射是指当用一束平行光照明直边屏时,远处屏幕上的衍射图样在几何影界邻近照明区内出现若干亮暗条纹,然后强度起伏逐渐减弱而趋向均匀,在几何阴影一侧仍有光强的扩展,然后较快地衰减为零(全黑)。借助半波带法便可得到影界处的光强 R,它等于自由传播光强的四分之一(见图 2-24-1)。轴外光强的定量计算较为麻烦,在相干的线光源产生的柱面波照明直边屏的情形下,可以利用菲涅耳积分表和考纽螺线(见图 2-24-2)按以下程序进行。设轴外点为 P,由 P 向光源作垂线,与波阵面交于一点 M_0,该点与 M_0 点的弧长为

$$s = \overgroup{M'_0 M_0}$$

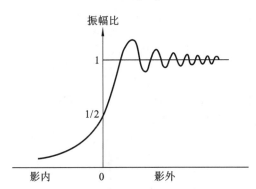

图 2-24-1　菲涅耳直边衍射振幅比图

按下式算出无量纲参量:

$$v = S\sqrt{\frac{2(a+b)}{ab\lambda}}$$

式中,a、b 分别是直边与光源及屏幕的距离。然后从考纽螺线坐标的原点出发,沿曲线滑动一段长度 v 而达到 B 点,连接 B 与考纽螺线卷曲中心点 z,则 P 点的振幅与光强分别为

$$A(P) = \overline{Bz}$$

$$I(P) = \frac{A^2(P)}{2}I_0$$

实际上考纽螺线是按以下两个菲涅耳积分精确地绘制出来的。

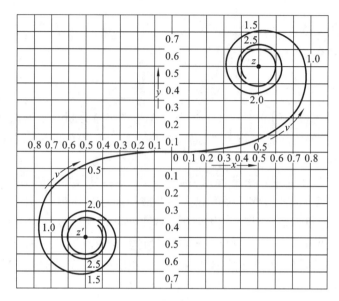

图 2-24-2 考纽螺线图

出来：

$$A(P) = \overline{Bz} = \sqrt{\left(x - \frac{1}{2}\right)^2 + \left(y - \frac{1}{2}\right)^2}$$

【实验装置】

菲涅耳直边衍射实验装置实物简图如图 2-24-3 所示。

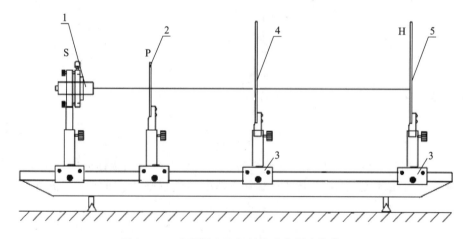

图 2-24-3　菲涅耳直边衍射实验装置实物简图

1—激光器 S(λ=650 nm)；2—小孔径扩束镜 P；3—通用底座；4—刀片；5—白屏 H

【实验内容与步骤】

（1）参照图 2-24-3 搭建光路，并调整位置，使各组件等高和共轴。

（2）调节激光光斑大小及位置，使光斑扩散得尽量大，并刚好落在刀片上面。

（3）观察白屏或远处刀片的直边衍射现象。

【数据记录与处理】

用手机记录白屏上的衍射图样变化情况，并打印出来粘贴在实验报告数据记录栏。

【问题思考】

通过本实验观察总结菲涅耳矩孔衍射图样与菲涅耳圆孔衍射图样的异同。

实验 2-25　模拟法描绘静电场

静电场是由电荷分布决定的。理论上讲，如果知道了电荷的分布，就可以确定其静电场的分布。确定静电场分布的理论方法有解析法、数值计算法。

随着静电应用、静电防护等研究的深入，常常需要了解一些形状比较复杂的带电体或电极周围静电场的分布。这时，应用理论方法十分困难，可以采用实验法。然而，要直接测量静电场也是比较困难的。在一定条件下，电介质中的稳恒电流场与静电场服从相同的数学规律，因此可用稳恒电流场来模拟静电场进行测量。对于电子管、示波管、电子显微镜等许多复杂电极的静电场分布，都可用这种方法进行研究，这是电子光学中最重要的一种研究手段。本实验通过测绘简单电极间的电场分布，来学习模拟法的运用。

【实验目的】

（1）学习用稳恒电流场模拟法测绘静电场的原理和方法。
（2）测静电场的分布，作出等势线和电场线。

【实验原理】

在测量一些电子仪器设备的电场分布时，直接测量存在很多困难。一方面，静电场中无电流，不能采用一般的磁电式仪表进行测量，而只能用静电式仪表进行测量，但静电式仪表结构复杂且灵敏度也较低；另一方面，仪表一般由导体或电介质制成，静电探测的电极一般很大，一旦放入静电场中，将会引起原静电场的显著改变。

由于在一定条件下电介质中的稳恒电流场与静电场服从相同的数学规律，因此可用稳恒电流场来模拟静电场进行测量，这种实验方法称为模拟法。模拟法本质上是用一种易于实现、便于测量的物理状态或过程，来模拟另一种不易实现、不便测量的物理状态或过程。应用模拟法的条件是，两种物理状态或过程有两组一一对应的物理量，并且满足相同形式的数学规律。由理论分析可知，除静电场外，传热学中的热流向量场和理想流体的速度场都可用电流场来模拟。此

表 2-25-1　静电场与稳恒电流场的对应关系

静电场	稳恒电流场
电势 U	电势 U
电场强度 $\vec{E} = -\dfrac{\partial U}{\partial n}\vec{n}$	电场强度 $\vec{E} = -\dfrac{\partial U}{\partial n}\vec{n}$
电位移矢量 $\vec{D} = \varepsilon\vec{E}$	电流密度 $\vec{J} = \sigma\vec{E}$
高斯定理 $\oiint \vec{D} \cdot \mathrm{d}\vec{S} = 0$	稳恒条件 $\oiint \vec{J} \cdot \mathrm{d}\vec{S} = 0$
电势分布 $\nabla^2 U = 0$	电势分布 $\nabla^2 U = 0$

以同轴电缆的电场为例,电场测量原理如图 2-25-1 所示。设同轴电缆圆柱导体 A 的半径为 r_a,电势为 U_a;圆柱导体 B 的内径为 r_b。同轴电缆内外圆柱体的电势差为 $U_0 = U_\mathrm{a} - U_\mathrm{b}$,则距轴心 O 距离为 r 的任意一点 p 的场强大小为 $E = k/r$,其中 k 由圆柱导体的电荷密度分布来决定的。

p 点的电势大小为

$$U_r = U_\mathrm{a} - k\ln\frac{r}{r_\mathrm{a}} \tag{2-25-1}$$

若 $r = r_\mathrm{b}$ 时,$U_r = U_\mathrm{b} = 0$,则有

$$k = \frac{U_\mathrm{a}}{\ln(r_\mathrm{b}/r_\mathrm{a})} \tag{2-25-2}$$

将式(2-25-2)代入式(2-25-1),得

$$U_r = \frac{U_\mathrm{a}}{\ln(r_\mathrm{b}/r_\mathrm{a})}(\ln r_\mathrm{b} - \ln r) \tag{2-25-3}$$

【实验装置】

完成本实验需用到的实验器材有静电场描绘仪、静电场描绘仪电源、电极导电纸、导线、坐标纸。

静电场描绘仪由电极架、电极(DZ-1 型 3 种导电纸电极;DZ-2 型 3 种水槽电极;DZ-3 型 5 种水槽电极)、同步探针等组成,还有配套的静电场描绘仪电源。

静电场描绘仪示意图如图 2-25-2 所示。仪器的下层用于放置导电纸电极,上层用于安放坐标纸。P 是测量探针,用于在导电纸中测量等势点。P′ 是记录探针,可将 P 在水中测得的各电势点同步地记录在坐标纸上(打出印迹)。由于 P、P′ 是固定在同一探针架上的,因此两者绘出的图形完全相同。

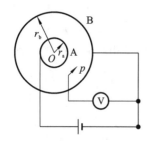

图 2-25-1　同轴柱状导体间的电场测量原理图

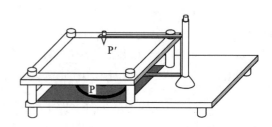

图 2-25-2　静电场描绘仪

图 2-25-3(a)所示为同轴圆柱面电极截面图,图 2-25-3(b)所示为平行导线电极截面图,图 2-25-3(c)所示为聚焦电极截面图,图 2-25-3(d)所示为点与平板电极截面图,图 2-25-3(e)所示为平行板电极截面图。

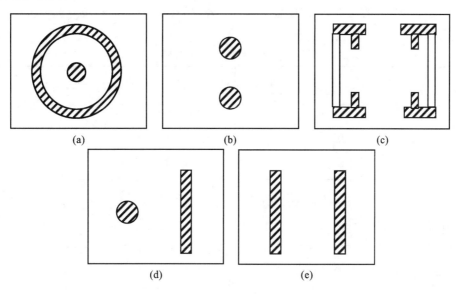

<table>
<tr><td>(a)</td><td>(b)</td><td>(c)</td></tr>
<tr><td>(d)</td><td>(e)</td></tr>
</table>

图 2-25-3　电极的截面图

同步探针由装在探针座上的两根同样长短的弹性簧片及装在簧片末端的两根细而圆滑的钢针组成,如图 2-25-4 所示。上、下两探针处于同一铅直线上,当探针座在电极架下层右边的平板上自由移动时,上、下探针探出等势点后,用手指轻轻按下上探针上的揿钮,上探针针尖就在坐标纸上打出相应的等势点。

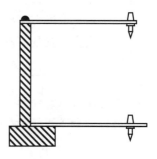

图 2-25-4　同步探针

【实验内容与步骤】

(一) 必做部分

(1) 按图 2-25-1 连接好电路,A,B 之间的电压为 $U_0 = 10.0$ V,线路接好后通电。

(2) 将静电场描绘仪电源上的"测量"与"输出"转换开关打向"输出"端,调节电压到 10 V。

(3) 将"测量"与"输出"转换开关打向"测量"端。

(4) 将坐标纸平铺于电极架的上层并用磁条压紧,移动双层同步探针选择等势点,压下上探针打点,然后移动探针选取其他等势点并打点,即可以描绘出一条等势线。分别测出读数为 8.0 V、7.0 V、6.0 V、5.0 V、4.0 V、3.0 V、2.0 V 的等势线,每条线测 10 个等势点。

【数据记录与处理】

（1）用光滑曲线将测得的各等势点连成等势线，并标出每条等势线对应的电势值。

（2）对于同轴电缆的测绘结果，要将坐标纸上各等势线的电势值和相应圆环半径的平均值及其对数值填入表 2-25-2 中。

表 2-25-2　等势线半径的测量

U_r	8.00 V	7.00 V	6.00 V	5.00 V	4.00 V	3.00 V	2.00 V
$\bar{r}$							
$\ln\bar{r}$							

（3）以 $\ln\bar{r}$ 为横坐标，U_r 为纵坐标，作出 $U_r\text{-}\ln\bar{r}$ 的关系直线，并求出直线的斜率和截距，从而确定同轴电缆的内外半径 r_a、r_b。

（4）根据电场线与等势线的关系，作出同轴电缆的电场线分布。

【问题思考】

（1）什么是模拟法？

（2）对实验中的导电纸有何要求？

（3）为什么不能直接测量静电场中各点的电势？

【注意事项】

（1）为避免接触电阻对探测的影响，下探针应与导电纸接触良好。

（2）上探针应尽量与坐标纸面垂直且坐标纸一定要固定好，不要在测量过程中移动坐标纸。

（3）等势点间距离不要太大，一般为 1~2 cm，对于等势线曲率较大或靠近电极处应多测一些等势点。

第3章　综合性实验

综合性实验是指在同一个实验中涉及力学、热学、电磁学、光学、近代物理等多个知识领域，综合应用多种方法和技术的实验。做此类实验的目的是巩固学生在基础性实验阶段的学习成果，开阔学生的眼界和思路，提高学生对实验方法和实验技术的综合运用能力。本章包括力、热、电、光等综合性实验共 25 个实验项目。

实验 3-1　弦振动的实验研究

【实验预习】

（1）什么是驻波？
（2）形成驻波的条件是什么？

【实验目的】

（1）了解弦振动形成驻波的机理、条件与特征。
（2）测量均匀弦线上横波的传播速度及均匀弦线的线密度。

【实验原理】

本实验所用的吉他上有四根钢质弦线，中间两根用来测定弦线张力，旁边两根用来测定弦线线密度。实验时，弦线与音频信号源接通。这样，通有正弦交变电流的弦线在磁场中就受到周期性的安培力的激励。根据需要，可以调节频率选择开关和频率微调旋钮，从显示器上读出频率。移动劈尖的位置，可以改变弦线长度，并可适当移动磁钢的位置，将弦振动调整到最佳状态。

根据实验要求，挂有砝码的弦线可用来间接测定弦线线密度或横波在弦线上的传播速度；利用安装在张力调节旋钮上的弦线，可间接测定弦线的张力。

实验时，将钢质弦线绕过弦线导轮与砝码盘连接，并通过接线柱插孔接通正弦信号源。在磁场中，通有电流的金属弦线会受到磁场力（称为安培力）的作用。若弦线上接通正弦交变电流，则它在磁场中所受的与磁场方向和电流方向均垂直的安培力，也随之发生正弦变化。移动劈尖改变弦长，当弦长是半波长的整倍数时，弦线上便会形成驻波。移动磁钢的位置，将弦振动

　　为了研究问题的方便,当弦线上最终形成稳定的驻波时,我们可以认为波动是从骑码端发出的,沿弦线朝劈尖端方向传播,称为入射波,再由劈尖端反射沿弦线朝骑码端传播,称为反射波。入射波与反射波在同一条弦线上沿相反方向传播时将相互干涉。移动劈尖到适合位置,弦线上就会形成驻波。这时,弦线上的波被分成几段形成波节和波腹,如图 3-1-1 所示。

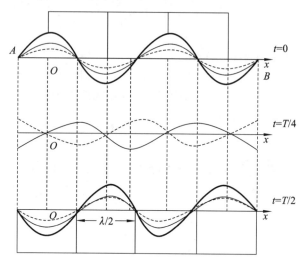

图 3-1-1　波形示意图

　　设在图 3-1-1 中,两列波是沿 x 轴相向方向传播的振幅相等、频率相同、振动方向一致的简谐波。向右传播的波用细实线表示,向左传播的波用细虚线表示,当传至弦线上相应点,位相差为恒定值时,它们就合成驻波(用粗实线表示)。由图 3-1-1 可见,两个波腹或波节间的距离都是等于半个波长,这可由波动方程推导出来。

　　下面用简谐波表达式对驻波进行定量描述。设沿 x 轴正方向传播的波为入射波,沿 x 轴负方向传播的波为反射波,取它们振动相位始终相同的点作坐标原点"O",且在 $x=0$ 处,振动质点向上达最大位移时开始计时,则它们的波动方程分别为

$$y_1 = A\cos\left[2\pi\left(ft - \frac{x}{\lambda}\right)\right]$$

$$y_2 = A\cos\left[2\pi\left(ft + \frac{x}{\lambda}\right)\right]$$

　　式中,A 为简谐波的振幅,f 为频率,λ 为波长,x 为弦线上质点的坐标位置。两波叠加后的合成波为驻波,且波动方程为

$$y_1 + y_2 = 2A\cos\left[2\pi\left(\frac{x}{\lambda}\right)\right]\cos(2\pi ft) \tag{3-1-1}$$

　　由此可见,入射波与反射波合成后,弦线上各点都在以同一频率作简谐振动,它们的振幅为 $\left|2A\cos\left[2\pi\left(\frac{x}{\lambda}\right)\right]\right|$,只与质点的位置 x 有关,而与时间 t 无关。

　　由于波节处振幅为零,即 $\left|2A\cos\left[2\pi\left(\frac{x}{\lambda}\right)\right]\right| = 0$,因此有

$$\frac{2\pi x}{\lambda} = (2k+1)\frac{\pi}{2} \quad (k = 0,1,2,\cdots)$$

可得波节的位置为

$$x = (2k+1)\frac{\lambda}{4} \tag{3-1-2}$$

而相邻两波节之间的距离为

$$x_{k+1} - x_k = \left[2(k+1)+1\right]\frac{\lambda}{4} - (2k+1)\frac{\lambda}{4} = \frac{\lambda}{2} \tag{3-1-3}$$

又因为波腹处的质点振幅为最大,即 $|\cos[2\pi(x/\lambda)]| = 1$,因此有

$$\frac{2\pi}{\lambda}x = k\pi \quad (k = 0,1,2,3,\cdots)$$

可得波腹的位置为

$$x = k\frac{\lambda}{2} \tag{3-1-4}$$

这样相邻的波腹间的距离也是半个波长。因此,在驻波实验中,只要测得相邻两波节(或相邻两波腹)间的距离,就能确定驻波的波长。

在本实验中,由于弦线的两端是固定的,因此两端点为波节。所以,只有当均匀弦线的两个固定端之间的距离 L(弦长)等于半波长的整数倍时,才能形成驻波。数学表达式为

$$L = n\frac{\lambda}{2} \quad (n = 1,2,3,\cdots)$$

由此可得沿弦线传播的横波波长为

$$\lambda = \frac{2L}{n} \tag{3-1-5}$$

式中,n 为弦线上驻波的段数,即半波数。

根据波动理论,弦线横波的传播速度为

$$v = \left(\frac{T}{\rho}\right)^{\frac{1}{2}} \tag{3-1-6}$$

即

$$T = \rho v^2$$

式中:T 为弦线张力;ρ 为弦线单位长度的质量,即线密度。

将式(3-1-5)式代入波速、频率及波长的普遍关系式 $v = f\lambda$,可得:

$$v = \frac{2Lf}{n} \tag{3-1-7}$$

再由式(3-1-6)、式(3-1-7)两式可得

$$\rho = T\left(\frac{n}{2Lf}\right)^2 \quad (n = 1,2,3,\cdots) \tag{3-1-8}$$

即

$$T = \rho\left(\frac{2Lf}{n}\right)^2 \quad (n = 1,2,3,\cdots)$$

由式(3-1-8)可知,当给定 T、ρ、L 时,频率 f 只有满足该式关系才能⋯

当金属弦线在周期性的安培力的激励下发生共振干涉形成驻波时,⋯鸣箱的薄板振动,薄板的振动引起吉他音箱的声振动,经过释音孔释放,⋯声音,当用间歇脉冲激励时尤为明显。

【实验装置】

弦振动的实验研究实验装置简图如图 3-1-2 所示。

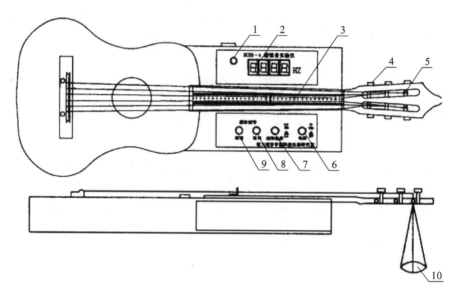

图 3-1-2　弦振动的实验研究实验装置简图

1—接线柱插孔；2—频率显示；3—钢制弦线；4—张力调节旋钮；5—弦线导轮；
6—电源开关；7—波形选择开关；8—频段选择开关；9—频率微调旋钮；10—砝码盘

【实验内容与步骤】

（1）频率 f 一定，测量两种弦线的线密度 ρ 和弦线上横波的传播速度（弦线 a、a′ 为同一种规格，b、b′ 为另一种规格）。

测弦线 a′ 的线密度：波形选择开关 7 选择连续波位置，将信号发生器输出插孔 1 与弦线 a′ 接通。选取频率 $f=240$ Hz，张力 T 由挂在弦线一端的砝码及砝码钩产生，以 100 g 砝码为起点逐渐增加至 180 g。在各张力的作用下调节弦长 L，使弦线上出现 $n=2$、$n=3$ 个稳定且明显的驻波段。记录相应的 f、n、L 的值，由式（3-1-8）计算弦线的线密度 ρ。

弦线上横波的传播速度 $v=\dfrac{2Lf}{n}$。

作 $T\text{-}\overline{v}^2$ 拟合直线，由直线的斜率亦可求得弦线的线密度（$T=\rho v^2$）。

（2）张力 T 一定，测量弦线的线密度 ρ 和弦线上横波的传播速度 v。

在张力 T 一定的条件下，使频率 f 分别为 200 Hz、220 Hz、240 Hz、260 Hz、280 Hz，移动劈尖，调节弦长 L，仍使弦线上出现 $n=2$、$n=3$ 个稳定且明显的驻波段。记录相应的 f、n、L 的值，由式（3-1-7）求出弦线上横波的传播速度 v，由式（3-1-8）可求出弦线的线密度 ρ。

【数据记录与处理】

砝码钩的质量 $m=$ _____ kg。

重力加速度 $g=$ 9.8 m/s²。

（1）频率 f 一定，测弦线的线密度 ρ 和弦线上横波的传播速度 v 数据记录与处理表如表 3-1-1所示。

表 3-1-1　频率 f 一定时实验数据记录与处理表

	$f = 240$ Hz									
$T/(\times 9.8$ N$)$	$0.100+m$		$0.120+m$		$0.140+m$		$0.160+m$		$0.180+m$	
驻波段数 n	2	3	2	3	2	3	2	3	2	3
弦线长 $L/(\times 10^{-2}$ m$)$										
线密度 $\rho = T\left(\dfrac{n}{2Lf}\right)^2/(\text{kg/m})$										
平均线密度 $\bar{\rho}/(\text{kg/m})$										
传播速度 $v = \dfrac{2Lf}{n}/(\text{m/s})$										
平均传播速度 $\bar{v}/(\text{m/s})$										
$\bar{v}^2/(\text{m/s})^2$										

作 $T\text{-}\bar{v}^2$ 拟合直线，由直线的斜率 $\Delta\bar{v}^2/\Delta T$ 求弦线的线密度（$T=\rho v^2$）。

（2）张力 T 一定，测量弦线的线密度 ρ 和弦线上横波的传播速度 v 数据记录与处理表如表 3-1-2所示。

表 3-1-2　张力 T 一定时实验数据记录与处理表

	$T=(0.150+m)\times 9.8$ N									
频率 f/Hz	200		220		240		260		280	
驻波段数 n	2	3	2	3	2	3	2	3	2	3
弦线长 $L/(\times 10^{-2}$ m$)$										
横波速度 $v = \dfrac{2Lf}{n}/(\text{m/s})$										

平均横波速度 $\bar{v} = $ ＿＿＿＿＿＿＿ m/s，$\bar{v}^2 = $ ＿＿＿＿＿＿＿ (m/s^2)

线密度 $\rho = \dfrac{T}{\bar{v}^2} = $ ＿＿＿＿＿＿＿ kg/m

【问题思考】

(1) 实验中,弦线驻波是怎样产生的?

(2) 弦线的粗细和弹性对实验有什么影响?

(3) 弦线上调出稳定的驻波后,欲增加半波数 n 的个数,是增长弦线还是缩短弦线?

【注意事项】

(1) 改变挂在弦线一端的砝码后,要使砝码稳定后再测量。

(2) 磁钢不能处于波节位置。

(3) 要等波稳定后,再记录数据。

实验 3-2　霍 尔 效 应

【实验预习】

了解什么是霍尔效应。

【实验目的】

(1) 了解霍尔效应的产生机理。

(2) 掌握用霍尔元件测量磁场的基本方法。

【实验原理】

1. 什么叫作霍尔效应?

若将通有电流的导体置于磁场 B 之中,磁场 B(沿 z 轴)垂直于电流 I_H(沿 x 轴)的方向,如图 3-2-1 所示,则在导体中垂直于 B 和 I_H 的方向上出现一个横向电位差 U_H,这个现象称为霍尔效应。

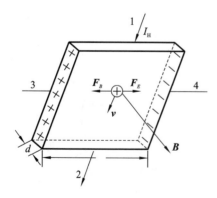

图 3-2-1　霍尔效应原理

这一效应对金属来说并不显著,但对半导体来说非常显著。霍尔效应可以测定载流子浓度、载流子迁移率等重要参数,以及判断材料的导电类型,是研究半导体材料的重要手段。还可以用霍尔效应测量直流或交流电路中的电流强度和功率以及把直流电流转成交流电流并对它进行调制、放大。用霍尔效应制作的传感器广泛用于磁场、位置、位移、转速的测量。

(1) 用什么原理来解释霍尔效应产生的机理?

霍尔电势差是这样产生的:当电流 I_H 通过霍尔元件(假设为 P 型)时,空穴有一定的漂移速度 v,垂直磁场对运动电荷产生一个洛伦兹力：

$$\boldsymbol{F}_B = q(\boldsymbol{v} \times \boldsymbol{B}) \tag{3-2-1}$$

式中，q 为电子电荷。洛伦兹力使电荷产生横向的偏转。由于样品有边界，因此有些偏转的载流子将在边界积累起来，产生一个横向电场 $\boldsymbol{E}$，直到电场对载流子的作用力 $\boldsymbol{F}_E = q\boldsymbol{E}$ 与磁场作用的洛伦兹力相抵消为止，即

$$q(\boldsymbol{v} \times \boldsymbol{B}) = q\boldsymbol{E} \tag{3-2-2}$$

这时电荷在样品中流动时将不再偏转，霍尔电势差就是由这个电场建立起来的。

如果是 N 型样品，则横向电场与前者相反，所以 N 型样品和 P 型样品的霍尔电势差有不同的符号，据此可以判断霍尔元件的导电类型。

（2）如何用霍尔效应测磁场？

设 P 型样品的载流子浓度为 p、宽度为 b、厚度为 d，通过样品的电流 $I_H = pqvbd$，则空穴的速度 $v = I_H/(pqbd)$，代入式（3-2-2）有

$$E = |\boldsymbol{v} \times \boldsymbol{B}| = \frac{I_H B}{pqbd} \tag{3-2-3}$$

式（3-2-3）两边各乘以 b，便得到

$$U_H = Eb = \frac{I_H B}{pqd} = R_H \frac{I_H B}{d} \tag{3-2-4}$$

$R_H = \dfrac{1}{pq}$ 称为霍尔系数。在应用中，式（3-2-4）一般写成

$$U_H = K_H I_H B \tag{3-2-5}$$

比例系数 $K_H = R_H/d = 1/(pqd)$ 称为霍尔元件的灵敏度，单位为 $\mathrm{mV/(mA \cdot T)}$。一般要求 K_H 越大越好。K_H 与载流子浓度 p 成反比。半导体内载流子浓度远比金属中载流子浓度小，所以都用半导体材料制作霍尔元件。K_H 与片厚 d 成反比，所以霍尔元件都做得很薄，一般只有 0.2 mm 厚。

由式（3-2-5）可以看出，知道了霍尔元件的灵敏度 K_H，只要分别测出霍尔电流 I_H 及霍尔电势差 U_H 就可算出磁场 $\boldsymbol{B}$ 的大小。这就是霍尔效应测磁场的原理。

2. 如何消除霍尔元件热磁效应的影响？

在实际测量过程中，还会伴随一些热磁效应，导致所测得的电压不只是 U_H，还会附加另外一些电压，给测量带来误差。

这些热磁效应有：埃廷斯豪森效应，产生原因是霍尔片两端有温度差，从而产生温差电动势 U_E，它与霍尔电流 I_H、磁场 $\boldsymbol{B}$ 方向有关；能斯特效应，产生原因是当热流通过霍尔片（如 1、2 端）时，在霍尔片两侧（3、4 端）会有电动势 U_N 产生，它只与磁场 $\boldsymbol{B}$ 和热流有关；里吉-勒迪克效应，产生原因是当热流通过霍尔片时，霍尔片两侧会有温度差产生，从而又产生温差电动势 U_R，它同样与磁场 $\boldsymbol{B}$ 及热流有关。

除了这些热磁效应外，还有不等位电势差 U_0，它是由霍尔片两侧（3、4 端）的电极不在同一等势面上引起的。当霍尔电流通过 1、2 端时，即使不加磁场，3、4 端也会有电势差 U_0 产生，且它的方向随电流 I_H 方向的改变而改变。

为了消除热磁效应的影响，在操作时我们要分别改变 I_H 的方向和 $\boldsymbol{B}$ 的方向，记下四组电势

差数据,做运算并取平均值。

由于U_E方向始终与U_H相同,因此采用换向法不能消除它,但一般$U_E \ll U_H$,故U_E可以忽略不计,于是

当I_H正向、B正向时,

$$U_1 = U_H + U_0 + U_E + U_N + U_R$$

当I_H负向、B正向时,

$$U_2 = -U_H - U_0 - U_E + U_N + U_R$$

当I_H负向、B负向时,

$$U_3 = U_H - U_0 + U_E - U_N - U_R$$

当I_H正向、B负向时,

$$U_4 = -U_H + U_0 - U_E - U_N - U_R$$

做运算$U_1 - U_2 + U_3 - U_4$,并取平均值,有

$$\frac{1}{4}(U_1 - U_2 + U_3 - U_4) = U_H + U_E$$

$$U_H = \frac{U_1 - U_2 + U_3 - U_4}{4} \tag{3-2-6}$$

【实验装置】

霍尔效应实验仪。

【实验内容与步骤】

(1) 对照电路图熟悉连线,接好电路。

(2) 接通电源前,检查霍尔效应实验仪"I_S调节""I_M调节"旋钮是否均置零位,若不是,逆时针将"I_S调节""I_M调节"旋钮旋至零位。

(3) 测量霍尔电压。

①将"I_S-I_M测量选择"按下,将"I_M调节"旋钮顺时针旋到$I_M = 0.500$ A(不能过大),以后整个测量过程中不再改变此值。

②将"I_S-I_M测量选择"弹起,将"I_S调节"旋钮顺时针旋到$I_S = 1.00$ mA,并保持此值不变。在K_1、K_2、K_3(整个过程中K_3保持不变)处于最初位置情况下,读出"U_H输出"上的读数U_1;K_2换向(即B方向变),K_1不变(即I_S方向不变),读出"U_H输出"上的读数U_2;K_1、K_2同时换向(相对于最初位置),读出"U_H输出"上的读数U_3;K_2不变(同最初位置),K_1换向(相对于最初位置),读出"U_H输出"上的读数U_4。

③保持I_M不变,将工作电流I_S依次取1.00 mA、2.00 mA、3.00 mA、4.00 mA、5.00 mA、6.00 mA、7.00 mA,按步骤②得到相应的U_1、U_2、U_3、U_4的值,并在表格中记录数据。

【数据记录与处理】

(1) 根据表3-2-1,以U_H为纵坐标,以I_S为横坐标,在坐标纸上作出U_H-I_S关系曲线,考察是否为过坐标原点的一条直线。

表 3-2-1　霍尔效应实验数据记录与处理表

$I_{\mathrm{S}}/\mathrm{mA}$	U_1/mV	U_2/mV	U_3/mV	U_4/mV	$U_{\mathrm{H}}/\mathrm{mV}$	$U_{\mathrm{H}}/I_{\mathrm{S}}/(\mathrm{mV/mA})$
1.00						
2.00						
3.00						
4.00						
5.00						
6.00						
7.00						

（2）求出 U_{H}-I_{S} 关系曲线的直线斜率，并根据给定的霍尔元件的灵敏度 K_{H}（线圈上标有，单位为 mV/(mA·T)），计算出电磁铁磁极之间的磁感应强度 B（即斜率除以 K）：

$$B = \frac{U_{\mathrm{H}}}{I_{\mathrm{S}} K_{\mathrm{H}}}$$

（3）计算所测磁场的不确定度。

A 类标准不确定度计算公式为

$$\Delta_B = \sqrt{\frac{\sum_{i=1}^{n}(B_i - \overline{B})}{n-1}}$$

相对不确定度计算公式为

$$E_B = \frac{\Delta_B}{\overline{B}} \times 100\%$$

结果表示为

$$B = \overline{B} \pm \Delta_B$$

【问题思考】

（1）什么叫霍尔效应？利用霍尔效应测磁场时，具体要测哪些物理量？
（2）测量霍尔电压时，如何消除热磁效应的影响？

【注意事项】

（1）霍尔片又薄又脆，切勿用手摸。
（2）霍尔片允许通过电流很小，切勿与励磁电流接错。
（3）电磁铁通电时间不要过长，以防电磁铁线圈过热影响测量结果。

实验 3-3　声速的测量

声波是一种在弹性媒质中传播的机械波。频率低于 20 Hz 的声波称为次声波；频率为 20 Hz～20 kHz 的声波可以被人听到，称为可闻声波；频率在 20 kHz 以上的声波称为超声波。声波在媒质中的传播速度与媒质的特性及状态因素有关,因而通过对媒质中声速的测定,可以了解媒质的特性或状态变化。声速测定在工业生产上具有一定的实用意义。

【实验预习】

(1) 什么是李萨如图?怎样获得李萨如图?

(2) 什么是驻波?

【实验目的】

(1) 用驻波法测定空气中的声速。

(2) 以李萨如图形的变化观测位相差。

(3) 了解时差法测定超声波的传播速度。

【实验原理】

1. 声波

频率介于 20 Hz～20 kHz 的机械波振动在弹性介质中的传播就形成声波。频率在 20 kHz 以上的声波称为超声波。超声波的传播速度就是声波的传播速度,而且超声波具有波长短、易于定向发射和会聚等优点,因此声速实验所采用的声波频率一般为 20 kHz～60 kHz。在此频率范围内,采用压电陶瓷换能器作为声波的发射器、接收器效果最佳。

2. 压电陶瓷换能器

压电陶瓷换能器由压电陶瓷片和轻、重两种金属组成。压电陶瓷片是用一种多晶结构的压电材料(如石英、锆钛酸铅陶瓷等),在一定温度下经极化处理制成的。压电材料具有压电效应:当压电材料受到与极化方向一致的应力 T 时,在极化方向上产生的电场强度 E 与 T 具有线性关系——$E = g \cdot T$,即力→电,称为正压电效应;当与极化方向一致的外加电压 U 加在压电材料上时,材料的伸缩形变 S 与 U 之间有简单的线性关系——$S = d \cdot U$,即电→力,称为逆压电效应。其中,g 为比例系数,d 为压电常数,均与材料的性质有关。由于 E 与 T、S 与 U 之间有简单的线性关系,因此我们就可以将正弦交流电信号变成压电材料纵向的长度伸缩,使压电陶瓷片成为超声波的波源,即压电陶瓷换能器可以把电能转换为声能,用作超声波发生器。反过来,它也可以把声压变化转换为电压变化,即用压电陶瓷片作为声频信号接收器。因此,压电陶瓷换能器可以把电能转换为声能用作超声波发生器,也可把声能转换为电能用作超声波接收器之用。

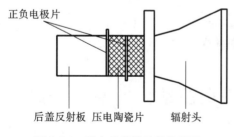

正负电极片

后盖反射板　压电陶瓷片　辐射头

图 3-3-1　纵向换能器的结构简图

压电陶瓷换能器根据工作方式可分为纵向(振动)换能器、径向(振动)换能器及弯曲振动换能器。图 3-3-1 所示为纵向换能器的结构简图。

根据声波各参量之间的关系可知,$v = \lambda \cdot f$,其中 v 为波速,λ 为波长,f 为频率。在实验中,可以通过测定声波的波长 λ 和频率 f 求声速。声波的频率 f 可以直接从低频信号发生器(信号源)上读出,而声波的波长 λ 则常用共振干涉法(驻波法)和相位比较法(行波法)来测量。

3. 共振干涉法(驻波法)测声速

实验装置接线如图 3-3-2 所示。S_1 发出平面波。S_2 作为超声波接收头,把接收到的声压转换成交变的正弦电压信号后输入示波器(置扫描方式)进行观察。S_2 在接收超声波的同时还反射一部分超声波。这样,由 S_1 发出的超声波和由 S_2 反射的超声波在 S_1 和 S_2 之间产生定域干涉。

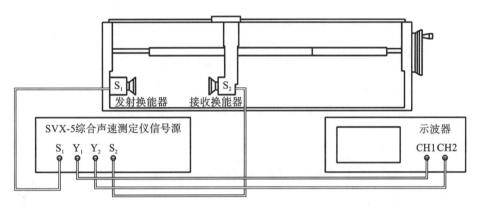

图 3-3-2　声速的测量实验装置

当 S_1 和 S_2 之间的距离 L 恰好等于半波长的整数倍,即

$$L = k\frac{\lambda}{2} \quad (k = 0,1,2,3,\cdots)$$

时形成驻波共振。任意两个相邻的共振态之间,S_2 的位移为

$$\Delta L = L_{k+1} - L_k = (k+1)\frac{\lambda}{2} - k\frac{\lambda}{2} = \frac{\lambda}{2}$$

所以,当 S_1 和 S_2 之间的距离 L 连续改变时,示波器上的信号幅度每一次周期性变化,相当于 S_1 和 S_2 之间的距离改变了 $\frac{\lambda}{2}$。此距离改变量 $\frac{\lambda}{2}$ 可用读数标尺测得,频率 f 从信号发生器上读得,由 $\upsilon = \lambda \cdot f$ 即可求得声速。

4. 相位比较法(行波法)测声速

实验装置接线仍如图 3-3-2 所示,置示波器功能于"X-Y"方式。设输入 X 轴的入射波振动方程为

$$x = A_1 \cos(\omega t + \varphi_1)$$

输入 Y 轴的是由 S_2 接收到的波动,振动方程为

$$y = A_2 \cos(\omega t + \varphi_2)$$

其中,A_1 和 A_2 分别为 X、Y 方向振动的振幅,ω 为角频率,φ_1 和 φ_2 分别为 X、Y 方向振动的初相位。当 S_1 发出的平面超声波通过媒质到达 S_2 时,合成振动方程为

$$\frac{x^2}{A_1^2} + \frac{y^2}{A_2^2} - \frac{2xy}{A_1 A_2}\cos(\varphi_2 - \varphi_1) = \sin^2(\varphi_2 - \varphi_1)$$

在发射波和接收波之间产生相位差:

$$\Delta \varphi = \varphi_2 - \varphi_1 = 2\pi \frac{\Delta x}{\lambda}$$

如图 3-3-3 所示,随着振动的相位差从 0 到 π 变化,李萨如图形从斜率为正的直线变为椭圆,再变为斜率为负的直线。因此,每移动半个波长,就会重复出现斜率符号相反的直线。测得了波长 λ 和频率 f,根据式 $v = \lambda \cdot f$ 即可计算出声音传播的速度。

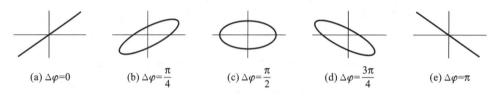

(a) $\Delta \varphi = 0$　　(b) $\Delta \varphi = \frac{\pi}{4}$　　(c) $\Delta \varphi = \frac{\pi}{2}$　　(d) $\Delta \varphi = \frac{3\pi}{4}$　　(e) $\Delta \varphi = \pi$

图 3-3-3　振动合成的李萨如图形

改变 S_1 和 S_2 之间的距离 L,相当于改变了发射波和接收波之间的相位差,荧光屏上的图形也随 L 的改变不断变化。显然,当 S_1、S_2 之间的距离改变半个波长,即 $\Delta L = \lambda/2$,$\Delta \varphi = \pi$。

【实验装置】

SVX-5 综合声速测定仪信号源,SV-DH 系列声速测定仪等。

【实验内容与步骤】

实验操作微课

1. 声速测定仪系统的连接与调试

接通电源,声速测定仪信号源自动工作在连续波方式下,且介质为空气,预热 15 min。声速测定仪和声速测定仪信号源及双踪示波器之间的连接如图 3-3-2 所示。

(1)测试架上的换能器与声速测定仪信号源之间的连接。

声速测定仪信号源面板上的发射端换能器接口(S_1),用于输出相应频率的功率信号,接至测试架左边的发射换能器(S_1);声速测定仪信号源面板上的接收端换能器接口(S_2),接至测试架右边的接收换能器(S_2)。

(2)示波器与声速测定仪信号源之间的连接。

声速测定仪信号源面板上的发射端的发射波形接口(Y_1),接至双踪示波器的 CH1(X),以便观察发射波形;声速测定仪信号源面板上的接收端的接收波形接口(Y_2),接至双踪示波器的 CH2(Y),以便观察接收波形。

2. 共振频率的调试测量

只有当换能器 S_1 和 S_2 发射面与接收面保持平行时才有较好的接收效果。应将外加的驱动信号频率调节到发射换能器 S_1 谐振频率点处,以便较好地进行声能与电能的相互转换,提高测量精度,得到较清晰的接收波形,从而获得较好的实验效果。

超声波换能器工作状态的调节方法如下:各仪器都正常工作以后,首先调节声速测定仪信号源输出电压(100~500 mV),调节信号频率(25~45 kHz),观察频率调整时接收波的电压幅度变化,在某一频率点处(34.5~37.5 kHz)电压幅度最大,同时声速测定仪信号源的信号指示灯亮,此频率即是换能器 S_1、S_2 相匹配的频率点,记录此频率,改变 S_1 和 S_2 之间的距离,适当选择位置(即示波器屏上呈现出最大电压波形幅度时的位置),再微调信号频率,如此重复调整,再次测定工作频率,共测 5 次,取平均值。

3. 共振干涉法(驻波法)测量波长

(1) 按图 3-3-2 所示连接好电路。

(2) 将测试方式设置到连续波方式,把声速测定仪信号源调到共振工作频率(根据共振特点观察波幅变化进行调节)。

(3) 在共振频率下,使 S_2 靠近 S_1,依次记下各振幅最大时读数标尺位置的读数 L_1, L_2, $\cdots$, L_{10}。

(4) 记下室温 t。

(5) 用逐差法处理数据。

4. 用相位比较法(李萨如图形)测量波长

(1) 将测试方式设置到连续波方式,连好线路,把声速测定仪信号源调到最佳工作频率 f。

(2)调节双踪示波器,把"扫描时间"旋扭旋至"X-Y"方式。

(3)移动 S_2,依次记下双踪示波器上波形由图 3-3-3(a)变为图 3-3-3(e)时,读数标尺位置的读数 L_1, L_2, $\cdots$, L_{10}。

(4)记下室温 t。

(5)用逐差法处理数据。

【数据记录与处理】

(1) 驻波法。

驻波法数据记录与处理表如表 3-3-1 所示。

表 3-3-1　驻波法数据记录与处理表

$t=$ _____ ℃; $v_0=331.45$ m/s; $f=$ _____

波幅最大位置 l_i /mm	l_1	l_2	l_3	l_4	l_5
波幅最大位置 l_{i+5} /mm	l_6	l_7	l_8	l_9	l_{10}
$\Delta l_i = l_{i+5} - l_i$ /mm					

$$\overline{\Delta l} = \frac{\sum \Delta l_i}{5} =$$

$$\lambda = 2 \times \frac{\overline{\Delta l}}{5} =$$

$$v = f \cdot \lambda =$$

$$v_0 = v_0 \sqrt{1 + \frac{t}{273.15}} =$$

$$\Delta_v = |v - v_0| =$$

$$E_v = \frac{\Delta_v}{v_0} \times 100\% =$$

(2) 相位比较法。

相位比较法数据记录与处理表如表 3-3-2 所示。

大学物理实验教程

表 3-3-2　相位比较法数据记录与处理表

$t=$＿＿＿＿ ℃；$v_0=331.45$ m/s；$f=$＿＿＿＿

	l_1	l_2	l_3	l_4	l_5
波形由图 3-3-3（a）变为图 3-3-3（e）时，读数标尺位置的读数 l_i/mm					
	l_6	l_7	l_8	l_9	l_{10}
波形由图 3-3-3(a)变为图 3-3-3(e)时，读数标尺位置的读数 l_{i+5}/mm					
$\Delta l_i=l_{i+5}-l_i$/mm					

$$\overline{\Delta l}=\frac{\sum \Delta l_i}{5}=$$

$$\lambda=2\times\frac{\overline{\Delta l}}{5}=$$

$$v=f\cdot\lambda=$$

$$v_0=v_0\sqrt{1+\frac{t}{273.15}}=$$

$$\Delta_v=|v-v_0|=$$

$$E_v=\frac{\Delta_v}{v_0}\times100\%=$$

（3）试比较分别用驻波法和相位比较法测得声速的结果，并做相应的讨论。

【问题思考】

（1）本实验中的超声波是如何获得的？

提示：利用压电陶瓷片的逆压电效应原理将高频率的电信号转换成超声波信号。将正弦交流电信号变成压电材料纵向的长度伸缩变化，从而产生纵向的机械振动，产生超声波。

（2）超声波信号能否直接用示波器观测？怎样实现超声波信号的观测？

提示：不能。利用压电陶瓷片的逆压电效应将电信号转换成超声波信号发射，再利用压电陶瓷片的正压电效应将声压的变化转换成电压的变化用于示波器观测。

（3）用共振干涉法测量超声波声速，如何测量频率？波长又如何测量？

提示：调整接收端和发射端的距离，使之为半波长的整数倍，发射信号与接收信号相遇产生驻波，此时接收端与发射端的距离为半波长的整数倍。据此测量相邻两波幅之间的距离并经计算得到波长；调整发射信号的频率，观察振幅，使其最大，由此判断发射信号与换能器信号产生共振，此时发射信号的频率即为超声波的频率。

（4）发射信号接 CH1 通道、接收信号接 CH2 通道，采用共振干涉法时示波器各主要旋钮该如何调节？用相位法时又该如何调节？

提示：见实验步骤。

（5）固定距离，改变频率，以求声速，是否可行？

提示：不行，换能器有一个固有频率，发射信号的频率与之相等时产生共振，振幅最大，若发射信号的频率偏离换能器的固有频率，振幅衰减得很快直至为零，不利于观测。

【注意事项】

（1）换能器发射端与接收端间距一般要在 5 cm 以上后再测量数据，二者距离较近时可把声速测定仪信号源面板上的发射强度减小，随着距离的增大再适当增大发射强度。

（2）双踪示波器上图形失真时可适当减小发射强度。

（3）测试最佳工作频率时，应把接收端放在不同位置处测量 5 次，取平均值。

实验 3-4　不良导体导热系数的测量

【实验预习】

预习不良导体导热系数的测量方法和原理。

【实验目的】

（1）掌握测材料导热系数的方法稳态法。

（2）掌握一种用热电转换方式进行温度测量的方法。

【实验原理】

导热系数是反映材料导热性能的重要参数之一。测量导热系数的方法大体可分为稳态法和动态法两类。稳态法适用于测量不良导体的导热系数，而动态法适用于测量良导体的导热系数。本实验学习用稳态法测量不良导体的导热系数。

当物体内部各处温度不均匀时，就会有热量从温度较高处传向温度较低处，这种现象称为热传导。若热量沿着 z 轴方向传导，则热传导定律可表示成

$$dQ = -\lambda \left(\frac{dT}{dz}\right)_{z_0} dS \cdot dt \qquad (3\text{-}4\text{-}1)$$

其中，dS 为在 z 轴上任一位置 z_0 处取的一个垂直截面积，$\frac{dT}{dz}$ 表示在 z 处的温度梯度，$\frac{dQ}{dt}$ 表示在该处的传热速率（单位时间内通过截面积 dS 的热量）。式中的负号表示热量从高温区向低温区传导（即热传导的方向与温度梯度的方向相反）。比例系数 λ 称为导热系数，它的物理意义是：在温度梯度为一个单位的情况下，单位时间内垂直通过单位面积截面的热量。

利用式（3-4-1）测量材料的导热系数 λ，需解决两个关键问题：一是如何在材料内形成温度梯度 $\frac{dT}{dz}$，并确定其数值；二是如何测量材料内由高温区向低温区的传热速率 $\frac{dQ}{dz}$。

1. 温度梯度 $\frac{dT}{dz}$

为了在样品内形成一个稳定的温度梯度，并且使温度场的分布具有良好的对称性，通常把

样品及两块铜板都加工成等大的圆形薄片,并把样品夹在两铜板之间,如图 3-4-1 所示。若能使两块铜板分别保持恒定温度 T_1 和 T_2,就可能在垂直于样品表面的方向上形成稳定的温度梯度。如果样品厚度 h 远小于样品直径 $D(h \ll D)$,则样品侧面面积比平板面积小得多,因此样品侧面散去的热量可以忽略不计,并可认为热量沿垂直于样品平面的方向传导,即只在此方向上有温度梯度。由于铜是热的良导体,在达到平衡时,可以认为同一铜板各处的温度相同,样品内同一平行平面上各处的温度也相同。这样,只要测出样品的厚度 h 和两块铜板的温度 T_1、T_2,就可以确定样品内的温度梯度 $\dfrac{T_1 - T_2}{h}$。当然,这需要铜板与样品表面紧密接触,否则中间的空气层将产生热阻,使得对温度梯度的测量不准确。

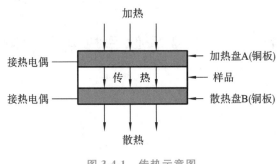

图 3-4-1　传热示意图

2. 传热速率 $\dfrac{dQ}{dt}$

单位时间内通过样品某一截面积的热量 $\dfrac{dQ}{dt}$ 称为传热速率,它是一个无法直接测定的量。为此,我们设法将这个量转化为较容易测量的量。如果样品从加热盘 A 吸收的热量全部从散热盘 B 散发出去,则样品内部形成一个恒定的温度梯度分布,系统达到一个动态平衡状态,称之为稳态。此时,散热盘 B 的散热速率就等于样品内的传热速率。这样,只要测量散热盘 B 在稳态温度 T_2 下散热的速率,也就间接测量出了样品内的传热速率。

但是,铜板的散热速率也不易测量,还需要做参量转换。我们知道,铜板的散热速率与冷却速率(温度变化率)$\dfrac{dT}{dt}$ 有关,表达式为

$$\left.\frac{dQ}{dt}\right|_{T_2} = -mc\left.\frac{dT}{dt}\right|_{T_2} \tag{3-4-2}$$

式中,m 为铜板的质量,c 为铜的比热容,负号表示热量向低温方向传递。因为质量容易直接测量,c 为常量 $(0.39 \times 10^3 \ \text{J}/(\text{kg} \cdot ℃))$,这样对散热盘 B 散热速率的测量就转化为对散热盘 B 冷却速率的测量。

散热盘 B 的冷却速率可以这样测量:在达到稳态后,移去样品,用加热盘 A 直接对散热盘 B 加热,使散热盘 B 的温度高于稳态温度 T_2(大约高出 10 ℃),再让散热盘 B 在环境中自然冷却,直至温度低于 T_2。测出温度在大于 T_2 到小于 T_2 区间中随时间的变化关系,描绘出 $T\text{-}t$ 曲线,如图 3-4-2 所示。曲线在 T_2 处的斜率就是散热盘 B 在稳态温度 T_2 下的冷却速率。

应该注意的是,这样得出的 $\dfrac{dT}{dt}$ 是散热盘 B 全部表面暴露于空气中的冷却速率,它的散热面

积为 $2\pi R_P^2+2\pi R_P h_P$（其中 R_P 和 h_P 分别是散热盘 B 的半径和厚度）。然而，在实验中稳态传热时，散热盘 B 的上表面（面积为 πR_P^2）是被样品覆盖的，由于物体的散热速率与它们的面积成正比，所以稳态时，铜板的散热速率的表达式应修正为

$$\frac{\mathrm{d}Q}{\mathrm{d}t}=-mc\,\frac{\mathrm{d}T}{\mathrm{d}t}\cdot\frac{\pi R_P^2+2\pi R_P h_P}{2\pi R_P^2+2\pi R_P h_P}\quad(3\text{-}4\text{-}3)$$

根据前面的分析，由式(3-4-3)求得的 $\frac{\mathrm{d}Q}{\mathrm{d}t}$ 就是样品的传热速率。

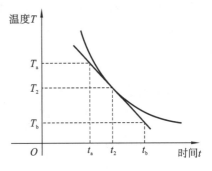

图 3-4-2　散热盘 B 的冷却曲线图

将式(3-4-3)代入热传导定律表达式，并考虑到 $\mathrm{d}S=\pi R^2$，可得导热系数为

$$\lambda=mc\,\frac{2h_P+R_P}{2h_P+2R_P}\cdot\frac{1}{\pi R^2}\cdot\frac{h}{T_1-T_2}\cdot\left.\frac{\mathrm{d}T}{\mathrm{d}t}\right|_{T=T_2}\quad(3\text{-}4\text{-}4)$$

式中，R 为样品的半径，h 为样品的高度，m 为散热盘 B 的质量，c 为铜的比热容，R_P 和 h_P 分别是散热盘 B 的半径和厚度。

3. 温度的测量

本实验选用铜-康铜热电偶测温度。在温度变化范围不大时，这种热电偶的温差电动势 θ 与温度差 ΔT 的比是一个常数，称为温差电系数，大小为 4.0×10^{-2} mV/℃。若该热电偶冷端处于冰水混合物中，冷端温度保持为 0 ℃，则该热电偶的温差电动势与热端温度成正比。

【实验装置】

DRM-1 型导热系数测试仪、游标卡尺、天平等。

【实验内容与步骤】

(1) 用游标卡尺测量样品、静热盘 B 的几何尺寸，多次测量取平均值。

(2) 用天平测量散热盘 B 的质量。

(3) 先放置好待测样品及散热盘 B，调节散热盘 B 托架上的三个微调螺钉，使待测样品与加热盘 A、散热盘 B 接触良好。安置待测样品、加热盘 A、散热盘 B 时，须使放置热电偶的洞孔与杜瓦瓶同侧。热电偶插入加热盘 A、散热盘 B 上的小孔时，要抹些硅脂，并插到洞孔底部，使热电偶测温端与加热盘 A、散热盘 B 接触良好，热电偶冷端插在杜瓦瓶中的冰水混合物中。

(4) 根据稳态法，必须得到稳定的温度分布，这就要等待较长时间。为了提高效率，可先将电源电压开关打到高挡，几分钟后，当 $\theta_1=4.00$ mV 时，即可将开关拨到低挡，通过调节电热板电压高挡、低挡及断电挡，使 θ_1 读数在 ±0.03 mV 范围内，同时每隔 30 s 读 θ_2 的数值，如果在 2 min 内样品下表面温度 θ_2 示值不变，即可认为已达到稳定状态。记录稳态时与 θ_1、θ_2 对应的 T_1、T_2 值。

(5) 移去样品，继续对散热盘 B 加热。当散热盘 B 的温度比 T_2 高出 10 ℃ 左右时，移去加热盘 A，让散热盘 B 所有表面均暴露于空气中自然冷却。每隔 30 s 读一次散热盘 B 的温度示值并记录，直到温度下降到 T_2 以下一定值。作散热盘 B 的 $T\text{-}t$ 冷却速率曲线，选取邻近 T_2 的测量数据来求出冷却速率。

（6）根据式(3-4-4)计算样品的导热系数 λ。

（7）计算导热系数的不确定度，并写出最终的测量结果。

【数据记录与处理】

本实验需测量并记录样品、散热盘 B 的有关参数，稳态时加热盘 A 和散热盘 B 的温度以及散热盘 B 散热时的温度变化情况。相关表格设计如表 3-4-1～表 3-4-3 所示。

表 3-4-1　被测样品的有关参数

次数	直径 $2R/\mathrm{cm}$	厚度 h/cm
1		
2		
3		
平均值		

表 3-4-2　散热盘 B 的有关参数

次数	直径 $2R_P/\mathrm{cm}$	厚度 h_P/cm	质量 m/kg	比热 $c/(\mathrm{J}/(\mathrm{kg}\cdot{}^{\circ}\!\mathrm{C}))$
1				
2				
3				
平均值				

表 3-4-3　散热盘 B 散热速率实验数据

t/s	0	30	60	90	120	…	510	540	570	600
θ_2/mV										
$T_2/{}^{\circ}\!\mathrm{C}$										

【问题思考】

（1）测导热系数 λ 要满足哪些条件？在实验中又如何保证？

（2）测冷却速率时，为什么要在稳态温度 T_2 附近选值？如何计算冷却速率？

（3）讨论本实验的误差因素，并说明导致导热系数偏小的可能原因。

（4）本实验是否可以用来测量良导体的导热系数？为什么？

（5）假设所测对象不是形状规则的圆盘，而是粉状、颗粒状及纤维状等物质，采用稳态法测量其导热系数，请你设计实验方案，并对实验原理和操作流程进行说明。

【注意事项】

（1）使用前将加热盘与散热盘的表面擦干净，将样品两端面擦干净，可涂上少量硅油，以保证它们之间接触良好。

（2）加热盘侧面和散热盘侧面都有供安插热电偶的小孔。安放加热盘和散热盘时此两小孔都应与杜瓦瓶在同一侧，以免线路错乱。热电偶插入小孔时，要抹上些硅脂，并插到洞孔底部，以保证接触良好。热电偶冷端浸于冰水混合物中。

（3）在实验过程中，若移开加热盘，应先关闭电源。

（4）不要使样品表面划伤，以免影响实验的精度。

（5）数字电压表出现不稳定或加热时数值不变化，应先检查热电偶及各个部件的接触是否良好。

实验 3-5　热敏电阻温度特性研究

【实验预习】

了解什么是热敏电阻和热敏电阻的温度特性。

【实验目的】

（1）研究热敏电阻的温度特性。

（2）掌握非平衡电桥的原理。

【实验原理】

1. 热敏电阻温度特性原理

在一定温度范围内，半导体的电阻率 ρ 和温度 T 之间有如下关系：

$$\rho = A_1 e^{B/T} \tag{3-5-1}$$

式中，A_1 和 B 是与材料物理特性有关的常数，T 为绝对温度。横截面均匀的热敏电阻，阻值 R_T 可用下式表示：

$$R_T = \rho \frac{l}{s} \tag{3-5-2}$$

式中，l 为两极间的距离，s 为电阻的横截面积。将式（3-5-1）代入式（3-5-2），令 $A = A_1 \dfrac{l}{s}$，于是可得：

$$R_T = A e^{B/T} \tag{3-5-3}$$

在实验中测得各个温度 T 下的 R_T 值后，即可求出待定常数 B 和 A 的值，代入式（3-5-3），即可得到 R_T 随温度变化的函数表达式。图 3-5-1 所示为不同温度系数的热敏电阻随温度变化的特性曲线。

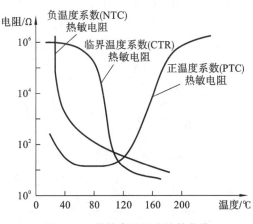

图 3-5-1　热敏电阻温度特性曲线

2. 单臂电桥原理

单臂电桥如图 3-5-2 所示。当 B、D 间电势差为零时，"桥"上的电流为零，检流计指针指零，这时我们称电桥处于平衡状态。

在这种情况下，各桥臂上的阻抗满足如下关系：

$$R_1 \cdot R_x = R_2 \cdot R_3$$

由此得：

$$R_x = \frac{R_2}{R_1} \cdot R_3 \tag{3-5-4}$$

根据式(3-5-4)可求出待测电阻 R_x。

3. 非平衡电桥原理

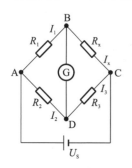

图 3-5-2 惠斯通电桥的电路图

采用如图 3-5-2 所示的电桥，先使电桥平衡，然后保持 R_1、R_2、R_3 不变，使 R_x 不断变化，电桥不再平衡，B、D 之间的电势差 U_0 与 R_x 的改变量 ΔR 之间存在一定的函数关系。当 $R_1 = R_2 = R_3$ 时，在近似条件下，U_0 和 ΔR 之间有如下关系：

$$U_0 = \frac{1}{4} \cdot \frac{E}{R_{x0}} \cdot \Delta R \tag{3-5-5}$$

其中，E 为非平衡电桥电源的电动势，R_{x0} 为电桥处于初始平衡状态时的电阻。U_0 与 ΔR 呈线性关系。由 $R_x = R_{x0} + \Delta R$ 即可求得 R_x。本实验中，R_x 即热敏电阻在某一温度下的阻值 R_T。

【实验装置】

DHQJ-3 型非平衡电桥，DHT-2 型热学实验仪等。

实验操作微课

【实验内容与步骤】

（1）接好热学实验仪的线路。将加热电流置于"关"，读出初始温度。

（2）将热敏电阻接入非平衡电桥，调节电桥至平衡，测出室温下热敏电阻的阻值 R_{x0}。电桥调节方法见本实验附录 F。注意，通过热敏电阻的电流不宜过大，一般应小于 300 μA，以免热敏电阻自身发热对实验有影响。

（3）将加热电流置于"开"，调节旋钮，对热敏电阻进行加热。从室温到 70 ℃每隔 3 ℃测一组温度 T 和电桥数显毫伏表的读数 U_0，填入表格中。

（4）根据测得数据，按照式(3-5-5)，算出 ΔR，进而算出 R_T，作出 R_T-T 图。

（5）整理器材。

【数据记录与处理】

本实验数据记录与处理表如表 3-5-1 所示。

表 3-5-1 热敏电阻温度特性研究数据记录与处理表

室温 _____ ℃；R_{x0} _____ Ω

序号	1	2	3	4	5	6	7	8	9	10
温度 T/℃										
U_0/mV										
ΔR/Ω										
R_T/Ω										

续表

序号	11	12	13	14	15	16	17	18	19	20
温度 $T/℃$										
U_0/mV										
$\Delta R/\Omega$										
R_T/Ω										

【问题思考】

(1) 为什么实验中要用非平衡电桥来测量电阻?

(2) 在实验中应将摄氏温度换算成热力学温度,若未进行换算,对实验结果有何影响?

实验 3-6 温差电效应和热电偶定标

在物理测量中,经常将非电学量,如温度、时间、长度等,转换为电学量进行测量,这种方法叫作非电量的电测法。这种方法的优点是测量方便、迅速,且测量精密度高。热电偶是利用温差电效应制作的测温元件,在温度测量与控制中有广泛的应用。本实验旨在研究热电偶的温差电动势与温度的关系。

【实验预习】

了解什么是温差电效应。

【实验目的】

(1) 加深对温差电现象的理解。

(2) 掌握热电偶测温的基本原理和方法。

(3) 了解热电偶定标的基本方法。

【实验原理】

1. 热电偶与温差电动势

如果用 A、B 两种不同的金属构成闭合回路,并使两接点处于不同温度,如图 3-6-1(a)所示,则电路中将产生温差电动势,并且有温差电流流过,这种现象称为温差电效应。这两种金属的组合叫热电偶。

热电偶的温差电动势与两接点温差之间的关系比较复杂,但是在较小温差范围内可以近似认为温差电动势 E(见图 3-6-1(b))与温差 $t-t_0$ 成正比,即

$$E = \alpha(t-t_0) \tag{3-6-1}$$

式中:t 为热端的温度;t_0 为冷端的温度;α 称为温差电系数(或称温差电偶常量),单位为 V/℃。温差电系数表示两接点的温度相差 1 ℃时所产生的电动势,值的大小取决于组成热电偶材料的性质,即

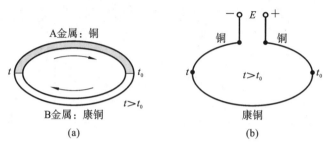

图 3-6-1　热电偶原理图

$$\alpha = \frac{k}{e}\ln\frac{n_{0A}}{n_{0B}} \tag{3-6-2}$$

式中，k 为玻耳兹曼常量，e 为电子电量，n_{0A} 和 n_{0B} 为两种金属单位体积内的自由电子数目。

2. 热电偶测温

用于测温时，热电偶与测量仪器有两种连接方式，如图 3-6-2 所示。在图 3-6-2(a) 中，金属 B 的两端分别和金属 A 焊接，测量仪器 M 插入 A 线中间。在图 3-6-2(b) 中，A、B 的一端焊接，另一端和 M 相连。

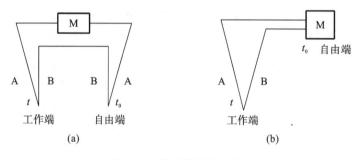

图 3-6-2　热电偶测温原理图

在使用热电偶时，总要将热电偶接入电势差计或数字电压表。这样除了构成热电偶的两种金属外，必将有第三种金属接入热电偶电路中。理论上可以证明，在 A、B 两种金属之间插入任何一种金属 C，只要维持它和 A、B 的连接点为同一个温度，这个闭合电路中的温差电动势就总是和只由 A、B 两种金属组成的热电偶中的温差电动势一样。利用热电偶的这一特性，只要将构成热电偶的金属 A 和 B 的另一端点都放入温度 t_0 为已知的恒温物质（如冰水混合物）中，用两根同样材料的导线分别将 A 和 B 在恒温槽中的一端引入数字电压表或电位差计的补偿回路中，测出温差电动势，根据事先标定的曲线和数据，就可知道测温端的温度 t。

3. 热电偶定标

根据热电偶的测温原理，在利用热电偶测量温度时，必须对热电偶进行定标，即用实验的方法测量热电偶的温差电动势与测温端温度之间的关系曲线。热电偶定标的方法有以下两种。

(1) 比较法：用一个精度等级更高的测温仪器作为标准，将它与需要标定的温差热电偶置于同一能改变温度的恒温环境（如油浴槽或水浴槽）中进行对比，用标准测温仪器以一定的间隔测量温度，同时用电势差计或灵敏的数字电压表测出对应于这些温度的热电偶的温差电动势，作出 E-t 定标曲线。这种定标方法简单、操作方便，但准确度受标准测温仪器准确度的限制。

（2）固定点法：利用几种合适的纯物质，在一定气压（一般是标准大气压）下，将这些纯物质的沸点和熔点温度作为已知温度，测出热电偶在这些温度下对应的电动势，从而得到热电势-温度关系曲线，该曲线即为所求的校准曲线。

本实验采用固定点法对热电偶进行定标。定标时把冷端浸入冰水共存的保温杯中，如图 3-6-3 所示，把热端插入恒温加热器中。恒温加热器可恒温在 20～150 ℃范围内。用数字电压表或电势差计测定出对应点的温差电动势。以温差电动势 E 为纵轴，以热端温度 t 为横轴，标出以上各点，连成直线，即为热电偶的定标曲线。有了定标曲线，就可以利用该热电偶测温度了。这时，仍将冷端保持为原来的温度（$t_0 = 0$ ℃），将热端插入待测物中，测出此时的温差电动势，再由 E-t 定标曲线查出待测温度。

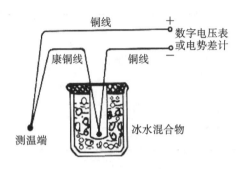

图 3-6-3　温差热电偶定标原理图

【实验装置】

铜-康铜热电偶、DHT-2 型热学实验仪、杜瓦瓶、数字毫伏表或电势差计。

【实验内容与步骤】

（1）测热电偶的温差电动势。

①按图 3-6-4 连接好线路，将热电偶的冷端置于保温杯内的冰水混合物当中，测出室温 t_0，并读出室温下温差电动势 E_N。

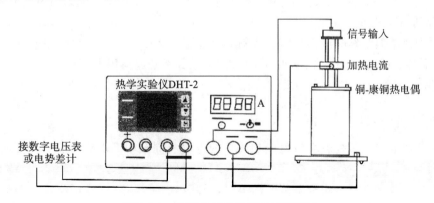

图 3-6-4　DHT-2 型热学实验仪装置图

②将 DHT-2 型热学实验仪的加热电流打开，对热电偶的热端进行加热。

③每隔 10 ℃记录一组温差电动势和热端的温度值,直至温度达到 120 ℃,停止加热。

(2)作出热电偶定标曲线。

(3)求铜-康铜热电偶的温差电系数 α。

在本实验的温度范围内,E 与 t 的函数关系近似为线性。作出定标曲线之后,利用最小二乘法或 Origin 软件进行线性拟合,并求出拟合直线的斜率,此即温差电系数 α。

【数据记录与处理】

热电偶定标数据记录表如表 3-6-1 所示。

表 3-6-1　热电偶定标数据记录表

E_N ＿＿＿＿＿ mV;t_0 ＿＿＿＿ ℃

序号	1	2	3	4	5	6	7	8	9	10
温度/℃										
温差电动势/mV										
序号	11	12	13	14	15	16	17	18	19	20
温度/℃										
温差电动势/mV										

【问题思考】

(1)什么是温差电动势?它与哪些因素有关?

(2)实验过程中,如果热电偶的冷端不在冰水混合物中,而是暴露在空气中(即处于室温下),会对实验结果有何影响?

(3)当热电偶回路中串进了其他的金属(如测量仪器等),是否会引入附加的温差电动势,从而影响热电偶原来的温差电特性?如果不影响,你是否能从理论上给予推导证明?

(4)实验中的误差来源有哪些?

(5)热电偶温度计有何特点?

(6)杜瓦瓶内冰水混合物的温度并非处处相等。你能否利用本实验装置和定标曲线,测出杜瓦瓶内部的温度分布?

(7)利用热电偶制作的测温装置在实际测量温度时,常把热电偶的冷端暴露于空气中使用,因此冷端的温度高于 0 ℃,需要进行温度补偿,请你考虑如何用本实验中的仪器设备测出需补偿的温度。

【注意事项】

(1)为使热电偶的热端温度与恒温加热器的温度相同,DHT-2 型热学实验仪加热时加热电流不宜过大。

(2)在使用数字电压表测量温差电动势时,为减小测量误差,应尽可能将数字电压表调到灵敏度最高的挡位。

实验 3-7 动态磁滞回线的测量

磁性材料在电力、信息、交通等工程领域都有广泛的应用。测定磁滞回线是电磁学实验中的一个重要内容,同时也是研究和应用磁性材料最有效的方法之一。DM-1 动态磁滞回线实验仪应用现代工业变频技术,不仅可以改变磁化电流的大小,还可以使磁化电流的频率在 20～400 Hz 之间改变,从而可以利用它深入研究磁滞回线与磁化电流频率的关系。本实验仪还能测试和显示同一材料在不同频率下的磁滞回线,不需要用调压器。

【实验预习】

了解什么是动态磁滞回线。

【实验目的】

(1) 观察磁滞现象,加深对铁磁材料主要物理量(如矫顽力、剩余磁感应强度和磁导率等)的理解。

(2) 根据磁滞回线确定磁性材料的饱和磁感应强度 B_m、剩余磁感应强度 B_r 和矫顽力 H_c。

(3) 掌握示波器标定 H 和 B 的方法。

【实验原理】

1. 磁滞回线

磁滞是铁磁物质在磁化和去磁过程中,磁感应强度既依赖于外磁场强度,也依赖于它的原先磁化程度的现象。图 3-7-1 所示的表示铁磁物质磁滞现象的曲线称为磁滞回线,可通过实验测得。

当磁化场 H 逐渐增加时,磁感应强度 B 将沿 OM 增加,OM 称为起始磁化曲线。将磁化场 H 减小,B 并不沿原来的曲线减小,而是沿 MR 曲线下降,即使磁化场 H 为零时,它仍保留一定的 B(见图 3-7-1 中的 R 点),OR 表示当磁化场 H 为零时的磁感应强度,称为剩余磁感应强度,简称剩磁,记为 B_r。当反向磁化场达到某一值,磁感应强度变为零时,所必须加的外磁场 H_c,称为矫顽力。当反向磁化场继续增加,反向磁感应强度很快达到饱和(见图 3-7-1 中 M' 点),最后逐渐减小反向磁场时,磁感应强度又逐渐减小。这样多次重复改变磁化场强度,磁感应强度 B 将形

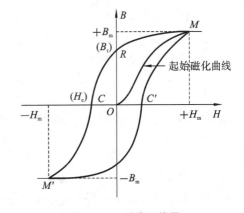

图 3-7-1 磁滞回线图

成一闭合曲线,即磁滞回线。将铁磁物质置于周期性交变磁场中,铁磁物质周期性地被磁化,相应的磁滞回线称为交流磁滞回线,它最能反映在交变磁场作用下样品内部磁状态的变化过程。磁滞回线所包围的面积,表示铁磁物质通过一个磁化循环所消耗的能量,叫作磁滞损耗。在交流电器中必须尽量减小磁滞损耗。

按矫顽力的大小来分类,铁磁物质可分为软磁材料和硬磁材料两大类。软磁材料矫顽力小,这意味着磁滞回线狭长,所包围的"面积"小,在交变磁场中磁滞损耗小,因此适用于制作电子设备中的各种电感元件、变压器、镇流器中的铁芯等。硬磁材料矫顽力大,剩磁 B_r 也大,磁滞回线"肥胖",磁滞特性非常显著,适用于制作永久磁铁,应用于各种电表、扬声器、录音机等中。

2. 动态磁滞回线实验原理

动态磁滞回线实验原理图如图 3-7-2 所示。将实验样品制成闭合的环形,并在其上均匀地绕以磁化线圈 N_1 及副线圈 N_2。交流电压 u 加在磁化线圈上,线路中串联取样电阻 R_1,将 R_1 两端的电压 u_1 加到示波器的 X 输入端。副线圈 N_2 与电阻 R_2、电容 C 串联成回路,电容 C 两端的电压 u_C 加到示波器的 Y 输入端。

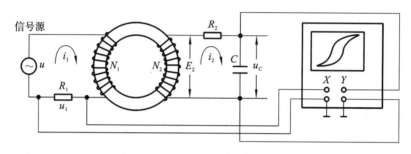

图 3-7-2 动态磁滞回线实验原理图

(1)示波器的 X 输入与磁场强度 H 成正比。

设环状样品的平均周长为 L,磁化线圈的匝数为 N_1,磁化电流为 i_1,根据安培环路定理,有 $HL=N_1i_1$,即 $i_1=HL/N_1$,而 $u_1=R_1i_1$,所以可得

$$u_1 = \frac{R_1 L}{N_1}H \tag{3-7-1}$$

其中,R_1、L 和 N_1 皆为常数。可见,u_1 与 H 成正比,它表明示波器荧光屏上电子束水平偏转的大小与样品中的磁场强度成正比。

(2)示波器的 Y 输入在一定条件下与磁感应强度 B 成正比。

设环状样品的横截面积为 S,根据电磁感应定律,在匝数为 N_2 的副线圈中感应电动势应为

$$E_2 = -N_2 S \frac{dB}{dt} \tag{3-7-2}$$

若副线圈回路中的电流为 i_2,电容 C 上的电量为 q,则应有

$$E_2 = R_2 i_2 + \frac{q}{C} \tag{3-7-3}$$

考虑到副线圈匝数 N_2 较小,因而自感电动势可忽略不计。在选定电路参数时,电阻 $R_2 \gg 1/(2\pi fC)$,使电容 C 上电压降相比电阻上的电压降 i_2R_2 小到可以忽略不计。于是式(3-7-3)可以近似地改写成

$$E_2 = R_2 i_2 \tag{3-7-4}$$

将关系式 $i_2=\dfrac{dq}{dt}=C\dfrac{du_C}{dt}$ 代入式(3-7-4),得

$$E_2 = R_2 C \frac{du_C}{dt} \tag{3-7-5}$$

将式(3-7-5)与式(3-7-2)相比较,不考虑式(3-7-2)中的负号(在交流电中负号相当于相位差为 $\pm\pi$)时,应有

$$N_2 S \frac{\mathrm{d}B}{\mathrm{d}t} = R_2 C \frac{\mathrm{d}u_C}{\mathrm{d}t}$$

将等式两边对时间积分,由于 B 和 u_C 都是交变的,因此积分常数为 0,整理后得

$$u_C = \frac{N_2 S}{R_2 C} B \tag{3-7-6}$$

式中,N_2、S、R_2 和 C 皆为常数,可见 u_C 与 B 成正比,也就是说示波器荧光屏上电子束竖直方向偏转的大小与磁感应强度成正比。

由上可以看出,在磁化电流变化的一周期内,示波器的光点将描绘出一条完整的磁滞回线。以后每个周期都重复此过程,可在示波器的荧光屏上看到稳定的磁滞回线图形。实验测量的线路如图 3-7-3 所示。

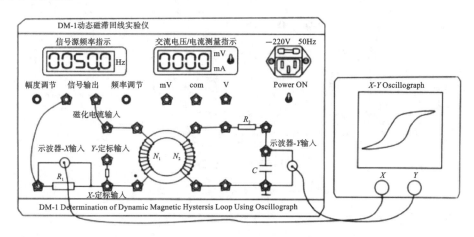

图 3-7-3　磁滞回线测量实际电路图

(3) X 轴的定标。

在实验中,测出光点沿 X 轴的偏转大小与电压 u_1 的关系,进而可确定 H。为此采用如图 3-7-4所示的线路,其中交流电流表 (mA) 测量的是 i_1 的有效值 I_X。

调节 I_X,使荧光屏上呈现长度为 X 的水平线。设 X 轴的灵敏度为 S_X,则 $S_X = I_X/X$,I_X 对应于 u_1 的有效值,而示波器光迹长度为 u_1 的峰-峰值,即 u_1 有效值的 $2\sqrt{2}$ 倍。所以

$$H = \frac{2\sqrt{2} N_1 \cdot I_X}{L}$$

即

$$H = \frac{2\sqrt{2} N_1 \cdot S_X \cdot X}{L} \tag{3-7-7}$$

式中,L 为实验铁芯样品的平均磁路长度;N_1 为磁化线圈匝数;I_X 为荧光屏上的水平线长度为 X 时,数字电流表的读数。因此,实验中读出 X 轴的坐标值后,可得 H。

由于被测样品是铁磁性材料,它的 B 与 H 的关系是非线性的,电路中的电流的波形会发生畸变,呈非正弦形,结果数字电流表的读数也不再是正弦交流电的有效值,因此在定标中,去掉

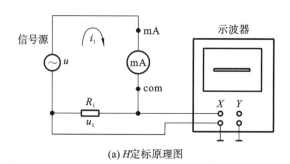

(a) H定标原理图

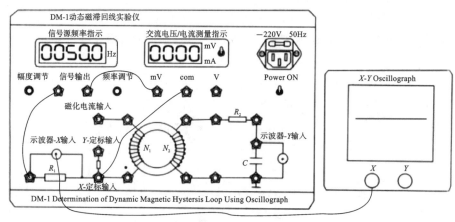

(b) H定标实际电路图

图 3-7-4 H定标原理与实际电路图

被测样品,用数字电流表连接。

（4）Y 轴的定标。

在实验中,测出光点沿 Y 轴的偏转大小与电压 u_1 的关系,进而即可确定 B。为此,采用如图 3-7-5 所示的线路,其中交流电压表 (mV) 测量的 U_Y 是有效值。调节信号源输出电压,使荧光屏上呈现长度为 Y 的垂直线。设 Y 轴的灵敏度为 S_Y,则 $S_Y = U_Y/Y$,U_Y 对应于 u_1 的有效值,而示波器光迹长度为 u_1 的峰-峰值,即 u_1 有效值的 $2\sqrt{2}$ 倍,所以

$$B = \frac{2\sqrt{2}R_2C \cdot U_Y}{N_2S}$$

即

$$B = \frac{2\sqrt{2}R_2C \cdot S_Y \cdot Y}{N_2S} \tag{3-7-8}$$

式中,R_2 为积分电阻,C 为积分电容,N_2 为副线圈的匝数,S 为实验样品的截面积。因此,实验中读出 Y 轴的坐标值后,可得 B。

在实验线路中,因积分电压较低,故定标时接入 R_0 分压（衰减）电阻,去掉被测样品,用数字电压表测量 R_1 两端的电压。

【实验装置】

DM-1 动态磁滞回线实验仪、双踪示波器等。

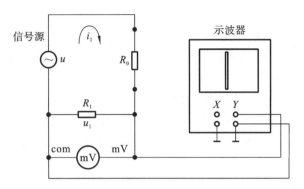

(a) B 定标原理图

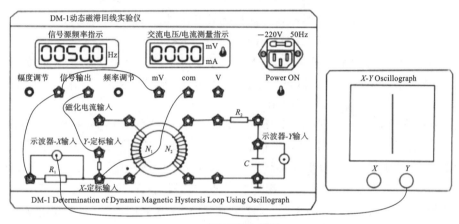

(b) B 定标实际电路图

图 3-7-5　B 定标原理与实际电路图

【实验内容与步骤】

1. 显示和观察实验样品在 25 Hz、50 Hz、100 Hz、200 Hz 交流信号下的磁滞回线图形

（1）按图 3-7-3 所示线路接线，并做好实验准备工作。

①逆时针调节 DM-1 动态磁滞回线实验仪"幅度调节"旋钮到底，使信号输出最小。

②置示波器显示工作方式为"X-Y"，即图示仪方式。

③置示波器 X 输入为 AC 方式，测量采样电阻 R_1 的电压。

④置示波器 Y 输入为 DC 方式，测量积分电容 C 的电压。

⑤将环状硅钢带实验样品插入实验仪样品架。

⑥接通示波器和 DM-1 动态磁滞回线实验仪电源，适当调节示波器辉度，以免荧光屏中心受损。

⑦预热 10 min。

（2）将示波器光点调至显示屏中心，调节 DM-1 动态磁滞回线实验仪"频率调节"旋钮，使频率显示窗显示 25.0 Hz。

（3）单调增加磁化电流，即缓慢顺时针调节 DM-1 动态磁滞回线实验仪"幅度调节"旋钮，使示波器显示的磁滞回线上 B 值缓慢增加，达到饱和。改变示波器上 X、Y 输入增益波段开关和增益电位器,示波器显示典型的磁滞回线图形。

(4) 单调减小磁化电流,即沿逆时针方向缓慢调节 DM-1 动态磁滞回线实验仪"幅度调节"旋钮,直到示波器上最后显示为一点,且位于显示屏的中心,即 X 和 Y 轴线的交点。如此点不在中心,可调节示波器的 X 和 Y 位移旋钮。

(5) 单调增加磁化电流,即缓慢顺时针调节 DM-1 动态磁滞回线实验仪"幅度调节"旋钮,使示波器显示的磁滞回线上 B 值增加缓慢,达到饱和。改变示波器上 X 和 Y 输入增益波段开关和增益电位器,示波器显示典型的磁滞回线图形。磁化电流在水平方向上的读数为(-50.0,$+50.0$),单位为格。

(6) 逆时针调节 DM-1 动态磁滞回线实验仪"幅度调节"旋钮到底,使信号输出最小。调节 DM-1 动态磁滞回线实验仪"频率调节"旋钮,使频率显示窗分别显示 50.0 Hz、100.0 Hz、200.0 Hz,重复上述(3)~(5)的操作,比较磁滞回线形状的变化,证明磁滞回线形状与信号频率有关。

2. 测磁化曲线和动态磁滞回线(实验样品为环状硅钢带)

(1) 将实验样品插于实验仪样品架,逆时针调节 DM-1 动态磁滞回线实验仪"幅度调节"旋钮到底,使信号输出最小。将示波器光点调至显示屏中心,调节 DM-1 动态磁滞回线实验仪"频率调节"旋钮,使频率显示窗显示 50.0 Hz。

(2) 调节示波器的 Y 和 X 增益(V/cm)旋钮,使磁滞回线的大小适中,保证饱和磁滞回线不超过示波器的标尺范围,然后准确读出和记下 $\pm H_m$、$\pm B_m$、$\pm H_c$、$\pm B_r$各点的值(此时这些量以示波器上的 X、Y 坐标值表示)及示波器 Y 和 X 增益(V/cm)的值。

3. 在严格保持示波器的 X 和 Y 增益不变的条件下,进行 H、B 的定标

(1) H 的定标。按图 3-7-4(b)连线。将"交流电压/电流测量指示"旁的子开关拨向"mA"档,调节"幅度调节"旋钮,使示波器上显示水平直线,分别记录数字电流表上的读数于表 3-7-1 中。用最小二乘法拟合,得示波器 X 轴的灵敏度 S_X。

表 3-7-1　数字电流表读数记录表

X/格	0	1.2	2.0	2.4	3.2	4.0
I_X/mA						

(2) B 的定标。按图 3-7-5(b)连接线路。将"交流电压/电流测量指示"旁的子开关拨向"mV"挡,调节"幅度调节"旋钮,使示波器上显示垂直直线,分别记录数字电压表上的读数于表 3-7-2 中。用最小二乘法拟合,得示波器 Y 轴的灵敏度 S_Y。

表 3-7-2　数字电压表读数记录表

Y/格	0	1.2	2.0	2.4	3.2	4.0
U_Y/mV						

【数据记录与处理】

(1) 参数给定。被测样品的平均周长 $L=0.141$ m,被测样品的截面积 $S=9.1\times10^{-5}$ m^2,螺绕环磁化线圈与副线圈的匝数 $N_1=N_2=86$,电阻 $R_1=10$ Ω,$R_2=100\times10^3$ Ω,电容 $C=1.1\times10^{-6}$ F。

(2) H 与 B 的计算公式(注意各量都采用 SI 制)。由 H 和 B 定标出的灵敏度 S_X 与 S_Y,按

式(3-7-7)、式(3-7-8)计算在磁滞回线上所测的 $\pm H_{\mathrm{m}}$、$\pm B_{\mathrm{m}}$、$\pm H_{\mathrm{c}}$、$\pm B_{\mathrm{r}}$ 值（X、Y 为 $\pm H_{\mathrm{m}}$、$\pm B_{\mathrm{m}}$、$\pm H_{\mathrm{c}}$、$\pm B_{\mathrm{r}}$ 所对应的格数）：

$$\pm H_{\mathrm{m}} = \underline{\hspace{2cm}} \text{A/m}, \quad \pm H_{\mathrm{c}} = \underline{\hspace{2cm}} \text{A/m}$$

$$\pm B_{\mathrm{m}} = \underline{\hspace{2cm}} \text{T}, \quad \pm B_{\mathrm{r}} = \underline{\hspace{2cm}} \text{T}$$

（3）根据在磁滞回线上所测得的 $\pm H_{\mathrm{m}}$、$\pm B_{\mathrm{m}}$、$\pm H_{\mathrm{c}}$、$\pm B_{\mathrm{r}}$ 值，以及对示波器 X 轴、Y 轴进行的 H 和 B 值的定标，在实验报告的坐标纸上描绘出铁磁物质动态磁滞回线。

【问题思考】

（1）在完成 B-H 曲线的测量之前，为什么不能变动示波器面板上的 X、Y 轴的增幅旋钮？

（2）简要说明铁磁材料磁滞回线的主要特性。

【注意事项】

（1）为了避免样品磁化后温度过高，应尽量缩短磁化线圈的通电时间，且通电电流不可过大。

（2）实验前先将信号源输出"幅度调节"旋钮逆时针旋转到底，使输出信号最小。

实验 3-8　方波的傅里叶分解与合成

任何周期性函数都可以用傅里叶级数来表示。这种用傅里叶级数展开并进行分析的方法，在数学、物理、工程技术等领域都有广泛的应用。例如，要消除某些仪器或机械的噪声，就要分析这些噪声的主要频谱，从而找出消除噪声的方法。又例如，要得到某种特殊的周期性电信号，可以利用傅里叶级数合成，将一系列正弦波合成所需的电信号等。

本实验利用 RLC 串联谐振电路，对方波信号进行频谱分析，测量基频和各阶倍频信号的振幅及它们之间的相位关系；然后将此过程逆转，利用加法器，将一组频率倍增而振幅和相位均可调节的正弦信号合成方波信号。

【实验预习】

（1）什么是傅里叶级数展开？

（2）什么是 RLC 串联谐振电路？

【实验目的】

（1）用 RLC 串联谐振方法测量方波各次谐波的振幅与相位关系。

（2）将一组振幅与相位可调的正弦波通过加法器合成方波。

（3）了解傅里叶分析的物理含义和分析方法。

【实验原理】

1. 数学基础

任何周期为 T 的波函数 $f(t)$，都可以表示为三角函数所构成的级数之和，即

$$f(t) = \frac{1}{2}a_0 + \sum_{n=1}^{\infty}\left[a_n\cos(n\omega t) + b_n\sin(n\omega t)\right] \tag{3-8-1}$$

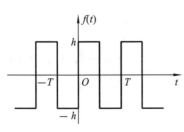

图 3-8-1　方波

式中：ω 为角频率，$\omega = 2\pi/T$；$a_0/2$ 为直流分量；a_n、b_n 为第 n 次谐波的幅值。

所谓周期性函数的傅里叶分解，就是将周期性函数展开成直流分量、基波和所有 n 阶谐波的叠加。图 3-8-1所示的方波可以写为

$$f(t) = \begin{cases} h & (0 \leqslant t < T/2) \\ -h & (-T/2 \leqslant t < 0) \end{cases} \tag{3-8-2}$$

此方波为奇函数，没有常数项。在数学上可以证明此方波可表示为

$$f(t) = \frac{4h}{\pi}\sum_{n=1}^{\infty}\left(\frac{1}{2n-1}\right)\sin\left[(2n-1)\omega t\right]$$
$$= \frac{4h}{\pi}\left[\sin(\omega t) + \frac{1}{3}\sin(3\omega t) + \frac{1}{5}\sin(5\omega t) + \cdots\right] \tag{3-8-3}$$

2. 周期性波形傅里叶分解的选频电路

我们用 RLC 串联谐振电路作为选频电路，对方波进行频谱分解。我们在示波器上显示这些被分解的波形，测量它们的相对振幅。我们还可以用一参考正弦波与被分解出的波形构成李萨如图形，确定基波与各次谐波的初相位关系。实验电路图如图 3-8-2所示。这是一个简单的 RLC 串联谐振电路，其中 R、C 是可变的，L 一般为 $0.1\sim1$ H。

当输入信号的频率与电路的谐振频率相匹配时，此电路将有最大的响应，谐振频率为 $\omega_0 = 1/\sqrt{LC}$。这个响应的频带宽度以 Q 值来表示：$Q = \omega_0 L/R$。当 Q 值较大时，在 ω_0 附近的频带宽度较狭窄。所以，应使 Q 值足够大，大到足以将基波与各次谐波分离出来。

固定 R 和 L，调节可变电容 C，使电路在 $n\omega_0$ 频率下谐振，就可以从此周期性波形中选择出这个谐波单元，它的值为 $u(t) = b_n\sin(n\omega_0 t)$。这时，电阻 R 两端电压为

$$u_R(t) = I_0 R\sin(n\omega_0 t + \varphi)$$

在此式中：$\varphi = \tan^{-1}(X/R)$；X 为串联谐振电路感抗和容抗之和；$I_0 = b_n/Z$，Z 为串联电路的总阻抗。

图 3-8-2　波形分解的 RLC 串联谐振电路

电路处于谐振状态时，$X=0$，阻抗 $Z = r + R + R_L + R_C \approx r + R + R_L$，其中 r 为方波电源的内阻，R 为取样电阻，R_L 为电感的损耗电阻，R_C 为标准电容的损耗电阻（R_C 值常因较小而忽略）。电感用良导体缠绕而成，由于趋肤效应，R_L 的数值将随频率的增加而增加。实验证明，碳膜电阻及电阻箱的阻值在 $1\sim7$ kHz 范围内，阻值不随频率变化。

3. 傅里叶级数的合成

傅里叶分解合成仪可以提供振幅和相位连续可调的 1 kHz、3 kHz、5 kHz、7 kHz 四组正弦波。如果将这四组正弦波的初相位和振幅按一定要求调节好，再输入加法器中叠加，就可合成出方波。

【实验装置】

FLY-I 型傅里叶分解合成仪、示波器、电阻箱、电容箱、电感。

【实验内容与步骤】

1. 方波的傅里叶分解

（1）确定 RLC 串联谐振电路分别对 1 kHz、3 kHz、5 kHz 正弦波谐振时的电容值 C_1、C_3、C_5，并与理论值进行比较。观察电路处于谐振状态时，电源总电压与电阻两端电压的关系。如果李萨如图形为一条直线，说明此时电路呈电阻性。接线图如图 3-8-3 所示。（电感 $L = 0.1$ H，理论值 $C_i = 1/(\omega_i^2 L)$）

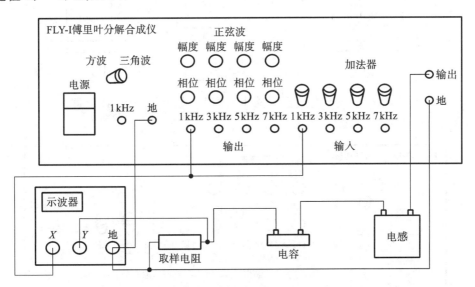

图 3-8-3　确定 RLC 串联谐振电路谐振电容接线图

（2）对 1 kHz 方波进行频谱分解，测量基波和 n 阶谐波的相对振幅和相对相位。频谱分析接线图如图 3-8-4 所示。将 1 kHz 方波输入 RLC 串联谐振电路。分别调节电容至 C_1、C_3、C_5，使电路产生谐振，并测得各次谐波振幅 b_1'、b_3'、b_5'。这里只需比较基波和各次谐波的振幅比，所以只要读出示波器上同一偏转灵敏度下的峰值高度即可。当调节到其他电容值时，没有谐振出现。

（3）测量相对振幅时，用分压原理来校正系统误差。若 b_3 为 3 kHz 谐波校正后的振幅，b_3' 为 3 kHz 谐波未被校正时的振幅，R_{L_1} 为 1 kHz 使用频率下的损耗电阻，R_{L_3} 为 3 kHz 使用频率下的损耗电阻，r 为信号源内阻，则有

$$b_3 : b_3' = \frac{R}{R_{L_1} + R + r} : \frac{R}{R_{L_3} + R + r} \tag{3-8-4}$$

$$b_3 = b_3' \times \frac{R_{L_3} + R + r}{R_{L_1} + R + r} \tag{3-8-5}$$

①测量方波信号源的内阻 r。先直接将方波信号接入示波器，读出峰值；再将一电阻箱接

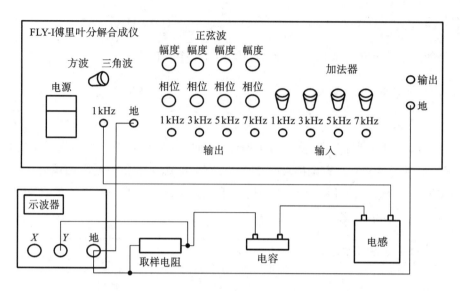

图 3-8-4　频谱分析接线图

入电路中,调节电阻箱,当示波器上的幅度减半时,记下电阻箱的值,此值即为 r。接线图如图
3-8-5 所示。

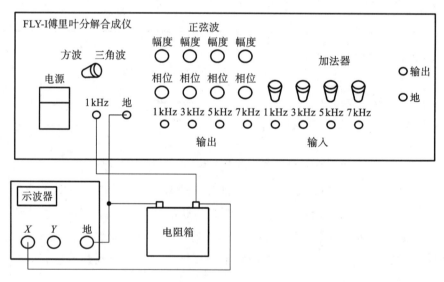

图 3-8-5　测量信号源内阻电路

②不同频率电流通过时电感损耗电阻的测定。对于 0.1 H 空心电感,可用下述方法测定
其损耗电阻 R_L:连接如图 3-8-6 所示的串联谐振电路,测量电路处于谐振状态时,信号源输出电
压 U_{AB} 和取样电阻 R 两端的电压 U_R(用示波器测量 U_{AB}、U_R),则有

$$R_L \approx R_L + R_C = \left(\frac{U_{AB}}{U_R} - 1\right)R \tag{3-8-6}$$

式中,R_C 为标准电容的损耗电阻,一般较小,可忽略不计。同理测出 3 kHz、5 kHz 下电感
的损耗电阻,接线图如图 3-8-7 所示。

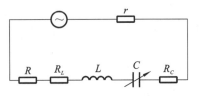

图 3-8-6　串联谐振电路

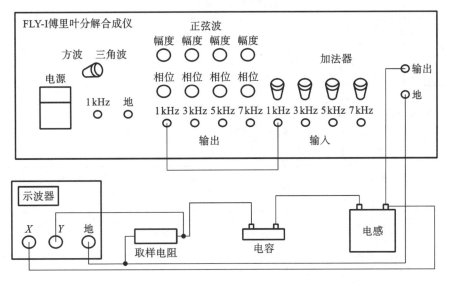

图 3-8-7　测量电感损耗电阻接线图

2. 方波的合成

方波函数可写为

$$f(x) = \frac{4h}{\pi}\left[\sin(\omega t) + \frac{1}{3}\sin(3\omega t) + \frac{1}{5}\sin(5\omega t) + \frac{1}{7}\sin(7\omega t) + \cdots\right] \tag{3-8-7}$$

由式(3-8-7)可知,方波由一系列正弦波(奇次谐波)合成。这一系列正弦波振幅比为 $1:\frac{1}{3}$ $:\frac{1}{5}:\frac{1}{7}:\cdots$,它们的初相位相同。

(1)用李萨如图形反复调节各组移相器,使 1 kHz、3 kHz、5 kHz、7 kHz 正弦波同相位。调节方法是:示波器 X 轴输入 1 kHz 正弦波,而 Y 轴依次输入 1 kHz、3 kHz、5 kHz、7 kHz 正弦波,反复调节各组移相器,直到示波器上依次显示如图 3-8-8 所示的波形。此时,基波和各阶谐波初相位相同。

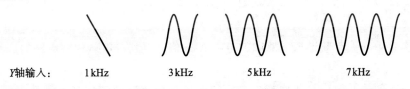

Y 轴输入: 　　1 kHz　　　　3 kHz　　　　5 kHz　　　　7 kHz

图 3-8-8　基波和各次谐波与参考信息号相位差都为 π 时的李萨如图形

（2）调节 1 kHz、3 kHz、5 kHz、7 kHz 正弦波振幅比至 $1：\dfrac{1}{3}：\dfrac{1}{5}：\dfrac{1}{7}$。

（3）将 1 kHz、3 kHz、5 kHz、7 kHz 正弦波逐次输入加法器，观察合成波形变化。

【数据记录与处理】

1. 方波的傅里叶分解

频谱分解实验数据表如表 3-8-1 所示。

表 3-8-1　频谱分解实验数据表

谐振频率/ kHz	1	3	5
谐振时电容值 C_i/μF			
相对振幅/cm			

电感损耗电阻实验数据表如表 3-8-2 所示。

表 3-8-2　电感损耗电阻实验数据表

取样电阻 $R=$ _____ Ω；信号源内阻 $r=$ _____ Ω；电感 $L=0.1$ H

使用频率 $f/$ kHz	损耗电阻 R_L/Ω
1.00	
3.00	
5.00	

校正后基波和谐波的振幅比：_____ 。

2. 傅里叶级数合成

不同级次谐波的合成波形记录表如表 3-8-3 所示。

表 3-8-3　不同级次谐波的合成波形记录表

合成谐波	1 kHz	1 kHz、3 kHz	1 kHz、3 kHz、5 kHz	1 kHz、3 kHz、5 kHz、7 kHz
合成波形				

【问题思考】

（1）在实验中增大串联谐振电路中的电阻 R 的值，Q 值将减小，观察电路的选频效果，从中理解 Q 值的物理意义。

（2）良导体的趋肤效应是怎样产生的？如何校正傅里叶分解中各次谐波振幅测量的系统误差？

【注意事项】

(1) 分解时,观测各谐波相位关系,可用本机提供的 1 kHz 正弦波做参考。

(2) 合成方波时,当发现 5 kHz 或 7 kHz 正弦波相位无法调节至同相位时,可以改变 1 kHz 或 3 kHz 正弦波相位,重新调节,最终达到各谐波同相位。

实验 3-9　分压与制流电路的实验研究

在电磁测量中,常常要求电压和电流在一定范围内可调,而电源有时却只能输出某一确定的电压。为解决这个问题,最简单的办法是给电源加上一个分压电路或制流电路。这样,就把输出一定电压的电源扩展成电压或电流均可在一定范围内连续调节的供电电路。本实验将对分压电路和制流电路这两种电路的特性进行研究。

【实验预习】

(1) 什么是分压电路?

(2) 什么是制流电路?

【实验目的】

(1) 学习分压电路和制流电路的连接方法,掌握这两种电路的特性。

(2) 熟悉电磁学实验的操作规程和安全知识,学习检查电路故障的一般方法。

【实验原理】

1. 分压电路的特性

分压电路如图 3-9-1 所示。在图 3-9-1 中,E 为电源的电动势,电源内阻一般很小;R 为滑线变阻器,总电阻值为 R_0,通过滑动端 C 和固定端获得不同的电压,因此也称分压器。R_L 为负载,所分得的电压用电压表测量。电源电压全部加在两固定端 A、B 上,当滑动端 C 在 R 上滑动时,A、C 间的电压 U 随阻值 R_{AC} 的变化而连续变化。由图 3-9-1 可知,电压 U 的大小为

$$
\begin{aligned}
U &= \frac{E}{\dfrac{R_L \cdot R_{AC}}{R_L + R_{AC}} + R_{BC}} \cdot \frac{R_L \cdot R_{AC}}{R_L + R_{AC}} = \frac{ER_L \cdot R_{AC}}{R_L \cdot R_{AC} + R_{BC} \cdot (R_L + R_{AC})} \\
&= \frac{E \cdot R_L \cdot R_{AC}}{R_L \cdot (R_{AC} + R_{BC}) + R_{BC} \cdot R_{AC}} = \frac{E \cdot R_L \cdot R_{AC}}{R_L \cdot R_0 + R_{BC} \cdot R_{AC}} \\
&= \frac{\dfrac{R_L}{R_0} \cdot R_{AC} \cdot E}{R_L + R_{BC} \cdot \dfrac{R_{AC}}{R_0}} = \frac{k \cdot R_{AC} \cdot E}{R_L + R_{BC} \cdot X}
\end{aligned}
\tag{3-9-1}
$$

式中,$R_0 = R_{AC} + R_{BC}$,$k = R_L / R_0$,$X = R_{AC}/R_0$。由实验可测得不同 k 值下的分压特性曲线,如图 3-9-2 所示。

由图 3-9-2 可以看出,分压电路有以下特点。

（1）不论 R_0 的大小，负载 R_L 的电压均可以从 0 调节到 E。

（2）k 越小，电压调节越不均匀。

（3）k 越大，电压调节越均匀。

因此，要求电压 U 在 0 到 U_{max} 整个范围内均匀变化时，取 $k>1$ 比较合适。实际上，$k=2$ 那条曲线可近似作为直线，故取 $R_0 \leqslant R_L/2$，即可认为电压调节已达到一般均匀的要求。

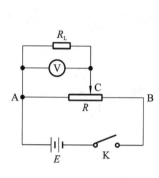

图 3-9-1　分压电路

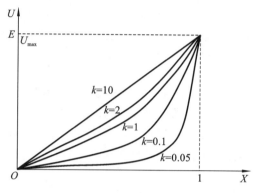

图 3-9-2　分压电路特性曲线

2. 制流电路的特性

在某些情况下，负载上需要某种确定的电流，如线圈中需产生某固定磁场，这时可采用图 3-9-3 所示的制流电路。在制流电路中，滑线变阻器称为限流电阻，总电阻值为 R_0。通过调节滑线变阻器滑动端 C，改变 R_{AC} 的阻值，电路中的电流 I 便随之改变，负载 R_L 上便可得到所需的电流。

$$I = \frac{E}{R_L + R_{AC}} \tag{3-9-2}$$

I 的调节范围为：当 $R_{AC} = R_0$ 时，电流最小，$I_{min} = \dfrac{E}{R_L + R_0}$；当 $R_{AC}=0$ 时，电流最大，$I_{max} = \dfrac{E}{R_L}$。由于电流有一个变化范围，R_L 上的电压也相应有一个变化范围：当 $R_{AC}=R_0$ 时，最小电压为 $U_{min} = \dfrac{E}{R_L + R_0} \cdot R_L$；当 $R_{AC}=0$ 时，最大电压为 $U_{max} = \dfrac{E}{R_L} \cdot R_L = E$。

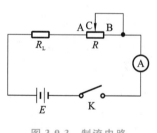

图 3-9-3　制流电路

一般情况下，负载中的电流也可以表示为

$$I = \frac{E}{R_L + R_{AC}} = \frac{E/R_0}{R_L/R_0 + R_{AC}/R_0} = \frac{I_{max}}{k + X} \tag{3-9-3}$$

式中，$k = R_L/R_0$，$X = R_{AC}/R_0$。图 3-9-4 表示不同 k 值下的制流电路的特性曲线。

由图 3-9-4 可以看出，制流电路有以下特点。

（1）k 越大，电流调节范围越小。

（2）$k \geqslant 1$ 时，电流调节的线性较好。

（3）k 越小（即 $R_0 \gg R_L$），X 接近 0 时，电流变化很大，细调程度较差。

（4）不论 R_0 大小如何，负载上通过的电流都不可能为 0。

3. 分压电路和制流电路的差别与选择

(1) 调节范围：分压电路的调节范围大，可以从 0 调节到 E；而制流电路调节范围较小，只能从 $\dfrac{R_L}{R_L + R_0} E$ 调节到 E。

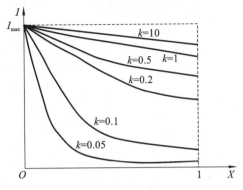

图 3-9-4　制流电路特性曲线

(2) 细调程度：当 $R_0 \leqslant R_L/2$ 时，分压电路在整个调节范围内调节基本均匀，但电压较大时调节变得很粗；而制流电路可调范围小，负载上的电压值小，能调得较精细。

(3) 功率损耗：使用同一变阻器，分压电路损耗电能比制流电路大。

基于以上的差别，当负载电阻较大，要求调节范围较宽时，应选择分压电路；当负载电阻较小，功耗较大，并要求调节范围不太大时，选用制流电路。若一级电路不能达到细调的要求，则可采用二级制流（或二段分压）的方法，以满足细调要求。

【实验装置】

安培计、伏特计、变阻器、电阻箱、直流电源、导线、开关等。

【实验内容与步骤】

(1) 了解安培计、伏特计、电阻箱的结构和使用方法，特别注意规格、额定功率等参数。

(2) 分压电路特性的研究。按图 3-9-1 所示电路进行实验。选用电阻箱作为负载 R_L。分别取 $k=0.1$、2，确定 R_{AC} 值进行实验，即改变滑线变阻器滑动端 C 的位置，在使电压从最小到最大过程中，测量 15 个 R_{AC} 及相应的电压值，并作 R_{AC}/R_0-U 曲线。

(3) 制流电路特性的研究。按图 3-9-3 所示电路进行实验。仍选用电阻箱作为负载 R_L。分别取 $k=0.1$、1，确定 R_{AC} 值进行实验，即改变滑线变阻器滑动端 C 的位置，在使电流从最小到最大过程中，测量 15 个 R_{AC} 及相应的电流值，并作 R_{AC}/R_0-I 曲线。

【数据记录与处理】

(1) 将对分压电路的测量结果记录在表 3-9-1 中。

表 3-9-1　分压电路中 R_{AC} 与 U 的变化关系

$k=0.1, R_L=200\ \Omega, R_0=2\ 000\ \Omega$														
R_{AC}														
U														
$k=2, R_L=4\ 000\ \Omega, R_0=2\ 000\ \Omega$														
R_{AC}														
U														

（2）将对制流电路的测量结果记录在表 3-9-2 中。

表 3-9-2　制流电路中 R_{AC} 与 I 的变化关系

$k=0.1, R_{L}=200\ \Omega, R_{0}=2\ 000\ \Omega$										
R_{AC}										
I										

$k=1, R_{L}=2\ 000\ \Omega, R_{0}=2\ 000\ \Omega$										
R_{AC}										
I										

【问题思考】

（1）在本实验中，在电路连接完毕准备通电前，应将滑动端 C 移到滑动变阻器哪一端？为什么？

（2）有人说，分压电路是用来控制电路电压的，制流电路是用来控制电路电流的。你认为这种说法对吗？

【注意事项】

（1）一定要严格按照电磁学实验操作规程进行实验（接好电路后要仔细检查电路）。

（2）要注意电源电压的选择，避免电流超过最大允许电流。

（3）为减小误差，注意 k 值不同时选择不同的量程（最好满足测量值能在量程的 2/3 以上这一条件）。

实验 3-10　RC 串联电路暂态过程的实验研究

电阻 R、电容 C 和电感 L 是电路的基本元件。在 RC 串联电路中，在接通或断开电源的短暂时间内，电容上的电压不会瞬间突变，电路从一个平衡状态过渡到另一个平衡状态，这个过程称为暂态过程。本实验研究 RC 串联电路在暂态过程中电压、电流的变化规律。

【实验预习】

（1）什么是 RC 串联电路？
（2）什么是电路的暂态过程？

【实验目的】

（1）通过研究 RC 串联电路的暂态过程，加深对电容充放电规律的认识。
（2）加深理解 R、C 各元件在暂态过程中的作用。
（3）加深理解时间常量的概念。
（4）进一步学习双踪示波器的使用方法。

【实验原理】

1. RC 串联电路的充电过程

图 3-10-1 所示是一个 RC 串联电路。暂态过程是电容的充放电过程。假设电容在开始时未充电（$u_C=0$），当开关 S 置于位置 1 时，电源对电容 C 充电，直到其电压等于 E。在充电过程的任何时刻，都有

$$u_R + u_C = E \tag{3-10-1}$$

将 $u_R = iR$，$i = C\mathrm{d}u_C/\mathrm{d}t$ 代入式(3-10-1)得

$$\frac{\mathrm{d}u_C}{\mathrm{d}t} + \frac{1}{RC}u_C = \frac{E}{RC} \tag{3-10-2}$$

考虑到初始条件 $t=0$ 时 $u_C=0$，方程的解为

$$\begin{cases} u_C = E(1 - \mathrm{e}^{-t/\tau}) \\ u_R = E\mathrm{e}^{-t/\tau} \qquad t \geqslant 0 \\ i = \dfrac{E}{R}\mathrm{e}^{-t/\tau} \end{cases} \tag{3-10-3}$$

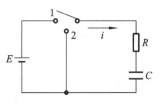

图 3-10-1　RC 串联电路

其中，$\tau = RC$ 具有时间量纲，称为电路的时间常量。

时间常量 τ 是表征暂态过程快慢的一个重要物理量，是设计电路的一个重要参量。为了测量时间常量 τ，我们往往测量 RC 串联电路的半衰期 $T_{1/2}$，即各物理量从初始值变化到初始值一半所需的时间。$T_{1/2}$ 与 τ 的关系为

$$T_{1/2} = \tau\ln2 = 0.693\,1\tau = 0.693\,1RC \tag{3-10-4}$$

2. RC 串联电路的放电过程

在电容 C 充电完毕后，将开关置于位置 2，电容 C 通过电阻 R 放电，电路方程为

$$u_R + u_C = 0 \tag{3-10-5}$$

即

$$\frac{\mathrm{d}u_C}{\mathrm{d}t} + \frac{1}{RC}u_C = 0 \tag{3-10-6}$$

结合初始条件 $t=0$ 时 $u_C = E$，方程的解为

$$\begin{cases} u_C = E\mathrm{e}^{-t/\tau} \\ u_R = -E\mathrm{e}^{-t/\tau} \qquad t \geqslant 0 \\ i = -\dfrac{E}{R}\mathrm{e}^{-t/\tau} \end{cases} \tag{3-10-7}$$

由以上分析可知，在暂态过程中，各物理量 u_C、u_R、i 均按指数规律变化，变化的快慢均由时间常量 τ 度量；在放电过程中 u_R、i 前面的负号表示电流方向与充电过程相反。充放电曲线如图 3-10-2 所示。

3. 用示波器观察和测量电压波形

用示波器观察和测量电压波形时，要求待测电压波形必须以固定频率重复出现。为达到这一目的，我们用方波发生器代替电路中的直流电源和开关来产生阶跃电压。方波如图 3-10-3 所示，它的周期为 T。当 $t=0$ 时，相当于开关置于位置 1，电源接通，输出电压为 E；当 $t=T/2$ 时，相当于开关置于位置 2，电源断开，输出电压为 0。对于 RC 电路（见图 3-10-1 和图 3-10-4）

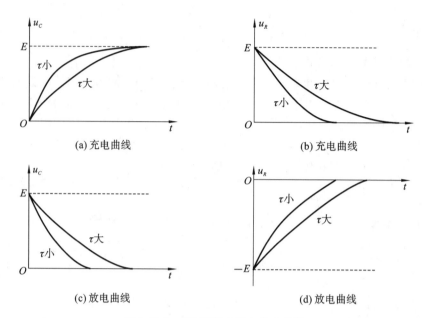

(a) 充电曲线

(b) 充电曲线

(c) 放电曲线

(d) 放电曲线

图 3-10-2　RC 串联电路充放电曲线

而言,前半周期相当于电容充电过程,后半周期相当于电容放电过程,如此反复不断地进行充放电,用示波器即可很方便地观测 C(或 R)上周期变化的充放电电压曲线。在这里需要注意的一个问题是 τ 和 $T/2$ 的相对数值关系。

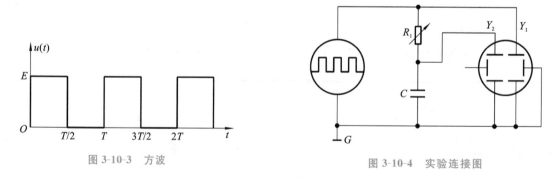

图 3-10-3　方波

图 3-10-4　实验连接图

当 $\tau \ll T/2$ 时,相对于方波周期来说,电容的充放电过程极快,使得 u_C 的波形与方波几乎相同,不便进行观测。若把方波信号看作是输入电压,电阻上的电压 u_R 正比于输入电压对时间的微分,故这种电路称为微分电路。

当 $\tau \gg T/2$ 时,电容经历的将是不完全的充放电过程。也就是说,电容充电未达到 E 值时就开始放电;而放电尚未结束,又开始充电。经过几个周期后,趋于稳定,但充放电电压很小,也不便观测。若把方波信号看作是输入电压,电容上的电压 u_C 正比于输入电压对时间的积分,故这种电路称为积分电路。

只有当 τ 和 $T/2$ 的数值大小选得合适,使得 $\tau < T/2$ 时(如 $5\tau = T/2$),电容的充放电进行得较充分,才可以在示波器上观察到如图 3-10-5 所示的清楚的充放电曲线。

【实验装置】

电源、示波器、信号发生器、电容箱、电阻箱。

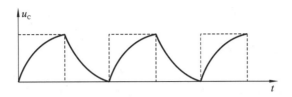

图 3-10-5　在方波信号作用下 RC 串联电路的暂态过程($\tau < T/2$)

【实验内容与步骤】

（1）连接电路。按图 3-10-4 将方波发生器的输出接到 RC 串联电路上。示波器的地线要与方波发生器地线相连。

（2）观察电容充放电时 u_C 波形。将 u_C 接到示波器 Y_2 输入端。先将方波输出频率调为 200 Hz，按表 3-10-1 所列参数观察不同 τ 下的 u_C 波形，并用坐标纸描绘下来。

表 3-10-1　R、C 元件的实验参数

元件	1	2	3
$R/\text{k}\Omega$	10	1	0.1
$C/\mu\text{F}$	1	1	1

（3）测量 τ。测量在表 3-10-1 所示各种情况下的 τ 值，用作图法讨论 τ 随 R 的变化规律，并与 τ 的理论值 $\tau = RC$ 进行比较。

（4）观察电容充放电时 u_R 波形。将方波输出频率调为 200 Hz，按表 3-10-1 所列参数观察不同 τ 下的 u_R 波形，并用坐标纸描绘下来。

【数据记录与处理】

（1）画出方波频率为 200 Hz，三种 R、C 参数下 u_C 的波形图，并对它们存在差别的原因做出分析说明。

（2）画出方波频率为 200 Hz，三种 R、C 参数下 u_R 的波形图，并对它们存在差别的原因做出分析说明。

（3）算出三种不同 R、C 参数情况下时间常数的测量值，并与理论值进行比较，算出百分比误差。

【问题思考】

（1）若在方波频率固定的情况下，在示波器上出现图 3-10-6 所示的 u_C 波形图，试说明哪一个串联电路的时间常数较大。

（2）为了较完整地看到 $R = 10$ kΩ，$C = 0.2$ μF 串联电路充放电时的 u_C 波形，方波的输出频率取多大比较合适？

【注意事项】

（1）注意信号源及示波器各输入端的"共地问题"。

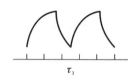 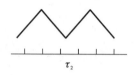

图 3-10-6　u_C 波形图

（2）注意调节示波器 Y_1、Y_2 轴的灵敏度及 X 轴的扫描速度，使荧光屏上出现合适的波形，以利于观察和测量。

实验 3-11　霍尔传感器及其应用

【实验预习】

了解霍尔传感器的结构和原理。

【实验目的】

了解霍尔传感器的原理与特性。

【实验原理】

霍尔效应可以用来测定载流子浓度及载流子迁移率等重要参数，以及判断材料的导电类型，是研究半导体材料的重要手段。另外，还可以用霍尔效应测量直流或交流电路中的电流强度和功率，以及把直流电流转成交流电流并对它进行调制、放大。基于霍尔效应制作的传感器广泛用于磁场、位置、位移、转速的测量。

【实验装置】

霍尔传感器及磁场、霍尔片、电桥模块、差动放大器、万用表、JK-19 型直流恒压电源、测微头及连接件、FB716-Ⅱ传感器实验台和九孔实验板接口平台。

【实验内容与步骤】

预设：差动放大器增益旋钮打到增益最小处，万用表置 20 V 挡，直流恒压电源置±2 V 挡。

（1）了解霍尔传感器的结构，熟悉霍尔片的符号，将霍尔磁场固定在振动盘上，调节振动盘与霍尔片之间的位置，二者之间不可有任何接触，以免将霍尔传感器损坏。

（2）按图 3-11-1 接线。W_1、r 组成直流电桥平衡网络，霍尔片上的 A、B、C、D 与霍尔传感器上的 1、2、3、4 一一对应。

（3）装好测微头，使测微头与振动盘吸合，并使霍尔片处于半圆磁钢上下正中位置。

（4）打开直流恒压源调整 W_1，使万用表指示为零（要先将 W_1 调节好再调整霍尔片的位置）。

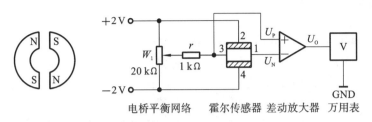

图 3-11-1　霍尔传感器实验线路

（5）上下旋动测微头，记下万用表的读数，建议每 0.1 mm 读一次数，将读数填入表 3-11-1中。

表 3-11-1　万用表读数记录表

X/mm											
U/mV											

　　描绘 U-X 曲线并指出线性范围，求出灵敏度 $S=\Delta U/\Delta X$，关闭直流恒压电源。可见，本实验测出的实际上是磁场情况，磁场分布呈梯度，与匀强磁场分布有很大差异；位移测量的线性度、灵敏度与磁场分布有很大的关系。

（6）实验完毕关闭直流恒压电源，将各旋钮置初始位置。

【问题思考】

（1）梯度磁场和匀强磁场对灵敏度的影响有何差别？
（2）本实验的误差来源有哪些？

【注意事项】

（1）由于磁场的气隙较大，应使霍尔片尽量靠近极靴，以提高灵敏度。
（2）激励电压不能过大，以免损坏霍尔片。

实验 3-12　应变片的性能研究：单臂、半桥、全桥比较

【实验预习】

了解应变片的性能。

【实验目的】

（1）了解金属箔式应变片、单臂单桥的工作原理和工作情况。
（2）验证单臂、半桥、全桥的性能及相互之间的关系。

【实验原理】

1. 金属电阻应变片的应变效应

电阻丝在外力作用下发生机械变形（伸长或缩短），阻值 R 发生变化，就是金属电阻的应变效应。描述电阻应变效应的关系式为

$$\Delta R/R = K\varepsilon$$

式中，$\Delta R/R$ 为电阻丝电阻的相对变化，K 为应变灵敏系数，$\varepsilon = \Delta l/l$ 为电阻丝长度相对变化。

金属箔式应变片是通过光刻、腐蚀等工艺制成的应变敏感元件，通过它转换被测部位的受力状态变化。

2. 单臂、半桥、全桥的性能及相互之间的关系

电桥的作用是完成电阻到电压的比例变化，电桥的输出电压反映了相应的受力状态。单臂电桥输出电压 $U_{O1} = EK\varepsilon/4$。受力方向不同的两片应变片接入电桥作为邻边，电桥输出灵敏度提高，非线性得到改善。当两片应变片阻值和应变量相同时，桥路输出电压 $U_{O2} = EK\varepsilon/2$。在全桥测量电路中，将受力性质相同的两片应变片接入电桥对边，将受力性质不同的两片应变片接入邻边，当应变片初始阻值为 $R_1 = R_2 = R_3 = R_4$，变化值为 $\Delta R_1 = \Delta R_2 = \Delta R_3 = \Delta R_4$ 时，桥路输出电压 $U_{O3} = KE\varepsilon$。

【实验装置】

直流稳压电源，电桥（电阻元件），差动放大器（带调零），双平行梁测微头，应变片，F/V 表，主、副电源等。

【实验内容与步骤】

旋钮初始位置：直流稳压电源打到 ±2 V 挡，F/V 表打到 2 V 挡，使差动放大增益最大。

（1）了解所需单元、部件在实验仪上的所在位置，观察梁上的应变片（为棕色衬底箔式结构小方薄片）。上下两片梁的外表面各贴两片受力应变片和一片补偿应变片；测微头在双平行梁前面的支座上，可以上、下、前、后、左、右调节。

（2）将差动放大器调零：用连线将差动放大器的正（＋）、负（－）、地短接。将差动放大器的输出端与 F/V 表的输入插口"Vi"相连；开启主、副电源；调节差动放大器的增益至最大，然后调整差动放大器的调零旋钮使 F/V 表显示为零，关闭主、副电源。

（3）根据图 3-12-1 接线。R_1、R_2、R_3 为电桥单元的固定电阻（350 Ω）。R_x 为应变片；将稳压电源的切换开关置 ±4 V 挡，F/V 表置直流 20 V 挡。调节测微头脱离双平行梁，开启主、副电源，调节电桥平衡网络中的 W_1，使 F/V 表显示为零，然后将 F/V 表置 2 V 挡，再调电桥 W_1（慢慢地调），使 F/V 表显示为零。

（4）将测微头转动到 10 mm 刻度附近，安装到双平行梁的自由端（与自由端磁钢吸合）。调节测微头支柱的高度，目测双平行梁处于水平位置，使 F/V 表显示最小，再旋动测微头，使 F/V 表显示为零（细调零），这时的测微头刻度为零位的相应刻度。

（5）往下或往上旋动测微头，使梁的自由端产生位移，记下 F/V 表显示的值。建议每旋动测微头一周即 $\Delta X = 0.5$ mm，记一个数值填入表 3-12-1 中。

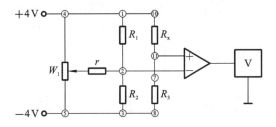

图 3-12-1　应变片测量电桥网络

表 3-12-1　电压数据记录表(一)

位移/mm								
电压/mV								

(6) 根据所得结果计算灵敏度 $S = \Delta U / \Delta X$(式中 ΔX 为梁的自由端位移变化，ΔU 为 F/V 表显示的相应电压变化)。

(7) 保持差动放大器增益不变，将 R_3 固定电阻换为与 R_4 工作状态相反的另一应变片，即以两片受力方向不同的应变片形成半桥，调节测微头使梁处于水平位置(目测)，调节电桥 W_1 使 F/V 表显示为零，重复(5)过程同样测得读数，填入表 3-12-2 中。

表 3-12-2　电压数据记录表(二)

位移/mm								
电压/mV								

(8) 保持差动放大器增益不变，将 R_1、R_2 两个固定电阻换成另外两片受力应变片，组桥时需要保证对臂应变片的受力方向相同、邻臂应变片的受力方向相反，否则相互抵消没有输出。接成一个直流全桥，调节测微头使梁处于水平位置，调节电桥 W_1 同样使 F/V 表显示零。重复(5)过程将读出数据填入表 3-12-3 中。

表 3-12-3　电压数据记录表(三)

位移/mm								
电压/mV								

(9) 在同一坐标纸上描出 X-U 曲线，比较三种接法的灵敏度。

(10) 实验完毕，关闭主、副电源，所有旋钮转到初始位置。

【问题思考】

试思考两片应变片的输出电压与单片应变片的输出电压哪个大。

【注意事项】

(1) 注意旋钮初始位置。

(2) 做此实验时应将低频振荡器的幅度调至最小，以减小其对直流电桥的影响。

(3) 在更换应变片时应将电源关闭。

(4) 在实验过程中如发现 F/V 表发生过载，应将电压量程扩大。

（5）在本实验中只能将放大器接成差动形式，否则系统不能正常工作。

（6）直流稳压电源不能调得电压过大，以免损坏应变片或造成严重自热效应。

（7）接全桥时注意区别各应变片的工作状态与方向，不得接错。

实验 3-13 色 散 实 验

【实验目的】

（1）进一步练习使用分光计，并用最小偏向角法测量三棱镜的折射率。

（2）研究棱镜的折射率与入射光波长的关系。

【实验原理】

1. 棱镜色散原理

棱镜的色散是由不同波长的光在棱镜介质中传播速度不同，折射率不同而引起的。在介质无吸收的光谱区域内，色散关系的函数形式为

$$n = A + \frac{B}{\lambda^2}$$

式中，A 和 B 是与棱镜材料有关的常数，也叫色散常数。这一函数形式于 1863 年由柯西得出。

2. 利用最小偏向角法测量折射率的原理

如图 3-13-1 所示，一束单色平行光入射到三棱镜上，光通过三棱镜时将连续发生两次折射，出射光线和入射光线之间的夹角 δ 称为偏向角。当入射角 i 改变时，出射角 i' 随之改变。可以证明，当入射角 i 等于出射角 i' 时，偏向角有最小值 δ_{min}，此时入射角为 $i = \frac{\delta_{min} + \alpha}{2}$，出射角为 $i_1 = \frac{\alpha}{2}$。根据折射定律，可得三棱镜的折射率为

$$n = \frac{\sin\left[\frac{1}{2}(\delta_{min} + \alpha)\right]}{\sin\frac{\alpha}{2}}$$

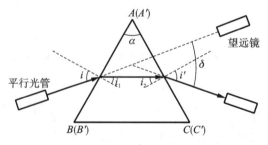

图 3-13-1 最小偏向角法测三棱镜折射率光路示意图

3．测棱镜的最小偏向角

(1) 确定出射光线方位。

用汞灯照亮平行光管狭缝,将载物平台与游标盘固定在一起,将望远镜与刻度盘固定在一起。转动游标盘,使三棱镜处于如图 3-13-1 所示的位置。先用眼睛沿着三棱镜出射光的方向寻找三棱镜折射后的狭缝像,找到后再将望远镜移至眼睛所在位置,此时可在望远镜观察到汞灯经三棱镜 $ABB'A'$ 和 $ACC'A'$ 面折射后形成的光谱。将望远镜对准其中的某一条谱线(如绿色谱线 $\lambda=546.1$ nm),慢慢转动游标盘,以改变入射角,使绿色谱线往减小的方向移动,同时转动望远镜跟踪谱线,直到载物平台继续沿着原方向转动时绿色谱线不再向前移动反而向相反方向移动(偏向角反而增大)为止。这条谱线移动的反向转折位置就是三棱镜对该谱线的最小偏向角的位置。然后将望远镜的叉丝竖线大致对准绿色谱线,固定望远镜,微调游标盘,找出绿色谱线反向转折的确切位置。再固定游标盘,转动望远镜,使其叉丝竖线与绿色谱线中心对准,记下两游标盘的读数 T_1、T_1'。

(2) 确定入射光线方位。

取下三棱镜,使游标盘固定,转动望远镜直接对准平行光管,使望远镜的叉丝竖线对准狭缝中心,记下此时两游标盘的读数。为了消除分光计刻度盘的偏心误差,测量每个角度时,在刻度盘的两个游标盘上都要读数(记为 T_2、T_2'),然后取平均值。

$$\delta_{\mathrm{I}} = |T_1 - T_2|, \quad \delta_{\mathrm{II}} = |T_1' - T_2'|$$

$$\delta_{\min} = \frac{1}{2}(\delta_{\mathrm{I}} + \delta_{\mathrm{II}})$$

δ_{I}、δ_{II} 均为锐角。

每组波长的折射率为

$$n_{\lambda_i} = \frac{\sin i}{\sin i_1} = \frac{\sin\left[\frac{1}{2}(\delta_{\min}^{\lambda_i} + \alpha)\right]}{\sin\frac{\alpha}{2}} \tag{3-13-1}$$

三棱镜的色散关系为

$$n_{\lambda_i} = A + \frac{B}{\lambda_i^2}$$

【实验装置】

分光计,双面平面镜,三棱镜,汞灯。

【数据记录与处理】

本实验数据记录与处理表如表 3-13-1 所示。

表 3-13-1　色散实验数据记录与处理表

三棱镜顶角 $\alpha=60°$

谱线 波长 λ/nm	游标盘 Ⅰ		游标盘 Ⅱ		游标盘 Ⅰ		游标盘 Ⅱ		$\delta_{\min}^{\lambda}$
404.7 (紫色)									

谱线 波长 λ/nm	游标盘 I		游标盘 II		游标盘 I	游标盘 II	$\delta_{\min}^{\lambda}$
435.8 （蓝色）							
491.6 （青色）							
546.1 （绿色）							
577.0 （黄色）							
579.1 （黄色）							

将以上数据依次带入式（3-13-1），分别计算出黄色光、绿色光、青色光、蓝色光和紫色光的折射率 n_{λ}。

（1）黄色光折射率：

$$n_{黄} = \frac{\sin\left[\frac{1}{2}(\delta_{\min}^{黄} + \alpha)\right]}{\sin\frac{\alpha}{2}} =$$

（2）绿色光折射率：

$$n_{绿} = \frac{\sin\left[\frac{1}{2}(\delta_{\min}^{绿} + \alpha)\right]}{\sin\frac{\alpha}{2}} =$$

（3）青色光折射率：

$$n_{青} = \frac{\sin\left[\frac{1}{2}(\delta_{\min}^{青} + \alpha)\right]}{\sin\frac{\alpha}{2}} =$$

（4）蓝色光折射率：

$$n_{蓝} = \frac{\sin\left[\frac{1}{2}(\delta_{\min}^{蓝} + \alpha)\right]}{\sin\frac{\alpha}{2}} =$$

（5）紫色光折射率：

$$n_{紫} = \frac{\sin\left[\frac{1}{2}(\delta_{\min}^{紫} + \alpha)\right]}{\sin\frac{\alpha}{2}} =$$

【问题思考】

三棱镜的色散是由于不同波长的光在棱镜介质中传播速度不同,折射率不同而引起的,请根据实验数据分析,黄、绿、青、蓝、紫五种不同波长的光波在三棱镜中传播的速度分别是多少,并进行比较。

实验 3-14 光栅衍射实验

光栅是一种重要的分光元件,可以把入射光中不同波长的光分开。利用光栅分光制成的单色仪和光谱仪已得到广泛应用。光栅分为透射光栅和反射光栅两类。本实验使用的是平面透射光栅,它相当于一组数目极多的等宽、等间距的平行排列的狭缝。

目前使用的光栅主要通过以下方法获得:用精密的刻线机在玻璃或镀在玻璃上的铝膜上直接刻划;用树脂在优质母光栅上复制;采用全息照相的方法制作全息光栅。实验室通常使用复制光栅或全息光栅。

光栅作为各种光谱仪器的核心元件,广泛应用于石油化工、医药卫生、食品、生物、环保等国民经济和科学研究的各个领域。现代高技术的发展,使衍射光栅有了更广泛的重要应用。例如,VCD 和 DVD 光头、各种激光器、航空航天遥感成像光谱仪等,都需要用到各种特殊光栅。

【实验预习】

预习光栅衍射基本原理。

【实验目的】

(1) 观察光栅的衍射现象及其特点。
(2) 用光栅测量未知谱线的光波波长。
(3) 测量光栅的特征参量。

【实验原理】

1. 光栅和光栅光谱

等间距的多个狭缝组成的光学系统称为光栅。图 3-14-1 所示为光栅的夫琅禾费衍射光路图。如果入射光为一束包含几种不同波长的复色光,经光栅衍射后,在透镜的焦平面上,同一级(k)的不同波长的光的明纹将按一定次序排列,形成彩色谱线,称为该入射光源的衍射光谱。在 $k=0$ 处,各色光叠加在一起呈原色,称中央明纹。

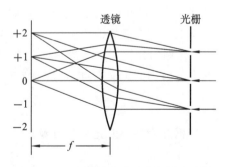

图 3-14-1 光栅的夫琅禾费衍射光路图

对于普通的低压汞灯,每一级光谱中有四条比较明亮的特征谱线:紫色 $\lambda_1=435.8$ nm;绿色 $\lambda_2=546.1$ nm;黄色 $\lambda_3=577.0$ nm 和 $\lambda_4=579.1$ nm。除此之外,还有橙红、蓝色等谱线,只是相对较暗一些。汞灯的部分光栅衍射光谱示意图如图 3-14-2 所示。

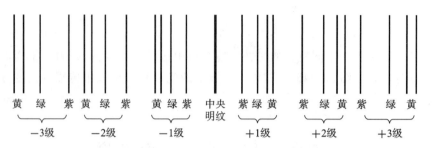

图 3-14-2　汞灯的部分光栅衍射光谱示意图

2. 光栅方程

设光栅常数为 d,有一束平行光与光栅的法线成 i 角入射到光栅上,产生衍射。对于产生的一条明纹,光程差等于波长的整数倍,即

$$d(\sin\varphi \pm \sin i) = k\lambda \qquad (3\text{-}14\text{-}1)$$

当入射光和衍射光都在光栅法线同侧时,如果入射光垂直入射到光栅上,即 $i=0$,则

$$d\sin\varphi_k = k\lambda \qquad (3\text{-}14\text{-}2)$$

这里,$k=0,\pm1,\pm2,\pm3,\cdots$,为衍射级次;$\varphi_k$ 为第 k 级谱线的衍射角。

在较高级次,各级谱线可能重合。

由式(3-14-2)可知,如果已知波长和衍射级次,就可根据测得的衍射角,求出光栅常数;如果知道光栅常数和衍射级次,就可根据测得的衍射角,求出相应光谱线的波长。

3. 光栅的特性

(1)光栅的色散率。

角色散率 D(简称色散率)是两条谱线偏向角之差 $\Delta\varphi$ 和两者波长之差 $\Delta\lambda$ 之比,即

$$D = \frac{\Delta\varphi}{\Delta\lambda} \qquad (3\text{-}14\text{-}3)$$

对光栅方程进行微分,可得

$$D = \frac{\Delta\varphi}{\Delta\lambda} = \frac{k}{d\cos\varphi} \qquad (3\text{-}14\text{-}4)$$

由式(3-14-4)可知,光栅光谱具有如下特点:光栅常数越小,色散率越大;高级次的光谱相比低级次的光谱有较大的色散率;衍射角很小时,色散率可看成常数,此时,$\Delta\varphi$ 与 $\Delta\lambda$ 成正比。

(2) 光栅的分辨率。

光栅分辨率的定义是:以两条刚能被光栅分开的谱线的波长差去除它们的平均波长,即

$$R = \frac{\lambda}{\Delta\lambda} \qquad (3\text{-}14\text{-}5)$$

由瑞利判据和光栅衍射光强分布函数可以导出

$$R = kN \qquad (3\text{-}14\text{-}6)$$

其中,N 是被入射平行光照射的光栅光缝总条数。由此可见,为了用光栅分开两条靠得很近的谱线,不仅要求光栅光缝很密(d 很小),而且要求光栅光缝很多,入射光孔径很大,把许多光栅光缝都照亮才行。

4. 光栅光谱的获得和测量

汞灯发出的光经透镜 L_1 聚焦后通过狭缝,再经 L_2 成为平行光,并垂直入射到透射光栅上,

再经透镜 L_3 会聚于测微目镜上，可观察到衍射谱线。由于衍射角很小，可近似认为 $\sin\varphi_k = \dfrac{l_k}{f_3}$，于是有

$$d\,\frac{l_k}{f_3} = k\lambda \tag{3-14-7}$$

其中，d 是光栅常数，l_k 是某待测谱线位置到零级谱线的距离，f_3 是透镜 L_3 的焦距，k 是衍射级次，λ 是光波波长。

【实验装置】

实验装置如图 3-14-3 所示。

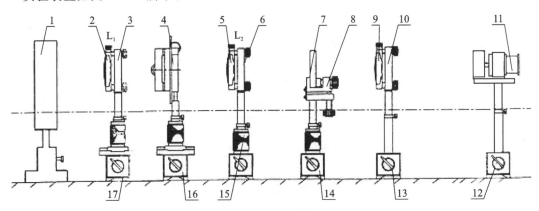

图 3-14-3　光栅衍射实验装置图

1—汞灯；2—透镜 $L_1(f_1 = 50\ \text{mm})$；3—二维架(SZ-07)；4—可调狭缝；5—透镜 $L_2(f_2 = 190\ \text{mm})$；6—二维架(SZ-07)；
7—光栅$(d = 1/20\ \text{mm})$；8—二维干板架；9—透镜 $L_3(f = 225\ \text{mm})$；10—二维架(SZ-07)；
11—测微目镜及支架；12～17—底座(SZ-01)

【实验内容与步骤】

实验操作微课

(一) 必做部分

1. 光路调节

(1) 按要求在光学平台上摆好各光具。

(2) 调节光路，达到共轴、等高，并调节各光具之间的距离，使光栅满足夫琅禾费衍射的条件。

(3) 调节狭缝宽度，直至在测微目镜中观察到清晰的衍射谱线，并能分辨出绿色、紫色谱线。

2. 测量波长

选取 +1 级和 −1 级衍射待测谱线(绿色谱线和紫色谱线)，调节测微目镜的螺旋，测量从中央明纹到待测谱线之间的距离 l_{+1} 和 l_{-1}，并取平均值求得 $\overline{l_1}$，将其带入式(3-14-7)求出 λ。然后选取第二级、第三级衍射谱线，依前法测出汞灯绿色和紫色光谱的波长并记录(见表 3-14-1)。将测出的波长与公认值相比较，计算其误差。

（二）选做部分

测量光栅的色散率。先测量第一级衍射绿光和紫光的衍射角之差，按式(3-14-3)求出光栅的色散率 D_1，再依同样方法求出 D_2 和 D_3 并记录(见表 3-14-2)，然后比较光栅色散率的变化。

【数据记录与处理】

衍射光栅测波长数据记录表如表 3-14-1～表 3-14-3 所示。

表 3-14-1 衍射光栅测波长数据记录表(一)

衍射级 k	谱线	l_k	波长 λ
+1	橙色		
	绿色		
	紫色		
−1	橙色		
	绿色		
	紫色		
±1 级平均值	橙色		
	绿色		
	紫色		

表 3-14-2 衍射光栅测波长数据记录表(二)

衍射级 k	谱线	l_k	波长 λ
+2	橙色		
	绿色		
	紫色		
−2	橙色		
	绿色		
	紫色		
±2 级平均值	橙色		
	绿色		
	紫色		

表 3-14-3　衍射光栅测波长数据记录表（三）

衍射级 k	谱线	l_k	波长 λ
+3	橙色		
	绿色		
	紫色		
-3	橙色		
	绿色		
	紫色		
±3 级平均值	橙色		
	绿色		
	紫色		

光栅色散率测定数据记录表如表 3-14-4 所示。

表 3-14-4　光栅色散率测定数据记录表

谱线	$k=1$			$k=2$			$k=3$		
	$\Delta\lambda$	$\Delta\varphi$	D	$\Delta\lambda$	$\Delta\varphi$	D	$\Delta\lambda$	$\Delta\varphi$	D
绿色									
紫色									

【问题思考】

（1）光栅光谱和棱镜光谱有什么区别？
（2）光栅平面和入射光方向不完全垂直，会对实验有何影响？
（3）可调狭缝与透镜 L_2 之间的距离应符合什么条件？
（4）实验中可调狭缝起什么作用？
（5）光栅常数的大小对实验效果有何影响？
（6）导致光栅分辨率不高的主要原因有哪些？
（7）光栅分辨率不够高，会导致什么样的结果？
（8）测微目镜为何要放在透镜 L_3 的焦平面上？
（9）如果没有本实验装置或分光计，你能否用氦氖激光器和直尺测出光栅常数？ 如果能，请简述你的实验方案，并动手试试。

【注意事项】

（1）光栅平面应与入射光方向垂直。
（2）不得用手直接去接触光学元件的表面。
（3）眼睛不要直视汞灯。

实验 3-15　偏振光的产生和检验

光的偏振是指光的振动方向不变,或电矢量末端在垂直于传播方向的平面上的轨迹呈椭圆形或圆形的现象。光的偏振最早是牛顿在 1704—1706 年间引入光学的;马吕斯在 1809 年首先提出"光的偏振"这一术语,并在实验室发现了光的偏振现象;麦克斯韦在 1865—1873 年间建立了光的电磁理论,从本质上说明了光的偏振现象。

光的偏振在光学计量、晶体性质的研究和实验应力分析等方面有广泛的应用。

【实验预习】

(1) 什么是偏振光? 什么是圆偏振光、椭圆偏振光?
(2) 何谓布儒斯特定律和马吕斯定律?
(3) 何谓光的双折射现象? 什么是 1/4 波片? 什么是 1/2 波片?

【实验目的】

(1) 观察光的偏振现象,加深理解偏振的基本概念。
(2) 了解偏振光的产生和检验方法。
(3) 观测布儒斯特角,并测定玻璃的折射率。
(4) 观测椭圆偏振光与圆偏振光。
(5) 了解 1/2 波片和 1/4 波片的用途。

【实验原理】

光是电磁波,和其他电磁辐射一样,都是横波。它是由互相垂直的两个振动矢量即电场强度矢量 E 和磁场强度矢量 H 来表征的。因为引起人的视觉反应和光化学反应的是光的电矢量,所以通常将 E 矢量称作光矢量。

线偏振光是指在垂直于传播方向的平面内,光矢量只沿一个固定方向振动的光。

还有一种偏振光,它的电矢量随时间有规则地变化,该矢量末端在垂直于传播方向的平面上的轨迹是椭圆或圆,这种偏振光就是椭圆偏振光或圆偏振光。

从一个实际光源发出的光,由于大量原子或分子的热运动和辐射的随机性,电矢量的取向和大小没有哪个方向特别占优势,呈现一种平均状态,这就是自然光。自然光是各方向的振幅相同的光。对自然光而言,它的振动方向在垂直于光的传播方向的平面内可取所有可能的方向,没有一个方向占有优势。若把所有方向的光振动都分解到相互垂直的两个方向上,则在这两个方向上的振动能量和振幅都相等。

介于自然光和线偏振光之间,有较多的电矢量取向于某方向,就称为部分偏振光。

起偏器是将非偏振光变成线偏振光的器件,检偏器是用于鉴别光的偏振状态的器件。

1. 偏振片、起偏和检偏、马吕斯定律

(1) 由二向色性晶体的选择吸收产生偏振。

起偏和检偏原理如图 3-15-1 所示。

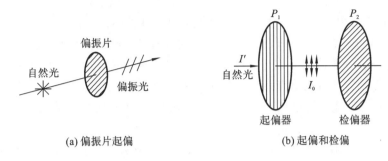

(a) 偏振片起偏　　　　　　　(b) 起偏和检偏

图 3-15-1　起偏与检偏原理图

（2）马吕斯定律。

用强度为 I_0 的线偏振光入射，设透过偏振片的光强为 I，则有

$$I = I_0 \cos^2 \theta \tag{3-15-1}$$

式（3-15-1）称为马吕斯定律。θ 是入射光的 $\boldsymbol{E}$ 矢量振动方向和检偏器偏振化方向之间的夹角。以入射光线为轴转动偏振片，如果透射光强 I 有变化，且转动到某位置时 $I = 0$，则表明入射光为线偏振光，此时 $\theta = 90°$。

2. 布儒斯特定律

光以任意角度入射到两种透明介质的分界面上，发生反射和折射时，都会产生部分偏振光。但当光从折射率为 n_1 的介质入射到折射率为 n_2 的介质交界面时，如图 3-15-2 所示，如果入射角满足

$$i_B = \tan^{-1} \frac{n_2}{n_1} \tag{3-15-2}$$

反射光就成为完全偏振光，它的振动面垂直于入射面。这就是布儒斯特定律。i_B 叫作布儒斯特角或起偏角。

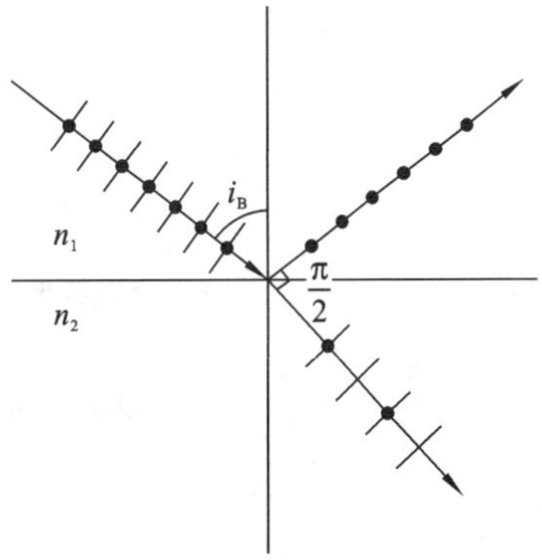

3. 双折射和波片

自然光入射某些各向异性晶体（冰洲石、石英等），

图 3-15-2　布儒斯特定律光路图

同时分解成两束平面偏振光，以不同速度在晶体内传播的现象，称晶体双折射。如图 3-15-3 所示，两束折射光分成遵守折射定律的寻常光（o 光）和不遵守折射定律的非寻常光（e 光）。

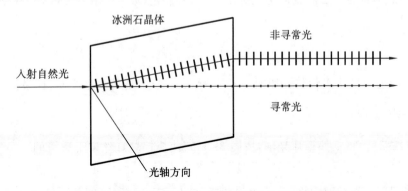

图 3-15-3　自然光垂直入射冰洲石发生双折射现象

冰洲石晶体中有一个固定方向(与通过 3 个钝角面会合的顶点,并和这 3 个面成等角的直线相平行的方向)不发生双折射,该方向为晶体的光轴。在晶体内,对于 o 光与 e 光分别与光轴所成的 o 光主平面和 e 光主平面而言,o 光振动方向垂直于自己的主平面,而 e 光的振动方向平行于自己的主平面。一般情况下,它们各自的主平面是不重合的,但夹角不大,因此用检偏器测出 o 光和 e 光的振动方向接近垂直。当把晶体磨成表面平行于光轴的晶片,并且自然光垂直表面入射时,晶体内 e 光与 o 光沿同一方向传播,二者的振动方向严格垂直,而传播速率相差最大。

若使线偏振光正入射上述晶片,它的电矢量可分解为垂直于光轴振动的 o 光和平行于光轴振动的 e 光(见图 3-15-4)。二者从晶片出射后有固定的相位差。晶片内这两个相互垂直的方向,因 o 光和 e 光速率不同而分别称为快轴和慢轴。在冰洲石中,$n_e < n_o$,e 光比 o 光快,故称平行于光轴方向为快轴,垂直于光轴方向为慢轴。设入射光振幅为 A,振动方向与光轴夹角为 θ,入射后 o 光和 e 光振幅分别为 $A\sin\theta$ 和 $A\cos\theta$,出射时相位差为

$$\Delta = \frac{2\pi}{\lambda_o}(n_o - n_e)d \tag{3-15-3}$$

式中,λ_o 是真空中的波长,n_o、n_e 分别是晶体对 o 光和 e 光的折射率,d 是晶片厚度。

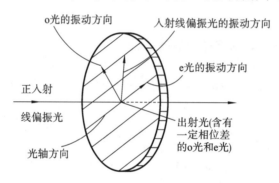

图 3-15-4   由冰洲石制作的波片示意图

波片又称位相延迟片,是从单轴晶体中切割下来的平行平面板。由于波片内的速度 v_o、v_e 不同,因此 o 光和 e 光通过波片的光程也不同。两光束通过波片后,o 光的位相相对于 e 光多延迟了 $\Delta = 2\pi(n_o - n_e)d/\lambda$,若满足 $(n_e - n_o)d = \pm\lambda/4$,即 $\Delta = \pm\pi/2$,我们称之为 1/4 片;若满足 $(n_e - n_o)d = \pm\lambda/2$,即 $\Delta = \pm\pi$,我们称之为 1/2 片;若满足 $(n_e - n_o)d = \pm\lambda$,即 $\Delta = 2\pi$,我们称之为全波片。

【实验装置】

偏振光的产生与检验实验装置如图 3-15-5 所示。另外,还需要激光器、扩束器等。

【实验内容与步骤】

(1) 测布儒斯特角,定偏振片光轴:按图 3-15-5,使溴钨灯灯丝位于透镜的焦平面上(此时两底座相距 162 mm),近似平行光束通过狭缝,向光学台分度盘中心的黑玻璃镜入射,并在台面上显出指向圆心的光迹。此时转动分度盘,对任意入射角,利用偏振片和 X 轴旋转二维架组成的检偏器检验反射光,转动 $360°$,观察部分偏振光的强度变

实验操作微课

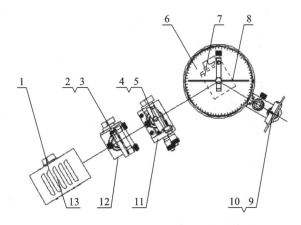

图 3-15-5　偏振光的产生与检验实验装置图

1—溴钨灯;2—透镜 $L_1(f_1=150\ \text{mm})$;3,5—二维架(SZ-07、SZ-08);4—测微狭缝(SZ-27);6—光学测角台(SZ-47);

7,11,12,13—各种平移底座(SZ-02、SZ-03);8—黑玻璃镜;9—偏振片;10—旋转透镜架(SZ-06)

化;而当光束以布儒斯特角 i_B 入射时,反射的线偏振光可被检偏器消除($n=1.51,i_B\approx57°$)。该入射角需反复仔细校准。因线偏振光的振动面垂直于入射面,故按检偏器消光方位可以定出偏振片的易透射轴。

(2)线偏振光分析:使钠光通过偏振片起偏振,用装在光学测角台上(对准指标线)的偏振片在转动中检查偏振现象,分析透射光强变化与角度的关系。

(3)椭圆偏振光分析:使激光束通过扩束器、狭缝和黑玻璃镜产生线偏振光,再通过 1/4 波片之后,用装在光学测角台上的偏振片在旋转中观察透射光强变化以及是否有两明两暗位置(注意与上一项实验现象有何不同);在暗位置,检偏器的透振方向即椭圆的短轴方向。注意:应使用白屏观察。

(4)圆偏振光分析:在透振轴正交的两偏振片之间加入 1/4 波片,旋转至透射光强恢复为零处,从该位置再转动 45°,即可产生圆偏振光。此时若用检偏器转动检查,透射光强是不变的。注意:应使用白屏观察。

(5)利用冰洲石镜及旋转透镜架,观察和分析冰洲石晶体的双折射现象。使自然光(如钠光)通过支架上的一个小孔入射冰洲石晶体,用眼睛在适当距离能够看到光束一分为二;转动支架,又能判别寻常光(o 光)和非寻常光(e 光),进而用检偏器确定 o 光和 e 光偏振方向的关系。

【数据记录与处理】

(1)测布儒斯特角,得 $i_B=$ _____,定偏振片光轴。

(2)线偏振光分析,并做记录(见表 3-15-1)。

表 3-15-1　线偏振光分析

次数	偏振化方向的度数 /(°)	偏振片 P_1 /(°)	偏振片 P_2 /(°)	白屏上的光斑光强
1				

续表

次数	偏振化方向的度数/(°)	偏振片 P_1/(°)	偏振片 P_2/(°)	白屏上的光斑光强
2				
3				
4				
5				

（3）椭圆偏振光分析，并做记录（见表 3-15-2）。

表 3-15-2　椭圆偏振光分析

次数	偏振片 P_1/(°)	1/4 波片/(°)	偏振片 P_2/(°)	白屏上的光斑光强
1				
2				
3				
4				
5				

（4）圆偏振光分析，并做记录（见表 3-15-3）。

表 3-15-3　圆偏振光分析

次数	偏振片 P_1/(°)	1/4 波片/(°)	偏振片 P_2/(°)	白屏上的光斑光强
1				
2				
3				
4				
5				

（5）利用冰洲石镜及旋转透镜架，观察和分析冰洲石晶体的双折射现象。

对于以上实验内容，将数据及观察到的现象记录在自行设计的表格中。

【问题思考】

（1）波长为 λ 的单色自然光，通过 1/4 波片是否可能成为圆偏振光或椭圆偏振光？

(2) 有两块偏振片处于消光位置,再在它们之间插入第三块偏振片,且第三块偏振片的透光方向与第一块偏振片的透光方向成 $45°$、$30°$,哪一次光强大一些? 原因是什么?

(3) 迎着太阳驾车,路面的反光很耀眼,一种用偏振片做成的太阳镜能减弱甚至消除这种眩光。这种太阳镜较之普通的墨镜有什么优点? 应如何设置它的偏振方向?

实验 3-16　阿贝成像原理与空间滤波

光学中可以利用傅里叶变换进行分析的主要原因是光学系统在一定条件下具有线性和空间不变性。利用傅里叶变换,就可以从频谱的角度去分析图像信息。对应于通信理论的时间频谱,在光学系统中,物的空间频率组成叫作空间频谱。为了改善图像信息的质量或提取图像信息的某种特征,可以利用空间滤波的方法。

【实验预习】

(1) 预习阿贝二次成像原理。
(2) 预习空间频率、空间频谱和空间滤波等基本概念。

【实验目的】

(1) 通过实验,加深对信息光学中空间频率、空间频谱和空间滤波等概念的理解。
(2) 了解阿贝成像原理和透镜孔径对透镜成像分辨率的影响。

【实验原理】

1. 二维傅里叶变换

设空间二维函数为 $g(x,y)$,它的二维傅里叶变换为

$$G(f_x, f_y) = \int\!\!\int_{-\infty}^{\infty} g(x,y)\exp[-\mathrm{j}2\pi(f_x x + f_y y)]\mathrm{d}x\mathrm{d}y \qquad (3\text{-}16\text{-}1)$$

式中,f_x、f_y 分别是 x、y 方向的空间频率,而 $g(x,y)$ 又是 $G(f_x, f_y)$ 的逆傅里叶变换,即

$$g(x,y) = \int\!\!\int_{-\infty}^{\infty} G(f_x, f_y)\exp[\mathrm{j}2\pi(f_x x + f_y y)]\mathrm{d}f_x\mathrm{d}f_y \qquad (3\text{-}16\text{-}2)$$

式 (3-16-2) 表示任意一个空间函数 $g(x,y)$ 都可表示为无穷多个基元函数 $\exp[\mathrm{j}2\pi(f_x x + f_y y)]$ 的线性叠加。$G(f_x, f_y)\mathrm{d}f_x\mathrm{d}f_y$ 是相应于空间频率为 f_x、f_y 的基元函数的权重。$G(f_x, f_y)$ 表示 $g(x,y)$ 的空间频谱。

根据夫琅禾费衍射理论可知,如果在焦距为 f 的会聚透镜 L 的前焦面上置一个振幅透过率为 $g(x,y)$ 的图像,并以波长为 λ 的单色平面波垂直照明图像,则 L 的后焦面 (x_f, y_f) 上的复振幅分布就是 $g(x,y)$ 的傅里叶变换 $G(f_x, f_y)$,其中 f_x、f_y 与坐标 (x_f, y_f) 的关系为

$$f_x = \frac{x_f}{\lambda f}, \quad f_y = \frac{y_f}{\lambda f} \qquad (3\text{-}16\text{-}3)$$

(x_f, y_f) 面称频谱面。因此,复杂的二维傅里叶变换可以用一块透镜实现,此即光学傅里叶变换。频谱面上的光强分布就是物的夫琅禾费衍射图。

2. 阿贝成像原理

阿贝(E. Abbe)提出的相干光照明下显微镜的成像分两步：第一步是通过物的衍射光在透镜后焦面上形成一个衍射图，阿贝称它为"初级像"；第二步是从衍射斑发出的次级波复合为(中间)相干像，可用目镜观察这个像。

成像的这两步本质上就是两次傅里叶变换：第一步将物面光场的空间分布 $g(x,y)$ 变成频谱面上的空间频率分布 $G(f_x,f_y)$；第二步是又一次变换，将 $G(f_x,f_y)$ 还原为空间分布 $g(x,y)$。

图 3-16-1 表示成像的这两步过程。设物是一个一维光栅，单色平行光照到光栅上，经衍射分解成不同方向的很多平行光束(每束平行光具有一定的空间频率)，经过透镜分别聚焦，在后焦面上形成点阵，然后不同空间频率的光束在像面上复合成像。如果这两次傅里叶变换是很理想的，信息没有任何损失，像与物就应完全相似(除去放大率因素，成像十分逼真)。但由于受透镜孔径限制，总会有些衍射角较大的高次成分(高频信息)不能进入透镜而被舍弃，因此像的信息总是少于物的信息。高频信息主要反映物的细节。如果受透镜孔径限制不能到达像平面，无论显微镜有多大的放大倍数，也不可能在像面上显示出完全相似于原物的那部分细节。极端的情况是物的结构非常精细，或透镜孔径非常小，只有 0 级衍射(空间频率为 0)能通过，像平面上就不能形成像。

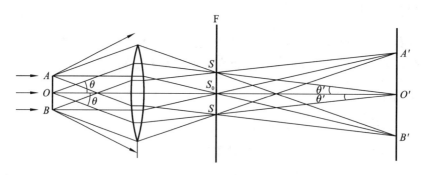

图 3-16-1　阿贝二次成像原理图

3. 空间滤波

在阿贝成像原理光路(参见图 3-16-1)中，物的信息以频谱的形式展现在透镜的后焦面上，如果改变频谱，必然引起像的变化。空间滤波就是指在频谱面上放置各种模板(吸收板或相移板)，以改造图像的信息处理手段，所用的模板叫作空间滤波器。最简单的滤波器是有规则形状的光阑，如狭缝、小圆孔、圆环或小圆屏等，它使频谱面上的部分频率分量通过，同时挡住其他频率分量。图 3-16-2 所示为此类滤波器中的 3 种。阿贝-波特空间滤波实验是对阿贝成像原理很好的验证和演示，如图 3-16-3 所示。

【实验装置】

阿贝成像原理与空间滤波实验装置如图 3-16-4 所示。

另外，还需要网格字、交叉(二维)光栅、纸架、可旋转狭缝、透光十字屏、零级滤波器、毫米尺等。

(a) 低通滤波器　　(b) 高通滤波器　　(c) 带通滤波器

图 3-16-2　各种空间滤波器

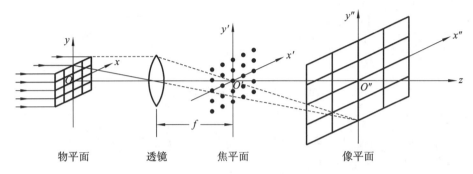

物平面　　透镜　　焦平面　　像平面

图 3-16-3　阿贝-波特空间滤波光路图

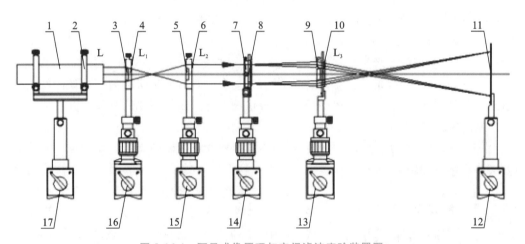

图 3-16-4　阿贝成像原理与空间滤波实验装置图

1—氦氖激光器 L；2—激光器架(SZ-42)；3—扩束器 L_1(f_1＝6.2 mm)；4,6—透镜架(SZ-08)；

5—准直透镜 L_2(f_2＝190 mm)；7—光栅(20 L/ mm)；8—双棱镜调节架 (SZ-41)；

9—变换透镜 L_3(f_3＝225 mm)；10—旋转透镜架(SZ-06A)；11—白屏(SZ-13)；12～17—通用底座(SZ-02、SZ-03)

【实验内容与步骤】

1. 调节光路

实验的基本光路如图 3-16-4 和图 3-16-5 所示。由透镜 L_1 和 L_2 组成氦氖激光器的扩束器（相当于倒置的望远镜系统），以获得较大截面的平行光束。L_3 做成像透镜，像平面上可以用白屏或毛玻璃屏。

调节步骤如下。

（1）调节激光管的俯仰角和转角，使光束平行于光学平台水平面。

183

(2) 加上 L_1 和 L_2，调共轴和它们的相对位置，使通过该系统的光束为平行光束（可用直尺检查）。

(3) 加上物（带交叉栅格的"光"字）和透镜 L_3，调共轴和 L_3 的位置，在 $3 \sim 4$ m 以外的光屏上找到清晰的像之后，定下物和 L_3 的位置（此时物在接近 L_3 的前焦面的位置上）。

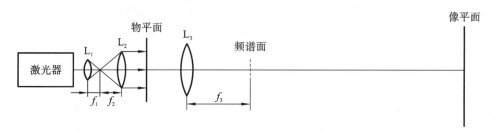

图 3-16-5　阿贝二次成像光路图

2．观测一维光栅的频谱

(1) 在物平面上换置一维光栅，用纸屏（夹紧白纸的纸夹架 SZ-50）在 L_3 的后焦面附近缓慢移动，确定频谱光点最清晰的位置，锁定纸屏座。

(2) 用大头针尖扎透 0 级和 ±1、±2 级衍射光点的中心，然后关闭激光器，用毫米尺测量各级光点与 0 级光点间的距离 x_f、y_f，利用式 (3-16-3) 求出相应各空间频率 f_x、f_y。

3．阿贝成像原理实验

移开上一步使用的毫米尺。把纸屏（夹紧白纸的纸夹架 SZ-50）放在频谱面上，按图 3-16-6 中 (b)、(c)、(d)、(e) 所示，先后扎穿频谱的不同部位，分别观察并记录像面上成像的特点及条纹间距（特别注意图 3-16-6(d) 和 (e) 两种条件下成像的差异），试做简要的解释。

4．方向滤波

(1) 将一维光栅换成二维正交光栅，在频谱面观察这种光栅的频谱。从像面上观察它的放大像，并测出栅格间距。

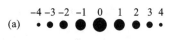

图 3-16-6　频谱图

(2) 在频谱面上安置一个纸屏（夹紧白纸的纸夹架 SZ-50），用大头针先后只让含 0 级的垂直、水平和与光轴成 $45°$ 角的一排光点通过，观察并记录像面上图像的变化，测量像中栅格的间距并做简要解释。

5．低通和高通滤波

低通滤波器只让接近 0 级的低频成分通过而除去高频成分，可用于滤除高频噪声（如消除照片中的网文或减轻颗粒影响）。高通滤波器能限制连续色调而强化锐边，有助于细节观察。

(1) 低通滤波。

将一个网格字屏（透明的"光"字内有叠加的网格，如图 3-16-7(a) 所示）放在物平面上，从像平面上接收放大像。字内网格可用周期性空间函数表示，它的频谱是有规律排列的分立点阵，而字形是非周期性的低频信号，它的频谱是连续的。把一个多孔板放在频谱面上，使圆孔由大变小，直到像面网格消失，字形仍然存在。试做简单解释。

（2）高通滤波。

将一个透光十字屏（见图 3-16-7(b)）放在物平面上，从像平面观察放大像。然后在频谱面上置一圆屏光阑，挡住频谱面的中部，再观察和记录像面变化。

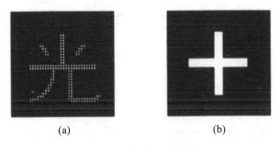

(a)　　　　　　　　　　(b)

图 3-16-7　空间滤波器实物图

【数据记录与处理】

（1）测量 0 级至 +1、+2 级或 -1、-2 级衍射极大之间的距离 d_1 和 d_2，将数据记录在表 3-16-1 中。

（2）计算 ±1 级和 ±2 级光点的空间频率 ν_1 和 ν_2，并将结果填写在表 3-16-1 中。

表 3-16-1　阿贝成像原理与空间滤波实验数据记录表

次数	d_1 /mm	d_2 /mm	ν_1 /Hz	ν_2 /Hz
1				
2				
3				

$$\nu_1 = \frac{d_1}{\lambda \cdot f_3}, \quad \nu_2 = \frac{d_2}{\lambda \cdot f_3}$$

其中 $\lambda = 632.8$ nm 为所用激光的波长，$f_3 = 225$ mm 为变换透镜焦距。

【问题思考】

（1）实验装置如图 3-16-8 所示，图中光栅为一个周期为 d 的一维矩形振幅光栅（透光缝宽为 a，宽度为 L），如果要在像方焦平面上挡掉 0 级光斑，圆孔直径的最大值和最小值分别为多少？

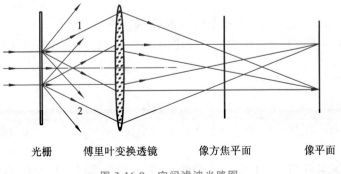

光栅　　　　傅里叶变换透镜　　　　像方焦平面　　　　像平面

图 3-16-8　空间滤波光路图

（2）本实验中均用激光作为光源，有什么优越性？以钠光或白炽灯灯光代替激光，会产生什么困难？应采取什么措施克服困难？

实验 3-17　光敏电阻特性研究

【实验预习】

（1）预习光敏电阻的结构及工作原理。
（2）预习光敏电阻的主要参数与特性。
（3）预习光敏电阻的应用。

【实验目的】

（1）了解光敏电阻的工作原理和使用方法。
（2）掌握光强与光敏电阻电流值之间关系的测试方法。
（3）掌握光敏电阻的光电特性及其测试方法。
（4）掌握光敏电阻的伏安特性及其测试方法。
（5）掌握光敏电阻的光谱响应特性及其测试方法。
（6）掌握光敏电阻的时间响应特性及其测试方法。

【实验原理】

在黑暗的室温条件下，由于热激发产生的载流子，光敏电阻具有一定的电导，该电导称为暗电导，它的倒数为暗电阻。一般的暗电导数值都很小；相应地，暗电阻数值都很大。

当有光照射在光敏电阻上时，电阻电导将变大，这时的电导称为光电导。随光照量变化（指光照增强）光电导越大的光敏电阻灵敏度越高。这个特性就称为光敏电阻的光电特性，也可定义为光电流与照度的关系。

光敏电阻在弱辐射和强辐射作用下表现出不同的光电特性（线性和非线性），可用在恒定电压下流过光敏电阻的电流 I_P，与作用到光敏电阻上的光照度 E 的关系曲线来描述光敏电阻的光电特性。不同材料制成的光敏电阻的光电特性是不同的，绝大多数光敏电阻的光电特性是非线性的。

光敏电阻的本质是电阻，因此具有与普通电阻相似的伏安特性。在一定的光照下，加到光敏电阻两端的电压与流过光敏电阻的亮电流之间的关系称为光敏电阻的伏安特性。

【实验装置】

光电技术创新综合实验平台、特性测试实验模块、光源特性测试模块、连接导线。

【实验内容与步骤】

组装好光源、遮光筒和光电探测器结构件，如图 3-17-1 所示。实验电路参考图 3-17-2，实验步骤如下。

实验操作微课

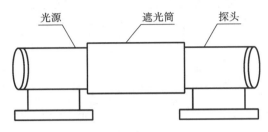

图 3-17-1　光路结构示意图

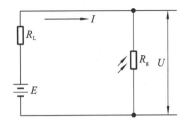

图 3-17-2　光敏电阻的测试电路

（1）打开台体电源，调节照度计"调零"旋钮，直到照度计显示为"000.0"为止。

（2）将光源特性测试模块的 0～12 V（J5）和 GND 连接到台体的 0～12 V 可调电源的 Vout＋和 Vout－上。

（3）J5 连接电流表正极，电流表负极连接光敏电阻套筒黄色插孔，光敏电阻套筒蓝色插孔连接 J6，电压表正极连接光敏电阻套筒黄色插孔，电压表负极连接光敏电阻套筒蓝色插孔。光敏电阻红黑插座与照度计红黑插座相连（注意：R_{P1} 的值可根据器件特性自行选取）。

（4）将光源特性测试模块＋5V 和 GND 连接到台体的＋5V 和 GND1 上，将航空插座 FLED-IN 与全彩灯光源套筒相连接。打开光源特性测试模块电源开关 K101，将 S601、S602、S603 开关向下拨（OFF 挡），使光照强度为 0，即照度计显示为 0。

（5）将 S601、S602、S603 开关向上拨（ON 挡），将可调电源电压调为 5 V，光源颜色选为白光，按"照度加"或"照度减"，使光照度为 50 lx、100 lx、150 lx、200 lx、250 lx、300 lx、350 lx、400 lx、450 lx、500 lx、550 lx，将实验数据即电压表对应的电压值 U、电流表对应的电流值 I、光敏电阻值 $R_L = U/I$ 记录于表 3-17-1 中。

（6）改变电源供电电压，分别记录电压为 8 V 时，不同光照度下对应的电流值于表 3-17-2 中。

（7）保持光照度为 100 lx 不变，调节电源供电电压，使供电电压为 0 V、1 V、2 V、3 V、4 V、5 V、6 V、7 V、8 V、9 V、10 V，分别记录对应的电流值于表 3-17-3 中。

（8）按"照度加"，调节使光照度分别为 200 lx、300 lx、400 lx，记录同一光照度、不同电压下对应的电流值于表 3-17-4 至表 3-17-6 中。

【数据记录与处理】

1. 数据记录表格

本实验数据记录与处理表如表 3-17-1～表 3-17-6 所示。

表 3-17-1　5 V 电压下光强与光敏电阻阻值关系测量数据记录与处理表

光照度/lx	50	100	150	200	250	300	350	400	450	500	550
电压 U/V											
电流 I/mA											
电阻 R_L/kΩ											

表 3-17-2　8 V 电压下光强与光敏电阻阻值关系测量数据记录与处理表

光照度/lx	50	100	150	200	250	300	350	400	450	500	550
电压 U/V											
电流 I/mA											
电阻 R_L/kΩ											

表 3-17-3　100 lx 光照度下光敏电阻伏安特性测试数据记录与处理表

偏压/V	0	1	2	3	4	5	6	7	8	9	10
电压 U/V											
电流 I/mA											

表 3-17-4　200 lx 光照度下光敏电阻伏安特性测试数据记录与处理表

偏压/V	0	1	2	3	4	5	6	7	8	9	10
电压 U/V											
电流 I/mA											

表 3-17-5　300 lx 光照度下光敏电阻伏安特性测试数据记录与处理表

偏压/V	0	1	2	3	4	5	6	7	8	9	10
电压 U/V											
电流 I/mA											

表 3-17-6　400 lx 光照度下光敏电阻伏安特性测试数据记录与处理表

偏压/V	0	1	2	3	4	5	6	7	8	9	10
电压 U/V											
电流 I/mA											

2. 数据处理

结合所记录的数据,用计算机绘图并分析实验结论。

【问题思考】

(1) 结合实验参数分析光敏电阻的工作原理。

(2) 观察实验现象是否和实验原理所描述的结果相一致。

实验 3-18　激光全息照相

实验 3-18a　反射式体积全息照相

全息的意义是记录物光波的全部信息。全息术自从 20 世纪 60 年代激光出现以来得到了全面的发展和广泛的应用。它包含全息照相和全息干涉计量两大内容。

全息图种类很多,包括同轴全息图、离轴全息图、菲涅耳全息图和傅里叶变换全息图、反射式体积全息图等。

【实验预习】

(1) 本实验预习可通过登录"全息照相虚拟仿真实验"平台完成,登录链接地址为 https://wjy.hue.edu.cn/2019/0808/c9389a75467/page.htm。

(2) 预习全息照相的基本原理、波前记录和波前再现的光路。

(3) 了解体积全息中的反射全息照相的波前记录光路、白光再现光路的特点。

【实验目的】

(1) 了解全息照相的原理及特点。

(2) 掌握反射式体积全息的照相方法,学会制作物体的白光再现反射全息图。

【实验原理】

1. 全息照相基本原理

1948 年,盖伯(D. Gabor)提出了一种照相的全息术。他在实验中让单色光的一部分照明物体,另一部分直射照相底片,在底片上与物体的散射光发生干涉。底片显影后,就成为全息图,然后再用单色光照射它,实现了波前再现。1960 年,相干性良好的高亮度光源激光器发明之后,于 1962 年利思(E. N. Leith)和厄帕特奈克斯(J. Upatnieks)又提出了离轴全息术,从此,全息术有了快速的发展,得到了多方面的应用。

从物体上反射和衍射的光波,携带的振幅和相位信息,只有通过干涉条纹的形式才能被间接地全面记录和复原。这种可逆过程决定了全息照相必须分两步完成。第一步是全息记录,即用全息感光底片记录物光束和参考光束的干涉条纹;第二步是物光波前的再现,即用再现照明光以一定角度照射全息图,通过全息图的衍射,才能重现物光波前,看到立体像。

(1) 波前的全息记录。

设传播到记录介质上的物光波前为

$$O(x,y) = O(x,y)e^{-j\varphi(x,y)} \tag{3-18-1}$$

传播到记录介质上的参考光波波前为

$$R(x,y) = R(x,y)e^{-j\psi(x,y)} \tag{3-18-2}$$

则被记录的总光强为

$$I(x,y) = |O(x,y) + R(x,y)|^2 \qquad (3\text{-}18\text{-}3)$$

将式(3-18-1)和式(3-18-2)代入式(3-18-3),得

$$I(x,y) = |O(x,y)|^2 + |R(x,y)|^2 + R(x,y)O^*(x,y) + R^*(x,y)O(x,y)$$

$$(3\text{-}18\text{-}4a)$$

或

$$I(x,y) = |O(x,y)|^2 + |R(x,y)|^2 + 2R(x,y)O(x,y)\cos[\psi(x,y) - \varphi(x,y)]$$

$$(3\text{-}18\text{-}4b)$$

记录介质全息干板经过曝光、显影、定影、冲洗、干燥后,就做成了全息图。如果控制好曝光量和显影条件,可以使全息图的振幅透过率 t 与曝光量 E(正比于光强 I)呈线性关系(参见图3-18-1)。

$$t(x,y) = t_0 + \beta' I(x,y) \qquad (3\text{-}18\text{-}5)$$

式中,t_0 和 β' 是常数。

(2)物光波前的再现。

如果保持上一步记录用的参考光不动,让它照射制做完成又复位到干板架上的全息图,光波通过全息图上记录的复杂形状的干涉条纹,就等于通过一块复杂结构的光栅,发生衍射现象。在这衍射光波之中包括了原来形成全息图时的物光波,因此,当我们迎着物光方向观察时,就能看到物的再现像,它是一个虚像,恰好成在原物位置,它具有全面的视差特性,无论是否撤走原物,看起来都是一样的。直射的光束称作晕轮光。另有一个实像,称作共轭像,可用白屏接收(见图3-18-2)。

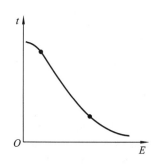

图 3-18-1 全息图振幅透射率与
曝光量间的关系曲线

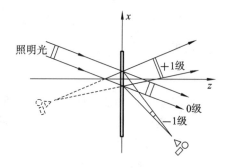

图 3-18-2 波前再现

上述再现照明光照到全息图上,透射光的复振幅分布为

$$U(x,y) = C(x,y)t(x,y) = t_b C + \beta' OO^* C + \beta' R^* CO + \beta' RCO^*$$
$$= U_1 + U_2 + U_3 + U_4 \qquad (3\text{-}18\text{-}6)$$

式(3-18-6)对应的就是3束透射光:$U_1 + U_2$ 是0级衍射,它不含物光的相位信息,代表有所衰减的照明光波前;U_3 是+1级衍射,相当于式(3-18-2)代表的物光波前乘以一个系数 bR^2,成为再现的物光波前,看它就跟看实物一样;U_4 是−1级衍射,包括物光的共轭波前。物光共轭波波面的曲率和物光波相反。相位因子表示转移传播方向,传播中与0级衍射分离开。

全息照相所需参考光既可用平面波,也可用球面波。若使用球面波做参考光,重现时的−1级衍射有可能不成实像,而是成虚像。如果重现照明光与原参考光方向相反(见图3-18-3),

也会出现 3 个方向的衍射光,此时的实像出现的角度会有些偏移。

全息照相与普通照相的主要区别如下:①全息照相能够把物光波的全部信息记录下来,而普通照相只能记录物光波的强度;②全息照片上每一部分都包含了被摄物体上每一点的光波信息,所以它具有可分割性,即全息照片的每一部分都能再现出物体的完整的图像;③在同一张全息底片上,可以采用不同的角度多次拍摄不同的物体,再现时,在不同的衍射方向上能够互不干扰地观察到每个物体的立体图像。

2. 反射式体积全息照相实验光路

图 3-18-4 所示是反射式体积全息照相实验光路装置图。

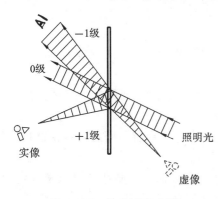

图 3-18-3　波前再现光路

图 3-18-4　反射式体积全息照相实验光路装置图

【实验装置】

半导体激光器、曝光定时器、反射镜组件、透镜组件、全息干板、全息照相物体、光学平台光致聚合物全息干板。

【实验内容与步骤】

(1) 熟悉本实验所用仪器和光学元件。打开激光器电源,按图 3-18-4 摆放好各元件的位置。

(2) 调节光束至与台面平行、等高,使光均匀照射且光强适中、稍大于物体的大小。

(3) 调整物体,使之与干板(屏)平行靠近,使激光束照在物体的中心。

(4) 装好干板,稳定 2 min。

(5) 按物体反光强弱及光源功率大小选择适当的曝光时间。

(6) 按动快门,将干板曝光。

(7) 将曝光后的干板进行处理。

(8) 白光再现图像。

【数据记录与处理】

1. 白光全息干板处理方法

(1) 全息干板的裁剪。

由于生产厂家出厂的全息干板是大片封装的,因此使用前必须将全息干板裁剪成合适大小

大学物理实验教程

的方块。为便于裁出整齐、尺寸合适的干板,可以借助于事先准备的一定宽度的木条,使用金刚刀在干板的玻璃面上划裁,之后用手轻轻掰开来,将裁好的干板玻璃面与乳胶面相对叠放好,装进包装袋密封并储存在冰箱冷藏。

(2)曝光后的干板处理。

在激光全息照相实验中我们采用的是白光全息干板,曝光后的全息干板(红敏全息干板)必须经过下面步骤才能再现像。

第一步,放在蒸馏水中浸泡 30 s。

第二步,放入浓度为 40% 的异丙醇中 1 min。

第三步,放入浓度为 60% 的异丙醇中 1 min。

第四步,放入浓度为 80% 的异丙醇中 15 s。

第五步,放入浓度为 100% 的异丙醇中脱水,直到出现清晰、明亮的浅红或黄绿色图像为止。

第六步,取出干板,迅速用热吹风机将干板快速吹干,直到全息图重现像变为金黄色清晰、明亮图像为止(对反射式体积全息图)。

第七步,封装。用干净的玻璃片覆盖全息感光层面,再用市面上销售的密封胶封胶密封,固化后即得一块永久保存的全息片。

说明:白光红敏全息干板是一种新型位相型全息记录介质,采用的是新型的光致聚合物材料。白光红敏全息干板产品的特点是对波长 630~671 nm 的红光敏感,可以选择氦氖激光器、红光半导体激光器作为光源。拍摄全息图时,整个操作过程可以在日光灯下进行。白光红敏全息干板具有以下优点:衍射效率高(大于 85%);分辨率高(大于 4000 线/mm);灵敏度较高(1 MJ/cm¹;光噪声小(版面清晰、干净)。

2.再现像的保存方法

在灯光下合适方位用手机拍摄再现像并用彩色打印出来,粘贴到实验报告数据记录处。

【问题思考】

(1)全息照相与普通照相有哪些不同? 全息图的主要特点是什么?

(2)为什么反射全息图可以用白光来再现?

【注意事项】

(1)保持透镜与反射镜干净、无污染。

(2)实验过程中,要轻放干板。

(3)实验过程中,不要接触实验台,避免实验台振动,影响拍摄效果。

实验 3-18b 菲涅耳全息照相

从物上反射和衍射的光波所携带的振幅和相位信息,只有通过干涉条纹的形式才能被间接地全面记录和复原。这种可逆过程决定了全息照相必须分两步完成。第一步是全息记录,即用全息感光底片记录物光束和参考光束的干涉条纹;第二步是物光波前的再现,即用再现照明光以一定角度照射全息图,通过全息图的衍射重现物光波前,看到立体像。

【实验预习】

(1) 全息照相的基本原理是什么？

(2) 菲涅耳全息的原理与方法是什么？

【实验目的】

(1) 掌握激光全息照相的基本原理。

(2) 掌握菲涅耳激光全息照相的光路原理与全息胶片处理方法。

【实验原理】

同前。

【实验装置及实验材料】

实验装置如图 3-18-5 所示，全息照相实物光路图如图 3-18-6 所示。

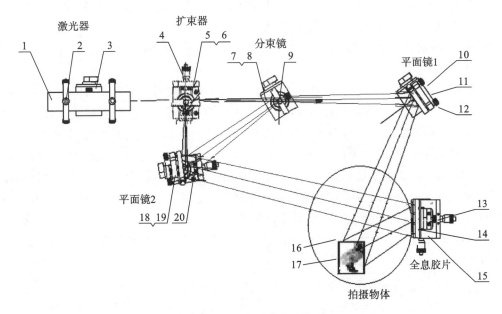

图 3-18-5　实验装置实物图

1—532 nm 激光器 **L**（**GY-14B**）；2—激光器架（**SZ-19**）；3—横向可调底座（**SZ-B-02A**）；4—升降可调底座（**SZ-B-03A**）；
5—扩束器（$f'=6.2$ **mm**）；6—透镜架（**SZ-08**）；7—干板架（**SZ-12**）；8—5∶5 矩形分束器；9—通用底座（**SZ-B-04A**）；
10—升降调节底座（**SZ-B-03A**）；11—平面镜 M_1；12—二维调节架（**SZ-07**）；13—全息薄膜夹（**SZ-12C**）；
14—绿光全息干板（调光路时用白板）；15—载物干板架（**SZ-12B**）；16—通用底座（**SZ-B-04A**）；17—拍摄物体（**BLGY**）；
18—通用底座（**SZ-B-04A**）；19—平面镜 M_2；20—二维调节架（**SZ-07**）

【实验内容与步骤】

(1) 按图 3-18-5 和图 3-18-6 的相对位置放好各器件，拿下扩束透镜，调等高。

实验操作微课

图 3-18-6　全息照相实物光路图

（2）使物光束（经物体反射到干板）与参考光束的光程近似相等，在保证物体不遮挡射到干板上的参考光的前提下，使物光与参考光之间的夹角尽量小。

（3）调 M_1 的倾角，使光束射在物的中间部位；调 M_2 的倾角，使参考光束射在全息干板（暂以白板代替）的中部。

（4）加入扩束透镜，使扩束后的物光束照射物体，参考光束对准并照亮白屏。

（5）锁紧各调节螺钉（将各磁性座指向 ON），关闭室内灯光（全息胶片感光灵敏度很高，需要创造全暗室条件），用纸板挡住激光。把全息胶片安装到专制的全息胶片夹中，然后把它安装到载物干板架上并锁紧（使薄膜的有全息材料的那面朝向光束，用手触摸这面的边缘部分，感觉有黏性）。不要走动，保持安静，等待 $1\sim2$ min。抽出再快速插回挡光板对全息薄膜进行曝光，时间可控制在 $0.5\sim1$ s 范围内（实际曝光时间与激光器功率、光束扩束后的尺寸等有关，可通过实验确定）。在弱红光安全灯下冲洗感光后的胶片。冲洗溶液配方和冲洗过程见后文。

（6）将清水冲过又经干燥处理的全息片放回原来的拍摄位置，拿走物体并挡住物光，观察虚像和实像。

【数据记录与处理】

以绿敏全息胶片冲洗配方和冲洗过程为例。

警示：类似于常见的家用清洁剂，JD-2 全息冲洗配方也是化学药品，需要适当对待；建议阅读包装上的所有警告标签。建议在混合这些化学品时，使用护目镜、防尘面具、围裙和橡胶手套。虽然这些化学溶液的挥发性很小，但还是建议在通风的地方操作。

JD-2 全息冲洗配方套件提供了用 VRP-M 全息胶片制作全息图所需的所有化学药品。只需要简单地用水来溶解和混合 JD-2 全息冲洗配方中的药品就能得到所需的显影液和漂白液。

1. 配制溶液

JD-2 全息冲洗配方套件中的化学药品可用来准备三种溶液（见表 3-18-1～表 3-18-3），每种大约 1 000 mL。最好使用去离子或蒸馏水。自来水通常包含氟化物和其他杂质，可能会影响全息图的质量。为保证正确地配制和安全性,最好由教师来配制溶液。

表 3-18-1　溶液 A(1 000 mL)

化学品名称	数量
邻苯二酚	20 g
(粉末)维生素 C	10 g
亚硫酸钠	10 g
尿素	75 g
蒸馏水	1 000 mL

表 3-18-2　溶液 B(1 000 mL)

化学品名称	数量
无水碳酸钠	60 g
蒸馏水	1 000 mL

表 3-18-3　漂白液(1 000 mL)

化学品名称	数量
重铬酸钾	5 g
硫酸氢钠	80 g
蒸馏水	1 000 mL

取三个 1 L(或更大)的带密封盖的干净玻璃或塑料瓶,分别贴上"溶液 A"、"溶液 B"和"漂白液"标签。为了加速化学药品的溶解,可以把水加热到微温。也可以先在烧杯中配制好溶液,然后倒入瓶子里。

溶液 A:往贴有"溶液 A"标签的瓶子里倒入 1 000 mL 的温水,按任意顺序逐个加入并且溶解表 3-18-1 中的几种化学药品,然后盖紧瓶盖。

溶液 B:操作同上。

漂泊液:操作同上。

如果瓶盖密封性很好,这些溶液可以在室温下保存数月,放到冰箱里能保存更长时间。注意,不要与食品放到一起,不要让小孩能接触到。

注意,一旦溶液 A 和溶液 B 混合在一起了,有效期只有几个小时。所以,只有在准备好了照全息像之前,才把溶液 A 和 B 混合起来。

2. 准备

在全息曝光之前,按下列步骤准备显影液和漂泊液。

(1) 准备好下列物品。

①预制好的溶液 A、溶液 B 和漂白液,4 L 蒸馏水或去离子水(自来水也可以,但要避免使用硬水)。

②两个小的玻璃或塑料盘子,只要能完全盛下并淹没全息胶片就行。

③两个大的玻璃或塑料盘子,分别装 1 L 的蒸馏水或去离子水,用于清洗。

④一副橡胶手套。

⑤(可选项)一个大的盘子,装 1 L 的蒸馏水或去离子水,然后加入 1 mL 摄影用的润湿剂。

(2) 在其中一个小盘子上标注"显影液 AB"。倒入相同体积的溶液 A 和溶液 B(能把全息胶片淹没就够了)。这个混合溶液可以显影多张全息图,但只能保存几小时。

①在显影液盘子的旁边,用大盘子装 1 L 的蒸馏水或去离子水,用来清洗显影后的胶片。

②在另一个小盘子上标注"漂泊液",倒入适量的漂白液,并放到上面的大盘子旁边。

③接着漂白液盘子,用另一个大盘子装 1 L 的蒸馏水或去离子水,用来清洗漂泊后的全息片。

④(可选项)用一个大盘子装 1 L 的湿润剂。使用湿润剂可以使全息片均匀干燥,减少污迹和水文。

⑤检查确认盘子的摆放顺序:显影液 AB→清洗液(水)→漂白液→清洗液(水)→湿润液。

3. 冲洗步骤

用戴手套的手或者夹子拿着曝光好的全息胶片边缘,让全息片的药膜面朝上(避免盘子刮坏全息膜)。在室温下冲洗。

(1) 显影。

迅速把胶片浸入显影液中,使各部分均匀湿润。轻微晃动大约 2 min,直到全息图变成基本全黑为止。

(2) 清洗。

在清洗液中晃动,至少清洗 20 s。为使全息图能够保存更长的时间,可以最多清洗 3 min。

(3) 漂白。

把清洗过的全息图放入漂白液中,晃动,直到膜完全透明(最多 2 min),然后再继续漂白10 s取出。

注意,漂白后,可以打开灯光进行接下来的操作。

(4) 清洗。

在清洗液中晃动,至少清洗至少 20 s(最多 3 min)。

(5) 湿润(选项)。

放到湿润液中大概 20 s。

(6) 干燥。

最好的干燥方法是在清洁无尘的空气中自然干燥,把清洗好的胶片倚靠在竖直的物体上,下面垫上餐巾纸。如果需要快速干燥,用手竖直拿着胶片,用电吹风的暖风挡轻吹。

4. 观察全息像

对于反射全息,在全息胶片完全干燥后,用原来曝光的激光束可以观察。对于透射全息,在没有干燥时用原激光束就可以观察。

【问题思考】

(1)全息照相与普通照相有哪些不同? 全息图的主要特点是什么?

(2)菲涅耳全息图可以用白光来再现吗?

实验 3-19　密立根油滴实验

【实验目的】

(1) 学习密立根油滴实验设计的物理构思。

(2) 验证电量的量子性。

(3) 测定电量的最小单位。

【实验原理】

密立根油滴实验测定电子电荷的基本设计思想是使带电油滴在测量范围内处于受力平衡的状态。按油滴的运动方式分类,油滴法测电子电荷分动态测量法(油滴作匀速运动)和平衡测量法(油滴静止)。

1. 动态法测量

(1) 带电油滴在重力场中的运动。

油滴进入电场为零的电容器中,受重力和空气浮力的作用,二者的合成力用 F 表示。在 F 作用下,油滴在向下加速运动的同时,受空气黏滞阻力作用。空气黏滞阻力用 f 表示。

$$F = \frac{4\pi}{3} r^3 (\sigma - \rho) g$$

$$f = 6\pi \eta r v$$

式中,σ 和 ρ 分别为油滴和空气的密度,r 是油滴半径平均值,η 为空气黏滞系数。

当速度增大到某一数值 v_g 时,F 和 f 相等,油滴在重力场中以速度 v_g 匀速下降,即

$$\frac{4\pi}{3} r^3 (\sigma - \rho) g = 6\pi \eta r v_g$$

则

$$v_g = \frac{2}{g} \frac{r^2 (\sigma - \rho) g}{\eta}$$

或

$$r = \left[\frac{9\eta v_g}{2(\sigma - \rho) g} \right]^{1/2}$$

注意,以上推导要求油滴半径远大于空气分子的平均自由程(标准状态下约为 10^{-7} m),即油滴半径可约为 10^{-5} m。如果 r 约为 10^{-6} m,需要对 η 进行一级修正,对 η 乘以修正因子 $1/\left(1 + \frac{b}{pr}\right)$,这时实验测得的 r 经修正为

$$r' = \left[\frac{9\eta v_g}{2(\sigma - \rho) g \left(1 + \frac{b}{pr}\right)} \right]^{1/2}$$

其中,p 为大气压,以 mmHg(1 mmHg = 133 Pa) 为单位;常数 $b = 6.25 \times 10^{-6}$ m·mmHg。

(2) 带电油滴在电场和重力场中的运动。

对电容器施加使带电油滴向上运动的电场后,油滴将受到电场力 qE、F 和 f 的作用。当上

升速度达到 v_e 时,上述三力的合力为零,即 $q\mathbf{E}+\mathbf{F}+\mathbf{f}=0$,油滴将以速度 v_e 向上作匀速运动,v_e 与 q 的关系为

$$qE = \frac{4\pi}{3}r^3(\sigma-\rho)g + 6\pi\eta r'v_e$$

式中,

$$E = U/d$$

U 为平板间电位差。利用上面 r 和 r' 的表达式及测量得到的 v_e 和 v_g,可计算油滴所带电量:

$$q = \frac{kd}{U}\left[\frac{v_g^{3/2}}{\left(1+\dfrac{b}{pr}\right)^{3/2}} + \frac{v_e v_g^{1/2}}{\left(1+\dfrac{b}{pr}\right)^{1/2}}\right]$$

其中,$k = 9\pi\eta^{3/2}\sqrt{\dfrac{2}{(\sigma-\rho)g}}$。

2. 平衡测量法

对选择的带电油滴施加向上的电场力,调节电容器平板间电压 U,使油滴受到的静电力与重力及浮力相平衡,油滴静止于电容器空间的任意位置,即

$$qE = \frac{4\pi}{3}r^3(\sigma-\rho)g$$

式中的 r 要用动态测量法来测量。一般来说,要用 r' 来代替 r,由此得到 $q = \dfrac{kd}{U}\left[\dfrac{v_g}{1+\dfrac{b}{pr}}\right]^{3/2}$。

在本实验中采取的是平衡测量法。

【实验装置】

密立根油滴仪、喷嘴。

【实验内容与步骤】

1. 调整仪器

(1)熟悉所用仪器的使用方法。

(2)用水准仪调节平行板电容器至呈水平状态。

(3)调节照明光至亮度适中,并调节灯座,使光经导光玻璃杆集中照射油滴落入孔 C 的正下方。

(4)长焦距显微镜聚焦。

2. 实验操作练习

(1)观察油滴,根据油滴上升的快慢和亮度判断油滴的大小。

(2)控制油滴:施加电压使中等大小的油滴反向运动,待油滴靠近上极板时,开光 K 置零位,油滴折回沿原方向运动,如此反复,直到自如地控制油滴在视场中上下往复运动为止。

（3）选择油滴：根据实践经验，上升或下降运动速度为每 5 s 左右走 1 格的油滴为大小适中的带电油滴（一般直径在 1 mm 左右），调节平衡电压使油滴平衡（平衡电压一般在 50～450 V 之间）。

选择好油滴后，反复改变平行板之间的电场，尽量排除视场中的其他油滴，只保留一两个待测油滴为佳。

（4）测量练习：取显微镜目镜视场分划板中间四格作为测时距离 s，上、下各取一格做油滴反向及油滴加速行程之用。观测者一手控制变换开关，另一手控制计时开关，适当调节电压值，使油滴在静电场中上升四格的时间 t_e 在 10 s 和 30 s 之间。重力场中的运动时间以 t_g 表示，则 $v_g = s/t_g$，$v_e = s/t_e$。

3. 实验测量及数据处理

（1）对选定的油滴测量 5 组 t_g 值，记下所加电压 U，一共应选择 6 个不同的油滴。

（2）剔除 5 个 t_g 中偏差大于 3σ 的数据，利用剩下的 t_g 值求平均值 $\overline{t_g}$，求出 $\overline{v_g}$。

（3）将所给参数和测量值代入有关公式计算各油滴所带电荷 q_i。

（4）用差值法求电子电量：将测量的几个 q_i 值两两相减，可得到一系列的 Δq_i 值，取其中的最小值去除各个 Δq_i 值，即

$$n_i = \Delta q_i / (\Delta q_i)_{\min}$$

并将比值按四舍五入原则取整，最后按公式 $e = \sum \Delta q_i / \sum \Delta n_i$ 计算电子电量 e，并分析结果。

【数据记录与处理】

（1）列表给出所选取油滴的测量值 t_g。

（2）按上述数据处理方法对测量值进行数据处理，得到电子电量的测量值。

（3）分析电子电量测量结果的误差来源。

本实验相关的数据记录表如表 3-19-1 所示。

表 3-19-1　密立根油滴实验数据记录表

电荷序号	平衡电压	下降时间					电荷 q/C	电子数 n	e/C	相对误差
		t_1	t_2	t_3	t_4	t_5				
1										
2										
3										
4										
5										
6										

【问题思考】

(1) 为什么必须使油滴作匀速运动或静止？实验室中如何保证油滴在测量范围内作匀速运动？

参考答案：①因为本实验中采用的测量方法为平衡测量法，而且使油滴作匀速运动或静止时油滴不具有加速度，减少了测量时的步骤，且此时油滴的运动状态也比较容易分析，因此做出的实验结果也比较准确，所以使油滴作匀速运动或静止；②使油滴开始运动时的加速度足够大，这样油滴加速的时间就比较短，这样在一定的误差范围内就可以认为油滴作匀速运动。

(2) 怎样区别油滴上电荷改变造成的误差和测量误差？

参考答案：因为油滴上电荷的改变具有方向性，而测量时间的误差具有随机性，所以将测量出的时间和标准值相比较，若测量出的时间只分布在标准值的某一侧，则有极大的可能是由油滴上电荷的改变而造成的误差；若测量出的时间分布在标准值的两侧，且基本符合随机误差分布原理，则最可能是在测量时间过程中产生的误差。

(3) 如何确保电场力与重力方向不一致？电场力与重力方向一致对实验有何影响？

(4) 油滴分子过大有什么影响？过小有什么影响？

实验 3-20 弗兰克-赫兹实验

【实验目的】

(1) 测量汞原子的第一激发电位。
(2) 证实原子能级的存在，加深对原子结构的了解。
(3) 了解在微观世界中，电子与原子的碰撞概率。

【实验原理】

玻尔的原子模型指出，原子是由原子核和核外电子组成的。原子核位于原子的中心，电子沿着以核为中心的各种不同直径的轨道运动。对于不同的原子，在轨道上运动的电子分布各不相同。在一定轨道上运动的电子，具有对应的能量。当一个原子内的电子从低能量的轨道跃迁到较高能量的轨道时，该原子就处于一种受激状态。如图 3-20-1 所示，若轨道处于正常状态，则电子从轨道 Ⅰ 跃迁到轨道 Ⅱ 时，该原子处于第一激发态；电子跃迁到轨道 Ⅲ，原子处于第二激发态。图中，E_1、E_2、E_3 分别是与轨道 Ⅰ、Ⅱ、Ⅲ 相对应的能量。

原子状态改变，伴随着能量的变化。若原子从低能级 E_n 态跃迁到高能级 E_m 态，则原子需吸收一定的能量 ΔE：

$$\Delta E = E_m - E_n \qquad (3\text{-}20\text{-}1)$$

原子状态的改变通常有两种方法：一是原子吸收或放出电磁辐射；二是原子与其他粒子发生碰撞而交换能量。本实验利用慢电子与汞原子相碰撞，使汞原子从正常状态跃迁到第一激发态，从而证实原子能级的存在。

由玻尔理论可知，处于正常状态的原子发生状态改变时，所需能量不能小于该原子从正常

200

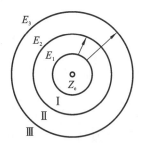

图 3-20-1　原子结构示意图

状态跃迁到第一激发态所需的能量,这个能量称临界能量。当电子与原子相碰撞时,如果电子的能量小于临界能量,则电子与原子之间发生弹性碰撞,电子的能量几乎不损失。如果电子的能量大于临界能量,则电子与原子发生非弹性碰撞,电子把能量传递给原子,所传递的能量值恰好等于原子两个状态间的能量差,而其余的能量仍由电子保留。

电子获得能量的方法是将电子置于加速电场中加速。设加速电压为 U,则经过加速后的电子具有能量 eU,e 是电子电量。当电压等于 U_g 时,电子具有的能量恰好能使原子从正常状态跃迁到第一激发态,因此称 U_g 为第一激发电势。

弗兰克-赫兹实验原理图如图 3-20-2 所示。电子与原子的碰撞是在充满汞气的 F-H 管(弗兰克-赫兹管)内进行的。F-H 管包括灯丝附近的阴极 K,两个栅极 G_1、G_2,板极 A。第一栅极 G_1 靠近阴极 K,目的在于控制管内电子流的大小,以抵消阴极附近电子云形成的负电势的影响。当 F-H 管中的灯丝通电时,加热阴极 K,由阴极 K 发射初速度很小的电子。在阴极 K 与栅极 G_2 之间加上一个可调的加速电势差 U_{G_2K},它能使从阴极 K 发射出的电子朝栅极 G_2

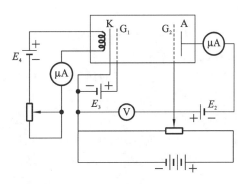

图 3-20-2　弗兰克-赫兹实验原理图

加速。由于阴极 K 与栅极 G_2 之间的距离比较大,在适当的气压下,这些电子有足够的空间与汞原子发生碰撞。在栅极 G 与板极 A 之间加一个拒斥电压 U_{G_2A},当电子从栅极 G_2 进入栅极 G_2 与板极 A 之间的空间时,电子因受到拒斥电压 U_{G_2A} 产生的电场的作用而减速,能量小于 eU_{G_2K} 的电子将不能到达板极 A。

当加速电势差 U_{G_2K} 由零逐渐增大时,板极电流 I_P 也逐渐增大。此时,电子与汞原子的碰撞为弹性碰撞。当 U_{G_2K} 增加到等于或稍大于汞原子的第一激发电势 U_g 时,在栅极 G_2 附近,电子的能量可以达到临界能量,因此,电子在这个区域与原子发生非弹性碰撞,电子几乎把能量全部传递给汞原子,使汞原子激发。这些损失了能量的电子就不能克服拒斥电场的作用而到达板极 A,因此板极电流 I_P 将下降。如果继续增大加速电势差 U_{G_2K},则在栅极前较远处,电子就已经与汞原子发生了非弹性碰撞,几乎损失了全部能量。但是,此时电子仍受到加速电场的作用,因此,通过栅极后,电子仍具有足够的能量克服拒斥电场的作用而到达板极 A,所以板极电流 I_P 又开始增大。当加速电势差 U_{G_2K} 增加到汞原子的第一激发电势 U_g 的 2 倍时,电子和汞原子在阴极 K 和栅极 G_2 之间的一半处发生第一次弹性碰撞,在剩下的一半路程中,电子重新获得激发汞原子所需的能量,并且在栅极 G_2 附近发生第二次非弹性碰撞,电子再次几乎损失全部能量,因此,电子不能克服拒斥电场的作用而到达板极 A,板极电流 I_P 又一次下降。由以上分析可知,当加速电势差 U_{G_2K} 满足

$$U_{G_2K} = NU_g \tag{3-20-2}$$

时,板极电流 I_P 就会下降。板极电流 I_P 随加速电势差 U_{G_2K} 的变化关系如图 3-20-3 所示。两个相邻的板极电流 I_P 的峰值所对应的加速电势差的差值是 11.5 V。这个电压等于汞原子的第一

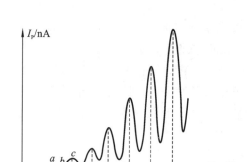

图 3-20-3　弗兰克-赫兹实验 U_{G_2K}-I_P 曲线

激发电势。

【实验装置】

FH-IA 型弗兰克-赫兹实验仪。

【实验内容与步骤】

（1）将充汞的 F-H 管加热 15～30 min，使炉温稳定在 150 ℃左右。

（2）在加热炉加热升温的同时，打开微电流测量放大器电源，使其预热 20～30 min 后，进行"零点"和"满度"校测。

（3）选择合适的灯丝电压（在 6.3 V 左右）。

（4）电离电势测量。

待加热炉稳定在所需的温度（如 90 ℃），微电流测量放大器工作稳定，F-H 管灯丝预热后，即可进行电离电势的逐点测量。

①进行粗略观察。缓慢增加 U_{G_2K} 电压值，全面观察一次 I_P 的起伏变化情况。当微安表读数明显变化，且从加热炉玻璃窗口可看到炉内管子的栅、阴极之间开始出现淡淡的蓝色辉光时，表示管内汞原子已电离。此时，不要再增加 U_{G_2K} 电压值，应将其调小。

②从 0 V 起仔细调节 U_{G_2K}，细心观察 I_P 的变化。当微安表读数明显变大时，电离电位的测量结束。所得电离电势曲线如图 3-20-3 所示，从曲线的拐折点可判读出汞原子的电离电势 U_g。

（5）激发电势测量。

测完电离电势后，调节加热炉，使炉温升高到 180 ℃且稳定后即可进行激发电势测量实验。

①进行粗略观察。缓慢增加 U_{G_2K} 电压值，全面观察一次 I_P 的起伏变化情况。当微安表指针指向满刻度时可以相应改变"倍率"旋钮，扩大量程以读出 I_P 值。

②从 0 V 起仔细调节 U_{G_2K}，细心观察 I_P 的变化。读出 I_P 的峰谷值和对应每个 I_P 峰谷值的 U_{G_2K} 电压值。为便于作图，在峰谷值附近多测几组 I_P 和 U_{G_2K} 值。记下读数及测试条件（先读 I_P 值，再读 U_{G_2K} 值）。然后取适当比例在方格纸上作出 U_{G_2K}-I_P 曲线，从而计算出各相邻峰值或谷值之间的电位差，并进行误差分析，得出所测量的第一激发电势 U_0 值。

③为了更全面地了解弗兰克-赫兹实验中 I_P-U_{G_2K} 的变化规律和准确测出 U_g 值，本实验可以在不同温度（如140 ℃、160 ℃、180 ℃、200 ℃等）下进行，并分别详细记录到表中，描绘在同一张方格纸中以备比较。另外，在同一温度（如 T=180 ℃）下，适当改变灯丝电压 U_H 值，如 U_H=5.7 V 和 U_H=7.0 V，分别进行 U_{G_2K}-I_P 变化规律测量。

（6）用示波器观察板极电流 I_P 随栅极电压 U_{G_2K} 变化的波形。

①将加热炉温度调节为180～200 ℃，将 ST-14 等慢扫描示波器轴接到微电流测量放大器上。

②将灯丝电压调至 6.3 V，在示波器屏幕上应该可以看到一条完整的 U_{G_2K}-I_P 变化曲线。数一数曲线的峰谷数值，并与同条件下的手控记录情况做比较。

（7）用 X-Y 函数记录仪描绘 U_{G_2K}-I_P 曲线。

①不改变用示波器观察时的各种条件，接好 X-Y 函数记录仪。

②待 X-Y 函数记录仪预热好可以工作后,可以在记录纸上描绘出完整的 U_{G_2K}-I_P 曲线。典型的 U_{G_2K}-I_P 曲线如图 3-20-3 所示。

③用铅笔细心标出各峰值位置,读出邻峰值或谷值之间的距离,再根据锯齿波幅度求出各间隔的电压值。经过误差分析求出 U_g 值,并与手控分点测量做比较。

【数据记录与处理】

(1) 将实验测得的实验数据记录在表 3-20-1 中。

表 3-20-1　弗兰克-赫兹实验数据记录表

U_{G_2K}/V								
I_P/nA								
U_{G_2K}/V								
I_P/nA								
U_{G_2K}/V								
I_P/nA								

(2) 画出汞的 U_{G_2K}-I_P 曲线,求汞的第一激发电势。

【问题思考】

(1) 弗兰克-赫兹实验在原子物理学的发展中有何作用?它与玻尔理论有什么关系?

(2) 原子跃迁辐射频率与发生跃迁的两个定态能量之间有什么关系?

(3) 什么是原子的第一激发电势?它和原子的能级有什么关系?

(4) 什么是原子的临界能量?怎样测定氩原子的临界能量?

【注意事项】

(1) 实验过程中,若电离电势和激发电势均要求测量,应先测电离电势,再测激发电势,否则炉温很难降下来。

(2) 实验完毕,必须将"栅压选择"和"工作状态"开关置"0",将"栅压调节"旋至最小。

(3) 在不拆除 K、H 连接线的情况下,先切断加热炉电源,并小心旋松加热炉面板螺钉(或卸下面板),让炉子和管子降温。在温度低于120 ℃之后再切断微电流测量放大器电源,以避免汞蒸气降落到阴板,影响管子寿命。

(4) 加热炉外壳温度很高,操作时注意避免灼伤。要移动加热炉时,必须提拎炉顶隔热把手。

(5) 测 U_{G_2K}-I_P 曲线的第一个峰谷点时,炉温宜低(约140 ℃),并把微电流测量放大器灵敏度提高(倍率×10^{-5})。但此时电压不能过高,U_{G_2K}电压过高容易造成全面电离击穿,影响寿命。

(6) 在用示波器观察或用记录仪自动记录时,炉温尽可能升高(为180~200 ℃或更高些),否则容易造成管子击穿。发现管子击穿时,先请将"栅压选择"开关拨回"DC",再升高炉温5~10 ℃。

(7) 管子的灯丝电压只能在 5.7~7 V 之间选用,即不宜超过标准值 6.3 V 的±10%。灯丝电压过高,阴极发射能力过强,管子易老化;灯丝电压过低,会使阴极中毒。灯丝电压过高和过低都会损伤管子。

(8) F-H 管采用间热式氧化物阴极,改变灯丝电压会有 1～2 min 的热滞后。

(9) 微电流测量放大器的"G""K"输出端切忌短路,连线时务请注意。

实验 3-21　光拍法测光速

【实验预习】

了解什么是拍频。

【实验目的】

(1) 掌握光拍法测量光速的原理和实验方法,并对声光效应有初步了解。

(2) 通过测量光拍的波长和频率来确定光速。

【实验原理】

1. 光拍的形成和特征

根据振动叠加原理,频差较小、速度相同的两列同向传播的简谐波叠加即形成拍。设有振幅同为 E_0、圆频率分别为 ω_1 和 ω_2(频差 $\Delta\omega = \omega_1 - \omega_2$ 较小,即 $\omega_1 \approx \omega_2$,且假设 $\omega_1 > \omega_2$)的两光束:

$$E_1 = E_0 \cos(\omega_1 t - k_1 x + \varphi_1) \tag{3-21-1}$$

$$E_2 = E_0 \cos(\omega_2 t - k_2 x + \varphi_2) \tag{3-21-2}$$

式中,$k_1 = 2\pi/\lambda_1$、$k_2 = 2\pi/\lambda_2$ 为波数,φ_1 和 φ_2 为初相位。若这两列光波的偏振方向相同,则叠加后的总场为

$$E = E_1 + E_2 = 2E_0 \cos\left[\frac{\omega_1 - \omega_2}{2}\left(t - \frac{x}{c}\right) + \frac{\varphi_1 - \varphi_2}{2}\right] \times \cos\left[\frac{\omega_1 + \omega_2}{2}\left(t - \frac{x}{c}\right) + \frac{\varphi_1 + \varphi_2}{2}\right] \tag{3-21-3}$$

其中,$\frac{\omega_1}{k_1} = \frac{\omega_2}{k_2} = c$。这显然是一个频率为 $\overline{\omega} = \frac{\omega_1 + \omega_2}{2}$,而波数 $\overline{k} = \frac{k_1 + k_2}{2}$,且振幅 $2E \cos\left[\frac{\omega_1 - \omega_2}{2}\left(t - \frac{x}{c}\right) + \frac{\varphi_1 - \varphi_2}{2}\right]$ 随时间缓慢变化的近似简谐波。该波振幅以相对较慢的角频率 $\left(2 \cdot \frac{\omega_1 - \omega_2}{2} = \omega_1 - \omega_2\right)$ 周期性地变化,称为拍频波。$\Delta f = \frac{\omega_1 - \omega_2}{2\pi} = f_1 - f_2$ 称为拍频。$\Lambda = \Delta\lambda = \frac{c}{\Delta f}$ 为拍频波的波长。式(3-21-3)是沿 x 轴方向的前进波,它的圆频率为 $(\omega_1 + \omega_2)/2$。

2. 光拍信号的检测

用光电检测器(如光电倍增管等)接收拍频波,可把光拍信号变为电信号。光电检测器的光敏面因光照而产生的光电流与光强(即电场强度的平方)成正比,即

$$i_0 = gE^2 \tag{3-21-4}$$

其中,g 为接收器的光电转换常数。

光波的频率 f_0 大于 10^{14} Hz；光电检测器光敏面的响应频率一般小于或等于 10^9 Hz ，因此光电检测器所产生的光电流都只能是在响应时间 $\tau\left(\dfrac{1}{f_0}<\tau<\dfrac{1}{\Delta f}\right)$ 内的平均值。

$$\overline{i_0} = \frac{1}{\tau}\int_\tau i_0\,\mathrm{d}t = gE_0^2\left\{1+\cos\left[\Delta\omega\left(t-\frac{x}{c}\right)+\Delta\varphi\right]\right\} \tag{3-21-5}$$

结果中高频项为零，只留下常数项和缓变项，缓变项即拍频波信号，$\Delta\omega$ 是与拍频 Δf 相应的角频率，$\Delta\varphi=\varphi_1-\varphi_2$ 为初相位。

可见，光电检测器输出的光电流包含直流信号和光拍信号两种成分。滤去直流成分，光电检测器输出频率为拍频 Δf、初相位为 $\Delta\varphi=\varphi_1-\varphi_2$、相位与初相位和空间位置有关的光拍信号（见图 3-21-1）。

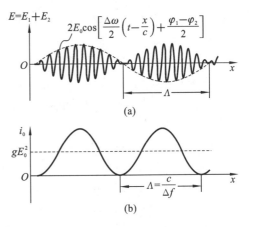

图 3-21-1　拍频波场任一时刻的空间分布

3. 光拍的获得

为产生拍频波，要求相叠加的两光波具有一定的频差。这可通过声波与光波相互作用发生声光效应来实现。介质中的超声波能使介质内部产生应变引起介质折射率的周期性变化，从而使介质成为一个位相光栅。入射光通过该介质时发生衍射，且衍射光的频率与声频有关。这就是所谓的声光效应。本实验是用超声波在声光介质中与 He-Ne 激光束产生声光效应来实现的。

具体方法有以下两种。

（1）行波法。如图 3-21-2（a）所示，在声光介质与声源（压电换能器）相对的端面敷以吸声材料，防止声反射，以保证只有声行波通过介质；当激光束通过相当于位相光栅的介质时，激光束产生对称多级衍射和频移，第 L 级衍射光的圆频率为 $\omega_L=\omega_0+L\Omega$，其中 ω_0 是入射光的圆频率，Ω 为超声波的圆频率，$L=0,\pm1,\pm2,\cdots$ 为衍射级。利用适当的光路使 0 级与 +1 级衍射光汇合起来，沿同一条路径传播，即可产生频差为 Ω 的拍频波。

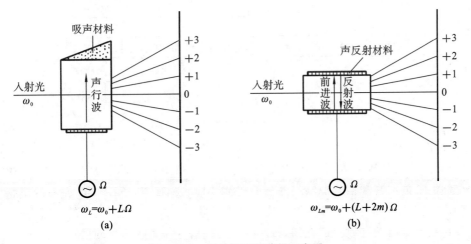

图 3-21-2　相拍两光波获得示意图

（2）驻波法。如图 3-21-2(b)所示,在声光介质与声源相对的端面敷以声反射材料,以增强声反射。沿超声波传播方向,当介质的厚度恰为超声波半波长的整数倍时,前进波与反射波在介质中形成驻波超声场,这样的介质也是一个位相光栅,激光束通过时也要发生衍射,且衍射效率比行波法要高。第 L 级衍射光的圆频率为

$$\omega_{Lm} = \omega_0 + (L+2m)\Omega \tag{3-21-6}$$

若超声波功率信号源的频率为 $F = \Omega/(2\pi)$,则第 L 级衍射光的频率为

$$f_{Lm} = f_0 + (L+2m)F \tag{3-21-7}$$

式中 L、$m = 0, \pm 1, \pm 2, \cdots$。可见,除不同衍射级的光波产生频移外,在同一级衍射光内也有不同频率的光波。因此,用同一级衍射光就可获得不同的拍频波。例如,选取第 1 级(或 0 级),由 $m=0$ 和 $m=-1$ 的两种频率成分叠加,可得到拍频为 $2F$ 的拍频波。

本实验采用驻波法。驻波法衍射效率高,并且不需要特殊的光路使两级衍射光沿同向传播,在同一级衍射光中即可获得拍频波。

4. 光速 c 的测量

通过实验装置获得两束光拍信号,在示波器上对两光拍信号的相位进行比较,测出两光拍信号的光程差及两光拍信号的频率,从而间接测出光速值。假设两束光的光程差为 L,对应的光拍信号的相位差为 $\Delta\varphi = \varphi_1 - \varphi_2$,当两光拍信号的相位差为 2π,即光程差为光拍波的波长 $\Delta\lambda$ 时,示波器荧光屏上的两光束的波形就会完全重合。由公式 $c = \Delta\lambda\Delta f = L(2F)$ 便可测得光速值 c,式中 L 为光程差,F 为功率信号发生器的振荡频率。

【实验装置】

本实验所用仪器有 CG-Ⅳ 型光速测定仪、示波器和数字频率计各一台。

1. 光拍法测光速的电路原理

光拍法测光速的电路原理图如图 3-21-3 所示。

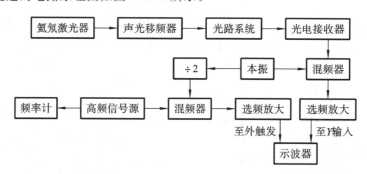

图 3-21-3　光拍法测光速的电路原理图

（1）发射部分。

长 250 mm 的氦氖激光管所输出的激光的波长为 632.8 nm,功率大于 1 mW 的激光束射入声光移频器中,同时高频信号源输出的频率在 15 MHz 左右、功率在 1 W 左右的正弦信号加在声光移频器的晶体换能器上,在声光介质中产生声驻波,使介质产生相应的疏密变化,形成位相光栅,使出射光具有两种以上的光频,所产生的光拍信号为高频信号的倍频。

（2）光电接收和信号处理部分。

由光路系统出射的拍频光,经光电二极管接收并转化为频率为光拍频的电信号,输入至混频电路盒。该信号与本机振荡信号混频,经选频放大,输出到示波器的 Y 输入端。与此同时,高频信号源的另一路输出信号与经过二分频后的本振信号混频,经选频放大后用作示波器的外触发信号。需要指出的是,如果使用示波器内触发,将不能正确显示两路光波之间的位相差。

（3）电源。

激光电源采用倍压整流电路,工作电压部分采用大电解电容,以便有一定的电流输出;触发电压采用小容量电容,利用小容量电容时间常数小的性质,使该部分电路在有工作负载的情况下形同短路,结构简洁有效。±12 V 电源采用三端固定集成稳压器件,负载大于 300 mA,供给光电接收器和信号处理部分以及功率信号源。±12 V 降压调节处理后供给斩光器的小电机。

2．光拍法测光速的光路

图 3-21-4 所示为 CG-Ⅳ 光速测定仪的结构和光路图。

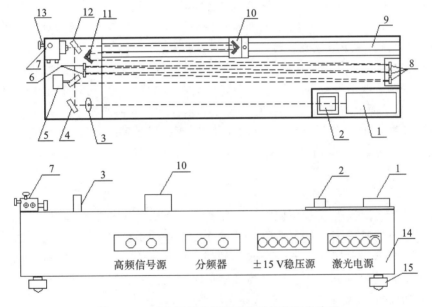

图 3-21-4   CG-Ⅳ型光速测定仪的结构和光路图

1—氦氖激光器；2—声光移频器；3—光阑；4—全反镜；5—斩光器；6—反光镜；7—光电接收器盒；8—反光镜；9—导轨；
10—正交反射镜组；11—反射镜组；12—半反镜；13—调节装置；14—机箱；15—调节螺栓

实验中,用斩光器依次切断远程光路和近程光路,在示波器显示屏上将依次交替显示两光路的拍频信号正弦波形。但由于视觉暂留,我们同时看到两信号的波形。调节两路光的光程差,当光程差恰好等于一个拍频波长 $\Delta\lambda$ 时,两正弦波的位相差恰为 2π,波形第一次完全重合,从而 $c = \Delta\lambda \cdot \Delta f = L \cdot (2F)$。由光路测得 L,用数字频率计测得高频信号源的输出频率 F,根据公式可得出空气中的光速 c。因为实验中的拍频波长约为 10 m,为了使装置紧凑,远程光路采用折叠式,如图 3-21-4 所示。图中实验中用圆孔光阑取出第 0 级衍射光用以产生拍频波,将其他级衍射光滤掉。

【实验内容与步骤】

（1）调节光速测定仪底脚螺钉，使仪器处于水平状态。

（2）正确连接线路，使示波器处于外触发工作状态，接通氦氖激光器电源，调节电流至 5 mA，接通 +15 V 直流稳压电源，预热 15 min 后，使它们处于稳定工作状态。

（3）使激光束水平通过通光孔与声光介质中的驻声场充分互相作用（已调好，不用再调），调节高频信号源的输出频率（15 MHz 左右），使产生两级以上最强衍射光斑。

（4）光阑高度与光路反射镜中心等高，使 0 级衍射光通过光阑入射到相邻反射镜的中心（如已调好，不用再调）。

（5）用斩光器挡住远程光，调节全反镜和半反镜，使近程光沿光电二极管前透镜的光轴入射到光电二极管的光敏面上，打开光电接收器盒上的窗口可观察激光是否进入光敏面，这时示波器显示屏上应有与近程光束相应的经分频的光拍波形出现。

（6）用斩光器挡住近程光，调节半反镜、全反镜和正交反射镜组，使远程光经半反镜与近程光同路入射到光电二极管的光敏面上，这时示波器显示屏上应有与远程光束相应的经分频的光拍波形出现。（5）、（6）两步应反复进行，直到达到要求为止。

（7）光电接收器盒上有两个旋钮，调节这两个旋钮可以改变光电二极管的方位，使示波器显示屏上显示的两个波形振幅最大且相等。如果它们的振幅不等，再调节光电二极管前的透镜，改变入射到光敏面上的光强大小，使近程光束和远程光束的幅值相等。

（8）缓慢移动导轨上装有正交反射镜的滑块，改变远程光束的光程，使示波器显示屏中两束光的正弦波形完全重合（位相差为 2π）。此时，两路光的光程差等于拍频波长 $\Delta\lambda$。

【数据记录与处理】

记下频率计上的读数 f，实验中应随时注意 f（5 位有效数字稳定），如发生变化，应立即调节声光功率源面板上的"频率"旋钮，保证 f 在整个实验过程中稳定。

先将棱镜小车 A 定位于导轨 A 刻度尺初始处（如 5 mm 处），这个起始值记为 $D_A(0)$，从导轨 B 最左端开始拉动棱镜小车 B，当示波器显示屏上的两正弦波形完全重合时，记下棱镜小车 B 在导轨 B 上的读数，反复重合 5 次，取这 5 次的平均值，记为 $D_B(0)$。

将棱镜小车 A 逐步向右拉，定位于导轨 A 右端某处（如 535 mm 处，这是为了计算方便），这个值记为 $D_A(2\pi)$，再将棱镜小车 B 向右拉动，当示波器显示屏上的两正弦波形再次完全重合时，记下棱镜小车 B 在导轨 B 上的读数，反复重合 5 次，取这 5 次的平均值，记为 $D_B(2\pi)$。将上述各值填入表 3-21-1 中，计算出光速 c。

表 3-21-1　光拍法测光速实验数据记录与处理表

次数	$D_A(0)$ /mm	$D_A(2\pi)$/ mm	$D_B(0)$ /mm	$D_B(2\pi)$ /mm	f/MHz	$c = 2 \times f \times \{2 \times [D_B(2\pi) - D_B(0)] + 2 \times [D_A(2\pi) - D_A(0)]\}$/(m/s)	误差 /(%)
1							
2							
3							

续表

次数	$D_A(0)$ /mm	$D_A(2\pi)/$ mm	$D_B(0)$ /mm	$D_B(2\pi)$ /mm	f/MHz	$c = 2 \times f \times \{2 \times [D_B(2\pi) - D_B(0)] + 2 \times [D_A(2\pi) - D_A(0)]\}/(\text{m/s})$	误差 /(%)
4							
5							

已知,光在真空中的传播速度为 $2.997\,92 \times 10^8$ m/s。

【问题思考】

(1) 什么是拍频波?

(2) 斩光器的作用是什么?

(3) 分析本实验的主要误差来源,并讨论提高测量精确度的方法。

【注意事项】

(1) 实验过程中要注意眼睛的防护,绝对禁止用眼睛直视激光束。

(2) 切勿用手或其他污物接触光学表面。

实验 3-22　光电二极管特性测试实验

【实验预习】

(1) 了解光电二极管亮、暗电流特性。

(2) 预习光电二极管伏安特性。

(3) 预习光电二极管光电特性。

(4) 预习光电二极管时间特性。

【实验目的】

(1) 掌握光电二极管的工作原理。

(2) 掌握光电二极管的基本特性。

(3) 掌握光电二极管特性测试的方法。

(4) 了解光电二极管的基本应用。

【实验原理】

光电二极管的结构和普通二极管相似,只是它的 PN 结装在管壳顶部,光线通过透镜制成的窗口,可以集中照射在 PN 结上。图 3-22-1(a)所示是光电二极管结构示意图。光电二极管在电路中通常处于反向偏置状态,如图 3-22-1(b)所示。

我们知道,PN 结加反向电压时,反向电流的大小取决于 P 区和 N 区中的少数载流子的浓

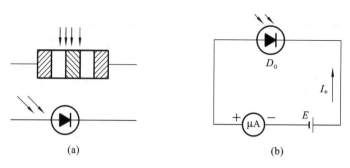

图 3-22-1　光电二极管的结构与测试图

度,无光照时 P 区中的少数载流子(电子)和 N 区中的少数载流子(空穴)都很少,因此反向电流很小。

但是当光照射 PN 结时,只要光子能量 $h\upsilon$ 大于材料的禁带宽度,就会在 PN 结及其附近产生光生电子-空穴对,从而使 P 区和 N 区少数载流子浓度大大增加,它们在外加反向电压和 PN 结内电场作用下定向运动,分别在两个方向上渡越 PN 结,使反向电流明显增大。如果入射光的照度改变,光生电子-空穴对的浓度将相应改变,通过外电路的光电流强度也会随之改变,光电二极管就把光信号转换成了电信号。

【实验装置】

光电器件和光电技术综合设计平台、光通路组件、光电二极管及封装组件、2♯迭插头对、示波器。

【实验内容与步骤】

1. 测量光电二极管的暗电流

实验装置原理框图如图 3-22-2 所示。在实际操作过程中,光电二极管和光电三极管的暗电流非常小,只有纳安数量级。因此,在实验操作过程中,对电流表的要求较高。本实验中,采用在电路中串联大电阻的方法,将 R_L 改为 20 MΩ,再利用欧姆定律计算出支路中的电流,此即为所测器件的暗电流($I_{暗} = U/R_L$)。

(1) 组装好光通路组件,将照度计与照度计探头输出正负极对应相连(红色为正极,黑色为负极),将光源驱动及信号处理模块上的接口 J_2 与光通路组件光源接口使用彩排数据线相连。将光电器件和光电技术综合设计平台的"+5 V""⊥""−5 V"对应接至光源驱动模块上的"+5 V""GND""−5 V"。

(2) 将三掷开关 S_2 拨到"静态"位置。

(3) 将电源模块 0~15 V 输出的正负极与电压表表头的输入对应相连,打开电源,将直流电压调到 15 V。

(4) "光照度调节"旋钮逆时针调到使光照度最小,此时照度计的读数应为 0,关闭电源,拆除导线。注意:在下面的实验操作中请不要动直流电源幅度调节电位器,以保证直流电源输出电压不变。

(5) 按图 3-22-2 连接电路,负载 R_L 选择 20 MΩ。

（6）打开电源开关,等电压表读数稳定后测得负载电阻 R_L 上的压降 $U_暗$,从而得暗电流 $I_暗$ $= U_暗/R_L$。所得的暗电流即为偏置电压为 15 V 时的暗电流。注意:在测定暗电流时,应先将光电器件置于黑暗环境中 30 min 以上,否则测试过程中电压表需经一段时间后才可稳定。

（7）实验完毕,直流电源幅度调至最小,关闭电源,拆除所有连线。

2. 测量光电二极管的光电流

实验装置原理电路如图 3-22-3 所示。

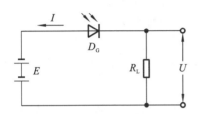

图 3-22-2　测量光电二极管的暗电流
　　　　　　实验装置原理

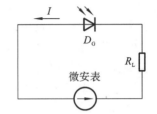

图 3-22-3　光电二极管光电流测量电路

（1）组装好光通路组件,具体连接与光电二极管暗电流测量实验相同。

（2）将三掷开关 S_2 拨到"静态"位置。

（3）按图 3-22-3 连接电路,E 选择 0～15 V 直流电源,R_L 取 1 kΩ。

（4）打开电源,缓慢调节"光照度调节"电位器,直到光照为 300 lx(约为环境光照),缓慢调节直流电源直至电压表显示为 6 V,读出此时电流表的读数,即为光电二极管在偏压为 6 V、光照为 300 lx 时的光电流。

（5）实验完毕,将光照度调至最小,将直流电源幅度调至最小,关闭电源,拆除所有连线。

3. 验证光电二极管的光照特性

实验装置原理框图如图 3-22-3 所示。

（1）组装好光通路组件,具体连接与光电二极管暗电流的测量实验相同。

（2）将三掷开关 S_2 拨到"静态"。

（3）按图 3-22-3 连接电路,E 选择 0～15 V 直流电源,负载 R_L 选择 1 kΩ。

（4）将"光照度调节"旋钮逆时针调至光照度取最小值。打开电源,调节直流电源幅度调节电位器,直到显示值为 8 V 左右。顺时针调节"光照度调节"旋钮,增大光照度,分别记下不同光照度下对应的光生电流值。电流表或照度计显示为"1_"说明超出量程,应改为合适的量程再测试。

（5）将"光照度调节"旋钮逆时针调节到光照度取最小值位置后,关闭电源。

（6）将电路 3-22-3 改为 0 偏压。

（7）打开电源,顺时针调节"光照度调节"旋钮,增大光照度值,分别记下不同光照度下对应的光生电流值。电流表或照度计显示为"1_"说明超出量程,应改为合适的量程再测试。

（8）根据测得的实验数据,在同一坐标轴中作出两条曲线,并进行比较。

（9）实验完毕,将光照度调至最小,将直流电源幅度调至最小,关闭电源,拆除所有连线。

4. 检验光电二极管的伏安特性

实验装置原理框图如图 3-22-3 所示。

（1）组装好光通路组件，具体连接与光电二极管暗电流的测量实验相同。

（2）将三掷开关 S_2 拨到"静态"位置。

（3）按图 3-22-3 连接电路，E 选择 0～15 V 直流电源，负载 R_L 选择 2 kΩ。

（4）打开电源，顺时针调节"光照度调节"旋钮，使光照度值为 500 lx，保持光照度不变，调节直流电源幅度调节电位器，记录反向偏压为 0 V、−2 V、−4 V、−6 V、−8 V、−10 V、−12 V 时电流表的读数，关闭电源。注意：直流电源电压不可调至高于 20 V，以免烧坏光电二极管。

（5）根据上述实验结果，作出 500 lx 光照度下的光电二极管伏安特性曲线。

（6）重复上述步骤。分别测量光电二极管在 300 lx 和 800 lx 光照度下、不同偏压下的光生电流值，在同一坐标轴作出伏安特性曲线，并进行比较。

（7）实验完毕，将光照度调至最小，将直流电源幅度调至最小，关闭电源，拆除所有连线。

5．测试光电二极管的时间响应特性

（1）组装好光通路组件，具体连接与光电二极管暗电流的测量实验相同。信号源方波输出接口通过 BNC 线接到方波输入口。正弦波输入口和方波输入口在内部是并联的，可以用示波器通过正弦波输入口测量方波信号。

（2）将三掷开关 S_2 拨到"脉冲"位置。

（3）按图 3-22-4 连接电路，E 选择 0～15 V 直流电源，负载 R_L 选择 200 kΩ。

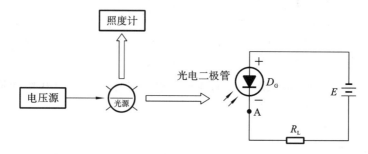

图 3-22-4　光电二极管时间响应特性测试电路

（4）示波器的测试点应为 A 点。

（5）打开电源，白光对应的光电二极管亮，其余的光电二极管不亮。

（6）观察示波器的两个通道信号，缓慢调节直流电源幅度调节电位器和光照度调节电位器，直到在示波器显示屏上观察到信号清晰为止，并做实验记录（描绘出两个通道信号的波形）。

（7）缓慢调节脉冲宽度调节电位器，增大输入信号的脉冲宽度，观察示波器两个通道信号的变化，做实验记录（描绘出两个通道信号的波形），并进行分析。

（8）实验完毕，关闭电源，拆除导线。

【数据记录与处理】

（1）分析光电二极管的光照特性，并画出光电特性曲线。

（2）分析光电二极管的光照特性，并画出伏安特性曲线。

（3）分析光电二极管的光照特性，并画出时间响应特性曲线。

本实验数据记录表可按表 3-22-1～表 3-22-3 设计。

表 3-22-1　8 V 偏压下光电二极管光电特性数据记录表

光照度/lx	0	100	300	500	700	900
光生电流/μA						

表 3-22-2　0 V 偏压下光电二极管光生电流数据记录表

光照度/lx	0	100	300	500	700	900
光生电流/μA						

表 3-22-3　光电二极管伏安特性测试数据记录表

偏压/V	0	−2	−4	−6	−8	−10	−12
光生电流/μA							

【问题思考】

(1) 在不同偏压下,光电二极管的光照特性曲线会有什么区别? 试从原理角度进行分析。

(2) 试测试绘制不同光照度下光电二极管的伏安特性曲线,并比较它们的异同。

(3) 正常工作时,为什么要给光电二极管加反向偏压?

实验 3-23　光电三极管特性测试实验

【实验预习】

(1) 预习光电三极管的伏安特性。

(2) 预习光电三极管的光电特性。

(3) 预习光电三极管的时间特性。

(4) 预习光电三极管的光谱特性。

【实验目的】

(1) 学习掌握光电三极管的工作原理。

(2) 学习掌握光电三极管的基本特性。

(3) 掌握光电三极管特性测试的方法。

(4) 了解光电三极管的基本应用。

【实验原理】

光电三极管的工作原理与光电二极管基本相同,都是基于内光电效应,光电电阻的差别仅在于光线照射在半导体 PN 结上,PN 结参与了光电转换过程。

光电三极管有两个 PN 结,因而可以获得电流增益,比光电二极管具有更高的灵敏度。它的结构如图 3-23-1(a)所示。

当光电三极管按图 3-23-1(b)所示的电路连接时,它的集电结反向偏置,发射结正向偏置,无光照时仅有很小的穿透电流流过,当光线通过透明窗口照射集电结时,和光电二极管的情况相似,流过集电结的反向电流增大,这就导致基区中正电荷的空穴的积累,发射区中的多数载流子(电子)将大量注入基区,由于基区很薄,只有一小部分从发射区注入的电子与基区的空穴复合,而大部分电子将穿过基区流向与电源正极相接的集电极,形成集电极电流。这个过程与普通三极管的电流放大作用相似,它使集电极电流是原始光电流的 $1+\beta$ 倍。这样集电极电流将随入射光照度的改变而更加明显地变化。

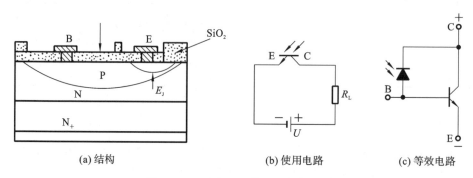

(a)结构　　　　　　(b)使用电路　　　　(c)等效电路

图 3-23-1　光电三极管的结构及电路

　　在光电二极管的基础上,为了获得内增益,就利用了晶体三极管的电流放大作用,用 Ge 或 Si 单晶体制造 NPN 或 PNP 型光电三极管。

　　光电三极管可以等效一个光电二极管与另一个一般晶体管基极和集电极并联(见图 3-23-1(c)):集电极-基极产生的电流,输入三极管的基极再放大。不同之处是,集电极电流(光电流)由集电结上产生的电流控制。集电极起双重作用:把光信号变成电信号起光电二极管作用;使光电流再放大起一般三极管的集电结作用。一般光电三极管只引出 E、C 两个电极,体积小,光电特性是非线性的,广泛应用于光电自动控制,作光电开关使用。

【实验装置】

　　光电器件和光电技术综合设计平台、光通路组件、光电三极管及封装组件、2♯选插头对、示波器。

【实验内容与步骤】

　　1. 测量光电三极管的光电流

　　(1)组装好光通路组件,将照度计与照度计探头输出正负极对应相连(红色为正极,黑色为负极),将光源驱动及信号处理模块上的接口 J_2 与光通路组件光源接口使用彩排数据线相连。将光电器件和光电技术综合设计平台的"+5V""⊥""−5V"对应接至光源驱动模块上的"+5V""GND""−5V"。

　　(2)将三掷开关 S_2 拨到"静态"位置。

　　(3)按图 3-23-2 连接电路,直流电源选用 0~15 V 可调直流电源,$R_L=1$ kΩ;光电三极管 C 极对应光通路组件上红色护套插座,E 极对应光通路组件上黑色护套插座。

　　(4)打开电源,缓慢调节光照度调节电位器,直到光照为 300 lx(约为环境光照),缓慢调节

可调直流电源到电压表显示为 6 V,读出此时电流表的读数,此
即为光电三极管在偏压为 6 V、光照为 300 lx 时的光电流。

（5）实验完毕,将光照度调至最小,将直流电源幅度调至最
小,关闭电源,拆除所有连线。

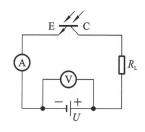

图 3-23-2　光电三极管光电流
测量电路示意图

2．检验光电三极管的光照特性

实验装置原理框图如图 3-23-2 所示。

（1）组装好光通路组件,具体连接与前述光电三极管光电流
的测量实验相同。

（2）将三掷开关 S_2 拨到"静态"位置。

（3）按图 3-23-2 所示连接电路,直流电源选用 0～15 V 可调直流电源,负载 R_L 选择 1 kΩ。

（4）将"光照度调节"旋钮逆时针调节至光照度最小值位置。打开电源,调节直流电源幅度
调节电位器,直到电压表显示值为 6 V 左右,顺时针调节"光照度调节"旋钮,增大光照度值,分
别记下不同光照度下对应的光生电流值。电流表或照度计显示为"1_"说明超出量程,应改为合
适的量程再测试。

（5）调节直流电源幅度调节电位器到 10 V 左右,重复上述步骤（4）,改变光照度值,记录测
试的电流值。

（6）根据上面所测试的两组数据,在同一坐标轴中描绘光照特性曲线并进行分析。

（7）实验完毕,将光照度调至最小,将直流电源幅度调至最小,关闭电源,拆除所有连线。

3．测试光电三极管的伏安特性

实验装置原理框图如图 3-23-2 所示。

（1）组装好光通路组件,具体连接与前述光电三极管光电流的测量实验相同。

（2）将三掷开关 S_2 拨到"静态"位置。

（3）按图 3-23-2 连接电路,直流电源选用 0～15 V 可调直流电源,负载 R_L 选择 2 kΩ。

（4）打开电源,顺时针调节"光照度调节"旋钮,使光照度值为 200 lx,保持光照度不变,调
节直流电源幅度调节电位器,记下反向偏压为 0 V、－1 V、－2 V、－4 V、－6 V、－8 V、－10 V、
－12 V 时电流表的读数,关闭电源。注意:直流电源电压不可调至高于 30 V,以免烧坏光电三
极管。

（5）根据上述实验结果,作出 200 lx 光照度下光电三极管的伏安特性曲线。

（6）重复上述步骤,分别测量光电三极管在 100 lx 和 500 lx 光照度下,不同偏压下的光生
电流值,在同一坐标轴作出伏安特性曲线,并进行比较。

（7）实验完毕,将光照度调至最小,将直流电源幅度调至最小,关闭电源,拆除所有连线。

4．检验光电三极管的时间响应特性

实验装置原理框图如图 3-23-2 所示。

（1）组装好光通路组件,具体连接与前述光电三极管光电流的测量实验相同。

信号源方波输出接口通过 BNC 线接到方波输入口。正弦波输入口和方波输入口内部是并
联的,可以用示波器通过正弦波输入口测量方波信号。

（2）将三掷开关 S_2 拨到"脉冲"位置。

（3）按图 3-23-2 连接电路,直流电源选用 0～15 V 可调直流电源,负载 R_L 选择 1 kΩ。

（4）示波器的测试点应为光电三极管的 C、E 两端。

（5）打开电源,白光对应的光电三极管亮,其余的光电三极管不亮。

（6）观察示波器的两个通道信号,缓慢调节直流电源幅度调节电位器和光照度调节电位器,直到在示波器显示屏上观察到信号清晰为止,并做实验记录（描绘出两个通道信号的波形）。

（7）缓慢调节脉冲宽度调节电位器,增大输入信号的脉冲宽度,观察示波器两个通道信号的变化,做实验记录（描绘出两个通道信号的波形）,并进行分析。

（8）实验完毕,关闭电源,拆除导线。

【数据记录与处理】

（1）数据记录表格如表 3-23-1～表 3-23-3 所示。

表 3-23-1　6 V 偏压下光电三极管光照特性测试数据记录表

光照度/lx	0	100	300	500	700	900
光生电流/mA						

表 3-23-2　10 V 偏压下光电三极管光照特性测试数据记录表

光照度/lx	0	100	300	500	700	900
光生电流/mA						

表 3-23-3　200 lx 光照度下光电三极管伏安特性测试数据记录表

偏压/V	0	−1	−2	−4	−6	−8	−10	−12
光生电流/μA								

（2）分析光电三极管的光照特性,并画出光电特性曲线。

（3）分析光电三极管的光照特性,并画出伏安特性曲线。

（4）分析光电三极管的光照特性,并画出时间响应特性曲线。

【问题思考】

（1）在不同偏压下,光电三极管的光照特性曲线会有什么区别?

（2）试测试并绘制不同光照度下光电三极管的伏安特性曲线,并比较它们的异同。

实验 3-24　硅光电池特性测试实验

【实验预习】

（1）预习硅光电池的短路电流、开路电压。

（2）预习硅光电池的伏安特性、负载特性。

（3）预习硅光电池的时间响应、光谱特性。

【实验目的】

（1）学习并掌握硅光电池的工作原理。

（2）学习并掌握硅光电池的基本特性。

（3）掌握硅光电池基本特性测试方法。

（4）了解硅光电池的基本应用。

【实验原理】

1. 硅光电池的基本结构

目前半导体光电探测器在数码摄像、光通信、太阳能电池等领域得到广泛应用。硅光电池是半导体光电探测器的一个基本单元，深刻理解硅光电池的工作原理和具体使用特性可以进一步领会半导体 PN 结原理、光电效应和光伏电池产生机理。

图 3-24-1 所示是半导体 PN 结在零偏、反偏和正偏下的耗尽区。当 P 型和 N 型半导体材料结合时，由于 P 型材料空穴多、电子少，而 N 型材料电子多、空穴少，因此 P 型材料中的空穴向 N 型材料扩散，N 型材料中的电子向 P 型材料扩散，结果使得结合区两侧的 P 型区出现负电荷、N 型区带正电荷，形成一个势垒，由此而产生的内电场将阻止扩散运动的继续进行。当两者达到平衡时，在 PN 结两侧形成一个耗尽区。耗尽区的特点是无自由载流子，呈现高阻抗。当 PN 结反偏时，外加电场与内电场方向一致，耗尽区在外电场作用下变宽，使势垒加强；当 PN 结正偏时，外加电场与内电场方向相反，耗尽区在外电场作用下变窄，势垒削弱，使载流子产生扩散运动，继续形成电流，此即为 PN 结的单向导电性，电流方向是从 P 型区指向 N 型区。

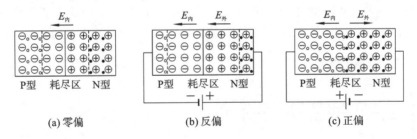

图 3-24-1　半导体 PN 结在零偏、反偏和正偏下的耗尽区

2. 硅光电池的工作原理

硅光电池是一个大面积的光电二极管，被设计用于把入射到它表面的光能转化为电能，因此，可用作光电探测器和光电池，被广泛用作太空和野外便携式仪器等的能源。

光电池的基本结构如图 3-24-2 所示。当半导体 PN 结处于零偏或反偏时，在它们的结合面耗尽区存在一内电场。当有光照时，入射光子将把处于介带中的束缚电子激发到导带，激发出的电子-空穴对在内电场作用下分别飘移到 N 型区和 P 型区。

当在 PN 结两端加负载时，就有光生电流流过负载。流过 PN 结两端的电流可由下式确定：

$$I = I_{\mathrm{p}} - I_{\mathrm{s}}(e^{\frac{eU}{kT}} - 1) \tag{3-24-1}$$

式中，I_{s} 为饱和电流，U 为 PN 结两端电压，T 为绝对温度，I_{p} 为产生的光电流。

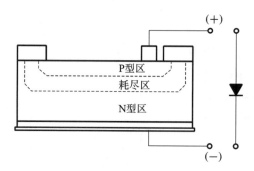

图 3-24-2　光电池结构示意图

从式(3-24-1)中可以看到,当光电池处于零偏时,$U=0$,流过 PN 结的电流 $I=I_p$;当光电池处于反偏时(在本实验中取 $U=-5$ V),流过 PN 结的电流 $I=I_p-I_s$,因此,当光电池用作光电转换器时,光电池必须处于零偏或反偏状态。光电池处于零偏或反偏状态时,产生的光电流 I_p 与输入光功率 P_i 有以下关系:

$$I_p = RP_i \tag{3-24-2}$$

式中,R 为响应率。R 值随入射光波长的不同而变化。对于用不同材料制作的光电池,R 值分别在短波长和长波长处存在一个截止波长,在长波长处要求入射光子的能量大于材料的能级间隙 E_g,以保证处于介带中的束缚电子得到足够的能量被激发到导带。对于硅光电池,长波截止波长为 $\lambda_c = 1.1\ \mu m$;在短波长处,由于材料有较大吸收系数,R 值很小。

3.硅光电池的基本特性

(1)短路电流。

硅光电池短路电流测试原理和电路图如图 3-24-3 所示。在不同的光照作用下,若电流表显示不同的电流值,则硅光电池短路时的电流值也不同,此即为硅光电池的短路电流特性。

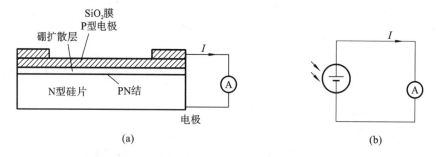

图 3-24-3　硅光电池短路电流测试原理和电路图

(2)开路电压。

硅光电池开路电压测试原理和电路图如图 3-24-4 所示。在不同的光照作用下,若电压表显示不同的电压值,则硅光电池开路时的电压也不同,此即为硅光电池的开路电压特性。

(3)光照特性。

在不同光照度下,光电池光生电流和光生电压是不同的,它们之间的关系就是光照特性。图 3-24-5 所示即为硅光电池光生电流和光生电压与光照度的特性曲线。在不同的偏压作用下,硅光电池的光照特性也有所不同。

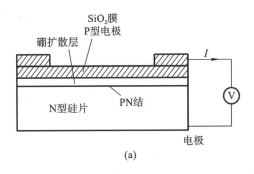
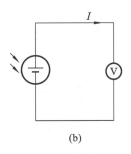

(a)　　　　　　　　　　　　　　(b)

图 3-24-4　硅光电池开路电压测试原理和电路图

（4）伏安特性。

硅光电池的伏安特性如图 3-24-6 所示。硅光电池输入光强度不变,负载在一定的范围内变化时,硅光电池的输出电压及电流随负载电阻变化的关系曲线称为硅光电池的伏安特性曲线。

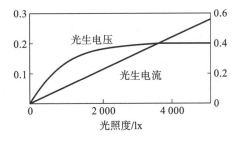

图 3-24-5　硅光电池的光照电流-电压特性曲线

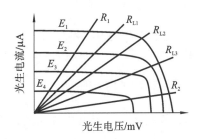

图 3-24-6　硅光电池的伏安特性曲线

测试电路如图 3-24-7 所示。

（5）负载特性(输出特性)。

硅光电池作为电池使用,如图 3-24-8 所示。在内电场作用下,入射光子由于光电效应把处于介带中的束缚电子激发到导带,从而产生光生电压。在硅光电池两端加一个负载,就会有电流流过。当负载很大时,电流较小而电压较大;当负载很小时,电流较大而电压较小。实验时,可通过改变负载电阻 R_L 的值来测定硅光电池的负载特性。

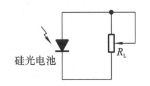

图 3-24-7　硅光电池的伏安特性测试电路

在线性测量中,光电池通常以电流形式使用,故短路电流与光照度(光能量)呈线性关系,这是光电池的重要光照特性。实际使用时都接有负载电阻 R_L,输出电流 I_L 随照度(光通量)的增加而非线性缓慢地增加,并且随负载 R_L 的增大线性范围越来越小。因此,在要求输出的电流与光照度呈线性关系时,负载电阻在条件许可的情况下越小越好,并限制在光照范围内。硅光电池光照-负载特性曲线如图 3-24-9 所示。

（6）光谱响应特性。

一般硅光电池的光谱响应特性表示在入射光能量保持一定的条件下,硅光电池所产生光生电流/电压与入射光波长之间的关系。

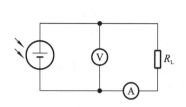

图 3-24-8　硅光电池负载特性的测定

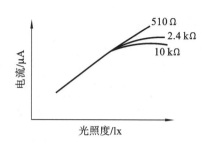

图 3-24-9　硅光电池光照-负载特性曲线

（7）时间响应特性。

表示时间响应特性的方法主要有两种，一种是脉冲特性法，另一种是幅频特性法。

光敏晶体管受调制光照射时，相对灵敏度与调制频率的关系称为频率特性。减小负载电阻能提高响应频率，但输出降低。一般来说，光敏三极管的频响比光敏二极管差得多，锗光敏三极管的频响比硅光敏三极管小一个数量级。

【实验装置】

光电器件和光电技术综合设计平台、光通路组件、硅光电池及封装组件、2♯迭插头对、示波器。

【实验内容与步骤】

1. 检测硅光电池的短路电流

实验装置原理框图如图 3-24-10 所示。

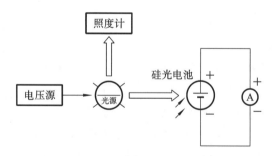

图 3-24-10　硅光电池短路电流特性测试原理

（1）组装好光通路组件，将照度计与照度计探头输出正负极对应相连（红色为正极，黑色为负极），将光源驱动及信号处理模块上的接口 J_2 与光通路组件光源接口使用彩排数据线相连。将光电器件和光电技术综合设计平台的"+5V""⊥""−5V"对应接到至光源驱动模块上的"+5V""GND""−5V"。

（2）将三掷开关 S_2 拨到"静态"位置。

（3）按图 3-24-10 连接电路。

（4）打开电源，顺时针调节"光照度调节"旋钮，使照度依次为表 3-24-1 中所列的值，并分别读出电流表读数，填入表 3-24-1 中，关闭电源。

表 3-24-1 硅光电池的短路电流测试数据记录表

光照度/lx	0	100	200	300	400	500	600
光生电流/μA							

（5）将"光照度调节"旋钮逆时针调节到光照度最小值位置后关闭电源。

（6）表 3-24-1 中所记录的电流值即为硅光电池在相应光照度下的短路电流。

（7）实验完毕，关闭电源，拆除所有连线。

2. 检验硅光电池的开路电压

实验装置原理框图如图 3-24-11 所示。

（1）组装好光通路组件，具体连接与前述硅光电池短路电流特性测试实验相同。

（2）将三掷开关 S_2 拨到"静态"。

（3）按图 3-24-11 连接电路。

（4）打开电源，顺时针调节"光照度调节"旋钮，使光照度依次为表 3-24-2 中所列的值，并分别读出电压表读数，填入表 3-24-2，关闭电源。

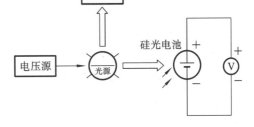

图 3-24-11 硅光电池开路电压特性测试电路

表 3-24-2 硅光电池开路电压测试数据记录表

光照度/lx	0	100	200	300	400	500	600
光生电压/mV							

（5）将"光照度调节"旋钮逆时针调节到光照度最小值位置后关闭电源。

（6）表 3-24-2 中所记录的电压值即为硅光电池在相应光照度下的开路电压。

（7）实验完毕，关闭电源，拆除所有连线。

3. 验证硅光电池的光照特性

根据表 3-24-1 和表 3-24-2 所记录的实验数据，作出如图 3-24-5 所示的硅光电池的光照电流电压特性曲线，并进行对比分析。

4. 验证硅光电池的伏安特性

实验装置原理框图如图 3-24-12 所示。

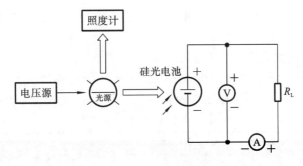

图 3-24-12 硅光电池伏安特性测试电路

（1）组装好光通路组件，具体连接与前述硅光电池短路电流特性测试实验相同。

（2）将三掷开关 S_2 拨到"静态"位置。

（3）将电压表挡位调节至 2 V 挡,将电流表挡位调至 200 μA 挡,将"光照度调节"旋钮逆时针调节至光照度最小值位置。

（4）按图 3-24-12 连接电路,R_L 取值为 200 Ω,打开电源,顺时针调节"光照度调节"旋钮,增大光照度值至 500 lx,记录下此时电压表和电流表的读数并填入表 3-24-3 中。

表 3-24-3　500 lx 光照度下硅光电池的伏安特性测试实验数据记录表

电阻/Ω	200	510	750	1 000	2 000	5 100	7 500	10 000	20 000
电流/μA									
电压/mV									

（5）关闭电源,将 R_L 分别换为 510 Ω、750 Ω、1 kΩ、2 kΩ、5.1 kΩ、7.5 kΩ、10 kΩ、20 kΩ,重复上述步骤,并记录电流表和电压表的读数,填入表 3-24-3 中。

（6）改变光照度为 300 lx、100 lx,重复上述步骤,将实验结果填入表 3-24-4、表 3-24-5。

表 3-24-4　光照度为 300 lx 时硅光电池的伏安特性测试实验数据记录表

电阻/Ω	200	510	750	1 000	2 000	5 100	7 500	10 000	20 000
电流/μA									
电压/mV									

表 3-24-5　光照度为 100 lx 时硅光电池的伏安特性测试实验数据记录表

电阻/Ω	200	510	750	1 000	2 000	5 100	7 500	10 000	20 000
电流/μA									
电压/mV									

（7）根据上述实验数据,在同一坐标轴中作出三种不同条件下的伏安特性曲线,并进行分析。

（8）实验完毕,关闭电源,拆除所有连线。

5. 检验硅光电池的负载特性

（1）组装好光通路组件,具体连接与前述硅光电池短路电流特性测试实验相同。

（2）将三掷开关 S_2 拨到"静态"位置。

（3）将电压表挡位调节至 2 V 挡,将电流表挡位调至 200 μA 挡,将"光照度调节"旋钮逆时针调节至光照度最小值位置。

（4）按图 3-24-13 连接电路,R_L 取值为 100 Ω。

（5）打开电源,顺时针调节"光照度调节"旋钮,从 0 lx 逐渐增大光照度至 100 lx、200 lx、300 lx、400 lx、500 lx、600 lx,分别记录电流表和电压表读数,填入表 3-24-6 中。

表 3-24-6　$R_L = 100$ Ω 时硅光电池的负载特性测试实验数据记录表

光照度/lx	0	100	200	300	400	500	600
电流/μA							
电压/mV							

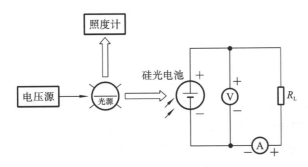

图 3-24-13　硅光电池负载特性测试电路

（6）关闭电源，将 R_L 分别换为 510 Ω、1 kΩ、5.1 kΩ、10 kΩ，重复上述步骤，分别记录电流表和电压表的读数，填入表 3-24-7～表 3-24-10 中。

表 3-24-7　R_L＝510 Ω 时硅光电池的负载特性测试实验数据记录表

光照度/lx	0	100	200	300	400	500	600
电流/μA							
电压/mV							

表 3-24-8　R_L＝1 000 Ω 时硅光电池的负载特性测试实验数据记录表

光照度/lx	0	100	200	300	400	500	600
电流/μA							
电压/mV							

表 3-24-9　R_L＝5 100 Ω 时硅光电池的负载特性测试实验数据记录表

光照度/lx	0	100	200	300	400	500	600
电流/μA							
电压/mV							

表 3-24-10　R_L＝10 000 Ω 时硅光电池的负载特性测试实验数据记录表

光照度/lx	0	100	200	300	400	500	600
电流/μA							
电压/mV							

（7）根据上述实验所测试的数据，在同一坐标轴上描绘出硅光电池的负载特性曲线，并进行分析。

6. 检验硅光电池的光谱特性

当不同波长的入射光照到硅光电池上时，硅光电池有不同的灵敏度。本实验仪采用高亮度 LED（白、红、橙、黄、绿、蓝、紫）作为光源，产生 400～630 nm 离散光谱。

光谱响应度是光电探测器对单色光辐射的响应能力，定义为在波长为 λ 的单位入射辐射功率下，光电探测器输出的信号电压或电流信号，表达式如下：

$$v(\lambda) = \frac{U(\lambda)}{P(\lambda)}$$

或

$$i(\lambda) = \frac{I(\lambda)}{P(\lambda)}$$

式中,$P(\lambda)$ 为波长为 λ 时的入射光功率,$U(\lambda)$ 为光电探测器在入射光功率 $P(\lambda)$ 作用下的输出信号电压,$I(\lambda)$ 则为输出信号电流。

本实验所采用的方法是基准探测器法,在相同光功率的辐射下,有

$$v(\lambda) = \frac{UK}{U_f} f(\lambda)$$

式中,U_f 为基准探测器显示的电压值,K 为基准电压的放大倍数,f 为基准探测器的响应度。在测试过程中,U_f 取相同值时,实验测试的响应度大小由 $v(\lambda) = U f(\lambda)$ 的大小确定。图 3-24-14 所示为基准探测器的光谱响应曲线。

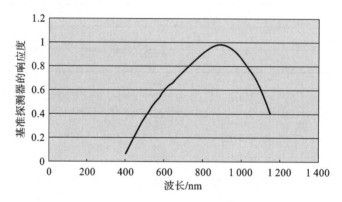

图 3-24-14 基准探测器的光谱响应曲线

(1) 组装好光通路组件,具体连接与前述硅光电池短路电流特性测试实验相同。

(2) 按图 3-24-15 连接电路。

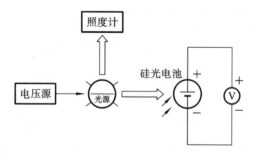

图 3-24-15 硅光电池光谱特性测试电路

(3) 打开电源,缓慢调节光照度调节电位器到光照度最大,通过左切换和右切换开关,将光源输出切换成不同颜色,记录照度计所示数据,并以最小值"E"为参考。

(4) 分别测试出红光、橙光、黄光、绿光、蓝光、紫光在光照度 E 下电压表的读数,并填入表 3-24-11 中。

表 3-24-11　光谱特性测试

波长/nm	630(红)	605(橙)	585(黄)	520(绿)	460(蓝)	400(紫)
基准响应度	0.65	0.61	0.56	0.42	0.25	0.06
电压/mV						
响应度						

（5）根据测试得到的数据,绘出硅光电池的光谱特性曲线。

7.测试硅光电池的时间响应特性

（1）组装好光通路组件,具体连接与前述硅光电池短路电流特性测试实验相同。信号源方波输出接口通过 BNC 线接到方波输入口。正弦波输入口和方波输入口内部是并联的,可以用示波器通过正弦波输入口测量方波信号。

（2）将三掷开关 S_2 拨到"脉冲"位置。

（3）按图 3-24-16 连接电路,负载 R_L 选择 10 kΩ。

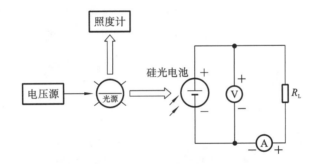

图 3-24-16　硅光电池时间响应特性测试电路

（4）示波器的测试点应为硅光电池的两输出端。

（5）打开电源,白光对应的发光二极管亮,其余的发光二极管不亮。

（6）缓慢调节脉冲宽度调节电位器,增大输入信号的脉冲宽度,观察示波器两个通道信号的变化,做实验记录（描绘出两个通道信号的波形）,并进行分析。

（7）实验完毕,关闭电源,拆除导线。

【数据记录与处理】

（1）按实验步骤完成数据记录表。
（2）按实验步骤进行数据分析与绘图。

【问题思考】

（1）能否使用其他光电探测器件来设计照度计并说明原因。
（2）硅光电池工作时为什么要加反向偏压?

实验 3-25　电光调制

【实验目的】

（1）掌握晶体电光调制的原理和实验方法。

（2）学会用简单的实验装置测量晶体半波电压和电光常数。

（3）实现模拟光通信。

【实验原理】

铌酸锂晶体具有优良的压电、电光、声光、非线性等性能。本实验中采用的是 LN 电光晶体。它的工作原理如下。

LN 电光晶体是三方晶体，$n_1 = n_2 = n_o$，$n_3 = n_e$，折射率椭球为以 z 轴为对称轴的旋转椭球，垂直于 z 轴的截面为圆，如图 3-25-1 所示。

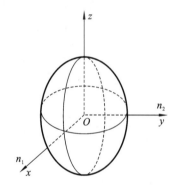

图 3-25-1　LN 电光晶体的折射率椭球

LN 电光晶体的电光系数为

$$\begin{bmatrix} 0 & -\gamma_{22} & \gamma_{13} \\ 0 & \gamma_{22} & \gamma_{13} \\ 0 & 0 & \gamma_{33} \\ 0 & \gamma_{51} & 0 \\ \gamma_{51} & 0 & 0 \\ -\gamma_{22} & 0 & 0 \end{bmatrix}$$

在没有加电场之前，LN 电光晶体的折射率椭球为

$$\frac{x^2 + y^2}{n_o^2} + \frac{z^2}{n_e^2} = 1$$

在加电场之后，LN 电光晶体的折射率椭球变为

$$\left(\frac{1}{n_o^2} - \gamma_{22} E_2 + \gamma_{13} E_3 \right) x^2 + \left(\frac{1}{n_o^2} + \gamma_{22} E_2 + \gamma_{13} E_3 \right) y^2 + \left(\frac{1}{n_e^2} + \gamma_{33} E_3 \right) z^2$$

$$+ 2\gamma_{51} E_2 yz + 2\gamma_{51} E_1 zx - 2\gamma_{22} E_1 xy = 1$$

在本实验中，我们采用的是 y 轴通光，z 轴加电场，如图 3-25-2 所示，也就是说，$E_1 = E_2 = 0$，$E_3 = E$，因此上式就可以变为

$$\left(\frac{1}{n_o^2} + \gamma_{13} E \right) (x^2 + y^2) + \left(\frac{1}{n_e^2} + \gamma_{33} E \right) z^2 = 1$$

式中没有出现交叉项，说明新折射率椭球的主轴与旧折射率椭球的主轴完全重合，所以新的主轴折射率为

$$\begin{cases} n_x' = n_y' = \left(\dfrac{1}{n_o^2} + \gamma_{13} E \right)^{-\frac{1}{2}} \approx n_o - \dfrac{1}{2} n_o^3 \gamma_{13} E \\[3mm] n_z' = \left(\dfrac{1}{n_e^2} + \gamma_{33} E \right)^{-\frac{1}{2}} \approx n_e - \dfrac{1}{2} n_e^3 \gamma_{33} E \end{cases}$$

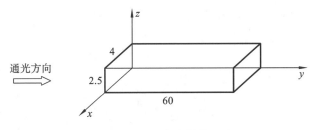

图 3-25-2　LN 电光晶体尺寸

沿着三个主轴方向上的双折射率为

$$\begin{cases} \Delta n_x' = \Delta n_y' = (n_o - n_e) + \dfrac{1}{2}(n_e^3 \gamma_{33} - n_o^3 \gamma_{13})E \\ \Delta n_z' = 0 \end{cases}$$

上式表明,LN 电光晶体沿 z 轴方向加电场之后,可以产生横向电光效应,但是不能够产生纵向电光效应。

经过晶体后,o 光和 e 光产生的相位差为

$$\delta = \frac{2\pi l}{\lambda}(n_o - n_e) + \frac{\pi}{\lambda} n_o^3 \gamma_c l \frac{U}{d}$$

其中,$\gamma_c = \left(\dfrac{n_e}{n_o}\right)^3 \gamma_{33} - \gamma_{13}$,称为有效电光系数。

入射光经起偏振片后变为振动方向平行于 x 轴的线偏振光,它在晶体的感应轴 x' 和 y' 轴上的投影的振幅和相位均相等,设分别为

$$E_{x'} = A_0 \cos(\omega t), \quad E_{y'} = A_0 \cos(\omega t)$$

或用复振幅的表示方法,将位于晶体表面($z=0$)的光波表示为

$$E_{x'}(0) = A, \quad E_{y'}(0) = A$$

所以,入射光的强度是

$$I_i \propto \vec{E} \cdot \vec{E} = |E_{x'}(0)|^2 + |E_{y'}(0)|^2 = 2A^2$$

当光通过长为 l 的电光晶体后,x' 和 y' 两分量之间就产生相位差 δ,即

$$E_{x'}(0) = A, \quad E_{y'}(0) = A e^{-i\delta}$$

通过检偏振片出射的光,是该两分量在 y 轴上的投影之和,即

$$(E_y)_0 = \frac{A}{\sqrt{2}}(e^{i\delta} - 1)$$

它对应的输出光强 I_t 可写成

$$I_t \propto [(E_y)_0 \cdot (E_y)_0^*] = \frac{A^2}{2}[(e^{-i\delta} - 1)(e^{i\delta} - 1)] = 2A^2 \sin^2 \frac{\delta}{2}$$

所以光强透过率 T 为

$$T = \frac{I_t}{I_i} = \sin^2 \frac{\delta}{2} \tag{3-25-1}$$

将 $\delta = \dfrac{2\pi l}{\lambda}(n_o - n_e) + \dfrac{\pi}{\lambda} n_o^3 \gamma_c l \dfrac{U}{d}$ 代入式(3-25-1)就可以发现,光强透过率与加在晶体两端的电压呈函数关系。也就是说,电信号调制了光强度,这就是电光调制的原理。

改变信号源各参数对输出特性的影响如下。

①当 $U_0 = \dfrac{U_\pi}{2}$、$U_m \ll U_\pi$ 时,将工作点选定在线性工作区的中心处,如图 3-25-3(a)所示,此时可获得较高效率的线性调制,并有

$$
\begin{aligned}
T &= \sin^2\left[\frac{\pi}{4} + \frac{\pi}{2U_\pi}U_m\sin(\omega t)\right] \\
&= \frac{1}{2}\left\{1 - \cos\left[\frac{\pi}{2} + \frac{\pi}{U_\pi}U_m\sin(\omega t)\right]\right\} \\
&= \frac{1}{2}\left\{1 + \sin\left[\frac{\pi}{U_\pi}U_m\sin(\omega t)\right]\right\}
\end{aligned}
\tag{3-25-2}
$$

由于 $U_m \ll U_\pi$,因此

$$
T \approx \frac{1}{2}\left[1 + \left(\frac{\pi U_m}{U_\pi}\right)\sin(\omega t)\right]
$$

即

$$
T \propto \sin(\omega t)
\tag{3-25-3}
$$

这时,虽然调制器输出的信号和调制信号振幅不同,但是两者的频率却是相同的,输出信号不失真,我们称为线性调制。

②当 $U_0 = 0$、$U_m \ll U_\pi$ 时,如图 3-25-3(b)所示,有

$$
\begin{aligned}
T &= \sin^2\left[\frac{\pi}{2U_\pi}U_m\sin(\omega t)\right] \\
&= \frac{1}{2}\left\{1 - \cos\left[\frac{\pi}{U_\pi}U_m\sin(\omega t)\right]\right\} \\
&\approx \frac{1}{4}\left(\frac{\pi}{U_\pi}U_m\right)^2\sin^2(\omega t) \\
&\approx \frac{1}{8}\left(\frac{\pi U_m}{U_\pi}\right)^2\left[1 - \cos(2\omega t)\right]
\end{aligned}
$$

即
$$
T \propto \cos(2\omega t)
\tag{3-25-4}
$$

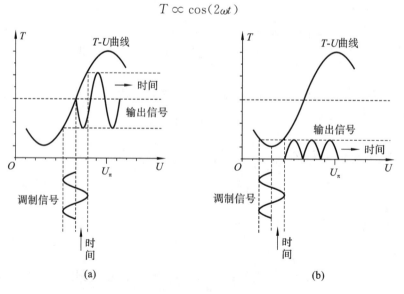

图 3-25-3　晶体调制曲线

从式(3-25-4)可以看出,输出信号的频率是调制信号频率的二倍,即产生"倍频"失真。当

$$U_0 = U_\pi$$

时,经类似的推导,可得

$$T \approx 1 - \frac{1}{8}\left(\frac{\pi U_m}{U_\pi}\right)^2\left[1 - \cos(2\omega t)\right] \tag{3-25-5}$$

即 $T \propto \cos(2\omega t)$,输出信号仍是"倍频"失真的信号。

③直流偏压 U_0 在 0 V 附近或在 U_π 附近变化时,由于工作点不在线性工作区,输出波形将失真。

④当 $U_0 = \dfrac{U_\pi}{2}$, $U_m > U_\pi$ 时,调制器的工作点虽然选定在线性工作区的中心,但不满足小信号调制的要求,式(3-25-2)不能写成式(3-25-3)的形式。因此,虽然工作点选定在了线性工作区,输出波形仍然是失真的。

【实验装置】

光学导轨及滑动座 1 套,起偏器和检偏器各 1 个,1/4 波片 1 个,ZY607 氦氖激光器 1 个,光电探测器 1 个,ZY605 电光调制器 1 个,ZYEOM-Ⅱ-SS 信号源 1 台,双踪示波器 1 台,音频信号源(收音机等)1 台。

【实验内容与步骤】

(1) 按照系统连接方法(见图 3-25-4)将激光器、电光调制器、光电探测器等部件连接到位。其中,电光调制器的滑动座是二维移动平台,与其他的滑动座有所不同。

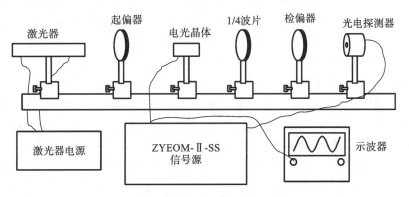

图 3-25-4　系统连接方法

ZYEOM-Ⅱ-SS 信号源面板如图 3-25-5 所示。在 ZYEOM-Ⅱ-SS 信号源面板上,"波形切换"开关用于选择是输出正弦波还是输出方波;"信号输出"口用于输出晶体调制电压,若"高压输出开关"打开,那么输出的调制电压上就会叠加一个直流偏压,用于改变晶体的调制曲线;"音频选择"开关用于选择调制信号为正弦波还是外接音频信号;"探测信号"口接光电探测器的输出;对光电探测器输入的微弱信号进行处理后,通过"解调信号"口输出,连接至有源扬声器上。

在具体的连接中,ZYEOM-Ⅱ-SS 信号源"信号输出"口接一根一端为 BNC 头、另一端为鳄鱼夹的连接线,ZY605 电光调制器上也接一根同样的连接线,将这两根线相对应颜色的鳄鱼夹咬合连接。在观察电光调制现象时,需要使用一个带衰减的探头,连接时,探头的黑色鳄鱼夹连

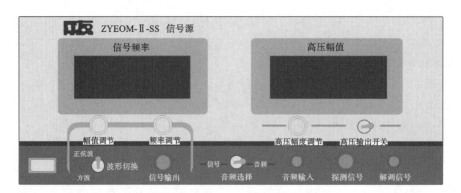

图 3-25-5　ZYEOM-Ⅱ-SS 信号源面板

接至前面两根线的黑色鳄鱼夹,探针接红色鳄鱼夹(在测量时,探头应 10 倍衰减)。光电探测器通过一根两端都是 BNC 头的连接线连接至示波器上。在进行音频实验时,不需要示波器,且光电探测器连接至 ZYEOM-Ⅱ-SS 信号源"探测信号"口。ZYEOM-Ⅱ-SS 信号源"解调信号"口接至有源音箱,"音频输入"口接外加音频信号。

(2) 光路准直。打开激光器电源,调节光路,保证光线沿光轴通过。在光路调节过程中,先将 1/4 波片、起偏器和检偏器移走,调整激光器、电光晶体和光电探测器三者的相对位置,使激光能够从晶体光轴通过;调整好之后,再将 1/4 波片、起偏器和检偏器放回原位,并调节它们的高度和位置。调节完毕后,锁紧滑动座和固定各部件。

(3) 将信号源输出的正弦信号加在晶体上,并将光电探测器输出的信号接到示波器上,调节 1/4 波片,观察输出信号的变化,记下信号调节到最佳时输出信号的幅值;改变 ZYEOM-Ⅱ-SS 信号源输出信号的幅值与频率,观察光电探测器输出信号的变化;去掉 1/4 波片,加上直流电压,改变直流电压大小,观察输出信号的变化,并与加 1/4 波片的情况进行比较。

(4) 测绘透过率曲线(即 T-U 曲线),并由此求出半波电压。测量晶体半波电压的方法有以下两种。

① 极值法,即电光晶体上只加直流电压,不加交流信号,从小到大逐渐改变直流电压,输出的光强将会出现极大、极小值,相邻极大、极小值之间对应的直流电压之差就是半波电压。具体步骤是:去掉 1/4 波片,调节检偏器,使输出光强最小,然后将 ZYEOM-Ⅱ-SS 信号源中正弦波的输出幅度调节至零,打开高压开关,分别记下直流电压为 20～400 V 时的输出电压值,填入表 3-25-1 中。

表 3-25-1　半波电压的测量实验数据记录表

直流电压 U/V	20	40	60	80	100
输出电压 T/mV					
直流电压 U/V	120	140	160	180	200
输出电压 T/mV					
直流电压 U/V	220	240	260	280	300
输出电压 T/mV					
直流电压 U/V	320	340	360	380	400
输出电压 T/mV					

根据测得的数据在实验纸上描出直流电压与输出电压之间的曲线,曲线上输出电压达到最大值时所对应的直流电压即为电光晶体的半波电压。根据电光晶体的尺寸就可以计算出它的电光常数。

② 调制法,即在电光晶体上同时加直流电压与交流电压,当出现第一次倍频现象时,继续加大电压,直到出现第二次倍频现象。出现两次倍频现象之间的电压之差即为半波电压。此法虽然精度很高,但是需要精确进行调节。

注意:在加直流电压时,一定要先从零开始慢慢增加电压。

(5) 电光调制与光通信实验演示。

将音频信号接至 ZYEOM-Ⅱ-SS 信号源"音频输入"口,光电探测器输出口接到 ZYEOM-Ⅱ-SS 信号源"探测信号"口,将有源扬声器输入端插入接至 ZYEOM-Ⅱ-SS"解调信号"口,加晶体偏压或旋转波片,使电光晶体进入调制特性曲线的线性区域,即可以使有源扬声器播放音频节目。改变电压或旋转 1/4 波片,试听有源扬声器音量与音质的变化。用不透光物体遮住激光光线后声音消失,说明音频信号是调制在激光上的,验证了光通信。

【注意事项】

(1) 本实验使用的电光晶体根据其绝缘性能最大安全电压约为 500 V,超过最大值易损坏电光晶体。

(2) 本实验仪所采用的激光器电源两极有千伏高压,在使用时要注意安全。

(3) 在实验过程中,应避免激光直射人眼,以免对眼睛造成伤害。

(4) 本实验所用光学器件均为精密仪器,在使用时应十分小心。

第 4 章　设计性、研究性实验

设计性实验是根据给定的实验题目、实验要求和实验条件,由学生自己设计方案并基本独立完成实验全过程的实验。在设计性实验模式下,基本由教师给定实验题目,由学生自己提出设计思想、拟订实验方案、选择测量仪器、确定实验条件和实验参数,并基本独立完成实验的全过程,或者学生在教师指导下自拟或自选实验题目,自己提出设计思想、拟订实验方案、选择测量仪器、确定实验条件和实验参数,并基本独立完成实验的全过程。研究性实验是组织若干个围绕基础物理实验的课题,由学生以个体或团队的形式,以科研方式进行的实验。

做设计性、研究性实验的目的是使学生了解科学实验的全过程、逐步掌握科学思想和科学方法,培养学生独立实验的能力,培养学生运用所学知识解决给定问题的能力。本章包括力、热、电、光等设计性、研究性实验共 10 个。

实验 4-1　重力加速度测量研究

伽利略(G. Galileo,1564—1642)于 17 世纪初首次证明,如果空气的阻力可以忽略不计,则所有自由下落的物体将以同一加速度下落,这个加速度就是重力加速度 g。重力加速度是一个重要的物理量,它的精确测量在理论和科研生产等方面具有极其重大的意义。重力加速度的精确测量也是一个极其困难的科研问题,科学家们为此花费了大量的精力和时间,如德国波茨坦大地测量研究所(德国地学研究中心(GFZ)的前身)利用开特摆,历时 8 年才准确地测得了当地的重力加速度。现在,我们对重力加速度的多种不同的测量方法以及它们各自的设计思想和实验技巧进行分析研究,这会使我们从中得到很多有益的启示。

【实验预习】

(1) 测量重力加速度的方法有哪些?
(2) 你能用什么方法来测量重力加速度?

【实验目的】

(1) 精确测量当地的重力加速度,在确定测量方法后,设法消除各种误差因素的影响,使测量的精度逐步提高。
(2) 分析研究测定重力加速度的多种方法。

【实验原理】

测量重力加速度的方法有很多,这里主要介绍自由落体法、气垫导轨法和单摆法。

1. 自由落体法

自由落体运动是一种初速度为零,加速度为 g 的匀速直线运动,运动方程为

$$h = \frac{1}{2}gt^2 \tag{4-1-1}$$

若物体在计时起点具有的速度为 v_0,则 t 时刻物体下落的高度为

$$h = v_0t + \frac{1}{2}gt^2 \tag{4-1-2}$$

在实验中,测出 $nt(n = 1,2,3,\cdots)$ 时刻所对应的高度 $h_i(i = 1,2,3,\cdots)$,根据式(4-1-2)和二次逐差法原则,可导出重力加速度 g。需测数据见表 4-1-1。

表 4-1-1　重力加速度测量研究实验需测数据

时间 t	t	$2t$	$3t$	$4t$	$5t$	$6t$	$7t$	$8t$
距离 h	h_1	h_2	h_3	h_4	h_5	h_6	h_7	h_8

将数据代入式(4-1-2),先进行一次逐差,得

$$H_1 = h_5 - h_1 = v_0(4t) + \frac{1}{2}g(24t^2)$$

$$H_2 = h_6 - h_2 = v_0(4t) + \frac{1}{2}g(32t^2)$$

$$H_3 = h_7 - h_3 = v_0(4t) + \frac{1}{2}g(40t^2)$$

$$H_4 = h_8 - h_4 = v_0(4t) + \frac{1}{2}g(48t^2)$$

然后进行二次逐差,得

$$A_1 = H_3 - H_1 = 8gt^2 \tag{4-1-3}$$
$$A_2 = H_4 - H_2 = 8gt^2 \tag{4-1-4}$$

由式(4-1-3)、式(4-1-4)可得

$$g_1 = A_1/(8t^2)$$
$$g_2 = A_2/(8t^2)$$

取平均值,得

$$g = \frac{1}{2}(g_1 + g_2) = (A_1 + A_2)/(16t^2) \tag{4-1-5}$$

从上述计算可以看出,在 v_0 不易测得的情况下,利用二次逐差法可以避开这一具有确定值的未知量的测量。另外,逐差法还有能充分利用测量数据、减小计算结果误差等优点。

2. 气垫导轨法

如图 4-1-1 所示,将气垫导轨调整为倾角为 α 的斜面,让滑块从上往下作匀加速直线运动。滑块在时刻 t 到达点 A,它在该时刻的瞬时速度就是在时刻 t 附近无限短时间间隔 Δt 内平均速度的极限值。瞬时速度 v 和平均速度 $\bar{v}$ 可以分别表示为

图 4-1-1　倾斜气垫导轨
简单示意图

$$v = \lim_{\Delta t \to 0} \frac{\Delta x}{\Delta t}, \quad \bar{v} = \frac{\Delta x}{\Delta t} \tag{4-1-6}$$

如果能测得滑块上宽度为 Δx 的挡光板经过点 A 的时间 Δt,则当 Δt 无限短时,$\frac{\Delta x}{\Delta t}$ 可近似地看作滑块经过点 A 的瞬时速度。设滑块经过点 A 的速度为 v_A,经过点 B 的速度为 v_B,点 A、B 间的路程为 D,A、B 两点水平高差为 h,则滑块的加速度为

$$a = \frac{v_A^2 - v_B^2}{2D} \tag{4-1-7}$$

又因为加速度 $a = g\sin\alpha = \dfrac{gh}{D}$,因此

$$g = \frac{a}{\sin\alpha} = \frac{aD}{h} \tag{4-1-8}$$

在点 A、B 处各放一个光电门,分别测出滑块在点 A、B 处的速度(用宽为 Δx 的挡光板经过光电门时的平均速度代替瞬时速度),即可由式(4-1-7)、式(4-1-8)得到重力加速度 g。

3. 单摆法

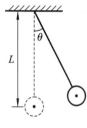

图 4-1-2　单摆

如图 4-1-2 所示,单摆由一根不可伸长的细线悬挂一个小球构成。线的质量相对于小球的质量而言可忽略不计,线的长度远大于小球的直径。

当摆角 θ 较小($\theta < 5°$)时,忽略空气的阻力,单摆在竖直面内的摆动可看作是简谐运动,其振动周期为

$$T = 2\pi\sqrt{\frac{L}{g}} \tag{4-1-9}$$

式中,L 为单摆摆长(从悬点到球心的距离),g 为重力加速度。测出 T 和 L,即可计算出重力加速度 g:

$$g = 4\pi^2 \frac{L}{T^2} \tag{4-1-10}$$

【实验装置】

自由落体仪、直流稳压电源、多用毫秒计、气垫导轨、光电门、数字毫秒计、气源、游标卡尺、单摆、电子秒表(停表)、米尺。

【实验内容与步骤】

(一) 必做部分

1. 用自由落体法测重力加速度

(1)仪器连接。用专用导线将自由落体仪上的上、下光电门分别与多用毫秒计的光电输入插孔相连接,用导线将直流稳压电源的输出与自由落体仪上的接线柱相连接。

(2)仪器调整与调试。

①自由落体仪的调整。接通直流稳压电源的开关,输出电压为 4 V,将重锤线上的小钢球吸在电磁铁的磁极上。调节三脚座上的螺钉,使重锤线通过两个光电门的中心,以保证小钢球下落时准确地通过两个光电门。断开电磁铁电源,取下重锤,将上光电门固定于距磁极 4 cm 的位置。注意,上光电门一经固定不得变动。

②多用毫秒计的调试。接通多用毫秒计的电源,将功能选择开关置于"×0.1"挡,光电控制开

关指向 S_2，检查两个光电门的光源与光敏管是否已对正。光源对正光敏管，多用毫秒计不计数。如果此时多用毫秒计继续计时，可先遮挡光电门的出射光，使多用毫秒计停止计数。最后，扳动置零开关，将多用毫秒计置零，多用毫秒计显示"0.0000"。到此，多用毫秒计的调试工作结束。

（3）接通电磁铁电源，将测量用的小钢球吸在磁极上，并将多用毫秒计置零，准备测量。

（4）将光电门调到适当位置，待自由落体仪停止晃动后，断开电磁铁电源，让小钢球自由下落，并反复调节光电门的位置，直到小钢球下落的时间为 0.050 0 s 为止。当小钢球下落时间达到 0.050 0 s 时，还需重复一两次，以检验小钢球下落时间的准确性。然后记下两光电门间的距离，此距离即 1t 所对应的高度 h_1。

（5）重复步骤（3）和（4），测出下落时间每增加 0.050 0 s 时两光电门间的距离，即与 2t, 3t, …, 8t 所对应的高度 $h_2, h_3, \cdots, h_8$，记录所测得的 8 个数据，并填入自己设计的表格中。

（6）将直流稳压电源的输出调回零位，关断仪器电源，整理好仪器和用具，按二次逐差法处理数据。

2．用单摆法测重力加速度

（1）学习停表的用法。

（2）用米尺测量悬线长度 L_1（单次，见图 4-1-3）。

（3）用游标卡尺测量小球直径 d（单次）。

（4）用停表测量单摆周期 T，具体步骤如下。

①调节单摆支架。以悬线为基准，从正前方和侧面目测悬线与支架的关系，若两者不平行，调节脚螺钉，使它们平行。支架上的分度尺是用来帮助观察单摆运动的，应使分度尺平行于摆动平面且相对于支架对称。

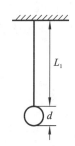

图 4-1-3　摆长测量示意图

②测定单摆周期 T。将小球沿摆动面拉至某处（$\theta < 5°$），轻轻释放，当摆动平稳后，选择一基准点（通常是最低点）开始计时，记录单摆摆动 50 个周期的总时间 t_{50}。单摆周期 $T = t_{50}/50$，记录 50 个周期的时间，是为了减少误差。

（5）数据检查。将所得数据 L_1、d、t_{50} 按要求输入计算机，计算机将自动计算 $g_{测}$，并与武汉地区重力加速度的标准值 g_0（$g_0 = 979.5$ cm/s²）进行比较。如果百分比误差小于 2%，则说明测量结果较准确，否则需重新测量。

（二）选做部分

用气垫导轨法测重力加速度。

【数据记录与处理】

仅以自由落体法为例，给出数据处理方法。其他方法的数据处理参照表 4-1-2 设计表格并计算。

表 4-1-2　用自由落体法测重力加速度的数据记录表

A_1 /cm	h_7 /cm	h_3 /cm	h_5 /cm	h_1 /cm

续表

A_2 /cm	h_8 /cm	h_4 /cm	h_6 /cm	h_2 /cm

用二次逐差法计算测量结果,求出相对误差(取武汉地区重力加速度的标准值即 $979.5 \ \text{cm/s}^2$)。

结合自己的实际操作情况以及实验条件,分析引起误差的重要因素。

【注意事项】

(1) 在用自由落体法测重力加速度的过程中,上光电门的位置一经固定,就不得变动,否则需要重新测量;每次小球下落前,一定要确保钢管已停止晃动,否则多用毫秒计计数不准。

(2) 在用单摆法测重力加速度的过程中,单摆必须在竖直平面内摆动,防止形成锥摆。

实验 4-2　气垫导轨实验中系统误差的分析与补正

【实验预习】

(1) 气垫导轨的系统误差有哪些?

(2) 何谓用平均速度代替瞬时速度引起的误差?

【实验目的】

学习分析发现并修正系统误差的方法。

【实验原理】

实验中,系统误差的存在必然影响测量结果的精确性,特别是当随机误差较小时,系统误差成为影响测量精度的主要因素。历史上,一些物理常量精确度的提高,往往得益于系统误差的发现和补正。因此,制订实验方案时,确定发现和消除系统误差的方法就特别重要。系统误差的处理不像随机误差那样有完整的理论和方法,需要根据具体情况采取不同的方法。在某种意义上说,系统误差的有效处理有赖于实验者基于较高的实验素质,充分发挥实际经验的作用,并巧妙使用实验技巧。本实验通过对存在于气垫导轨实验中的系统误差进行分析处理,引导学生学习分析发现并修正系统误差的方法。

气垫导轨是目前力学实验中一种较精密的仪器。在气垫导轨实验中,气垫对滑块产生漂浮作用,避免了容易引起实验误差的滑动摩擦阻力的影响;另外,在计时上采用光电计时的方法,使时间测量达到很高的精度。照例,气垫导轨实验理应得到较高的精确度。但事实上,如果实验方法不合理,或者没有对实验过程中的系统误差做适当的补正,则这些系统误差也将在气垫导轨这种灵敏的仪器上反映出来,造成实验结果不理想。因此,深入分析气垫导轨实验中系统误差的来源和修正的方法成为气垫导轨实验中十分重要的问题。下面分别讨论气垫导轨实验中常见的几种系统误差及其修正方法。

1. 黏性内摩擦阻力所引起的系统误差

滑块在导轨上运动时,虽然没有滑动摩擦阻力,但要受到黏性内摩擦阻力的作用。黏性内摩擦阻力对滑块的运动产生一定的影响,造成附加的速度损失。可以证明,当滑块的速度不是很快时,单纯在黏性内摩擦阻力作用下,滑块相应的速度损失 Δv 为

$$\Delta v = -\frac{b}{m}s \tag{4-2-1}$$

式中:b 为黏性阻尼常量,可通过实验测得;m 为滑块的质量;s 为滑块运动所经过的距离。

在一般的气垫导轨实验中,黏性内摩擦阻力所引起的速度损失造成的系统误差对结果的影响和具体实验参数的选择有关,举例说明如下。

设导轨的黏性阻尼常量 $b=3.0$ g/s,滑块的质量 $m=235.0$ g,则当滑块运动的距离分别为 10.0 cm 和 100.0 cm 时,速度损失分别如下。

$$s=10.0 \text{ cm}, \qquad \Delta v = \frac{3.0 \times 10.0}{235.0} \text{ cm/s} = 0.13 \text{ cm/s}$$

$$s=100.0 \text{ cm}, \qquad \Delta v = \frac{3.0 \times 100.0}{235.0} \text{ cm/s} = 1.3 \text{ cm/s}$$

当滑块的实测速度为 $v=10.0$ cm/s 时,在以上两个不同距离下速度损失所占的百分比分别为1.3%和13%,后者就非修正不可。另外,在实验安排中,如果使滑块速度增大到50.0 cm/s,则相应的百分比降为 0.26%和2.6%。由本实例可知,在实验中为了避免和减小黏性速度损失所引起的系统误差,在不增加其他误差的前提下,适当缩短距离和选用较快的速度是有利的。例如,在水平导轨上进行碰撞实验时,应尽可能缩短滑块自碰撞点到测速点之间的距离,并适当选用较快的碰撞速度。如果碰撞点到测速点的距离较大,则应对系统误差加以修正。

在倾斜气垫导轨测重力加速度的实验中,对黏性内摩擦阻力所引起的系统误差进行修正就更复杂些。如图 4-2-1 所示,滑块的运动方程为

$$ma = mg\sin\theta - bv \tag{4-2-2}$$

当存在黏性内摩擦阻力作用时,实测滑块经过光电门 K_1 及 K_2 的速度分别为 v_1 及 v_2'。v_2' 中同时包含速度损失及因滑块从 K_1 运动到 K_2 所用的时间 t_{12}' 的变化所带来的影响。t_{12}' 为有黏性内摩擦阻力的情况下,滑块从 K_1 运动到 K_2 的时间,它要比无阻尼力时长。对式(4-2-2)做变换并积分:

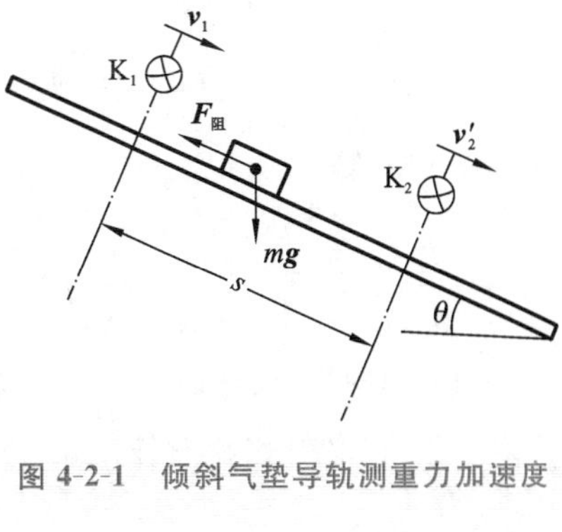

$$\int_{v_1}^{v_2'} \mathrm{d}v = \int_0^{t_{12}'} g\sin\theta \mathrm{d}t - \int_0^s \frac{b}{m}\mathrm{d}s \tag{4-2-3}$$

$$v_2' - v_1 = gt_{12}'\sin\theta - \frac{b}{m}s \tag{4-2-4}$$

图 4-2-1 倾斜气垫导轨测重力加速度

$$\frac{v_2' - v_1}{t_{12}'} = g\sin\theta - \frac{b}{m}\bar{v} \tag{4-2-5}$$

式(4-2-5)中，$\dfrac{v_2' - v_1}{t_{12}'}$ 为有黏性内摩擦时测得的加速度，用 a' 表示；$g\sin\theta$ 为没有黏性内摩擦时的理论加速度值，即重力加速度沿斜面方向的分加速度，用 a 表示；最后一项的量纲为加速度的量纲，可看作黏性内摩擦阻力所引起的附加加速度，用 $a_{阻}$ 表示，而 $\bar{v}$ 为滑块从 K_1 到 K_2 的平均速度，$\bar{v} = \dfrac{s}{t_{12}}$。因此，在倾斜气垫导轨测量重力加速度的实验中，考虑到黏性内摩擦阻力的影响后，对实测加速度 a' 应做如下的修正，即

$$a_{阻} = a' + \frac{b\bar{v}}{m} \tag{4-2-6}$$

2. 测量中用平均速度代替瞬时速度所引起的系统误差

如果不考虑黏性内摩擦阻力的影响，用

$$a = \frac{v_B - v_A}{t_{AB}} \tag{4-2-7}$$

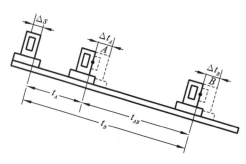

图 4-2-2　倾斜轨道图示

测滑块沿斜面下滑的加速度。式(4-2-7)中，v_B、v_A 均是瞬时速度，而 t_{AB} 则是相应于该两瞬时的时间间隔。但在气垫导轨实验中，所测的 v_B 和 v_A 均是某段时间间隔内的平均速度，因而代入式(4-2-7)计算加速度时，就存在系统误差。我们用图 4-2-2 来说明问题。设以滑块开始运动作为计时起点，则 t_A 和 t_B 分别表示置于滑块上中间开槽的挡光片的前沿到达光电门的时间，而 Δt_A 和 Δt_B 分别表示宽度为

Δs 的挡光片经过光电门所在位置 A 和 B 时挡光的时间。由公式 $v_A = \dfrac{\Delta s}{\Delta t_A}$ 及 $v_B = \dfrac{\Delta s}{\Delta t_B}$ 所计算的速度分别是滑块在 t_A 到 $t_A + \Delta t_A$ 及 t_B 到 $t_B + \Delta t_B$ 时间内的平均速度，不能看作在点 A 和点 B 处的瞬时速度。考虑到匀加速运动的性质，v_A 和 v_B 应分别是 $t_A + \dfrac{\Delta t_A}{2}$ 及 $t_B + \dfrac{\Delta t_B}{2}$ 时刻的瞬时速度，而该两瞬时相应的时间间隔为

$$\left(t_B + \frac{\Delta t_B}{2}\right) - \left(t_A + \frac{\Delta t_A}{2}\right) = t_{AB} - \frac{\Delta t_A}{2} + \frac{\Delta t_B}{2}$$

因而式(4-2-7)应修正为

$$a = \frac{\Delta s}{t_{AB} - \dfrac{\Delta t_A}{2} + \dfrac{\Delta t_B}{2}}\left(\frac{1}{\Delta t_B} - \frac{1}{\Delta t_A}\right) \tag{4-2-8}$$

3. 条形挡光片引入计时中的系统误差

留给学生去探索（比较两种挡光片的测量值；慢慢移动挡光片，观察计时器的动作）。

【实验装置】

气垫导轨、滑块，条形及 U 形挡光片，光电门，数字毫秒计或多用数字测定仪，垫块若干，米尺，游标卡尺及固定游标卡尺的支座（游标卡尺设有游标的微动螺钉）。

【实验内容与步骤】

(1) 将气垫导轨调至水平是气垫导轨实验的基本操作,由于气垫导轨本身均有一定的弯曲,因此将整个气垫导轨调至水平是不可能的。所谓"调平",是指将气垫导轨上的某两点调到同一水平线上,一般是将两光电门所在处调平。

动态法调平是较好的方法,它是通过观测滑块通过光电门的时间去判断,设想应如何判断是否已调平。要注意滑块总要受到黏性阻力的作用。

(2) 在调平的气垫导轨上测黏性阻尼常量 b,自己拟订方案。

(3) 用倾斜气垫导轨测重力加速度时,实验之初导轨未调平将引入系统误差,设计一个可防止此项系统误差的测量方案。

(4) 在倾斜气垫导轨上测滑块的加速度 a 和导轨的倾角 θ,按前述对 a 进行补正后求 g 及不确定度 u_g,和当地重力加速度公认值 g_0 进行比较,评价此实验结果。

(5) 条形挡光片引入计时中的系统误差的分析。

气垫导轨实验中使用的挡光片,有条形挡光片和 U 形挡光片两种,如图 4-2-3 所示。取 Δs 较小(约 1 cm)的两种挡光片,在倾斜气垫导轨上,测量在同一条件下某一点的速度,会发现两挡光片的测量值有明显差异。可用游标卡尺慢慢推动滑块,观察两挡光片从开始计时到终止计时移动距离的差异,并进行分析。

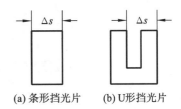

(a) 条形挡光片 (b) U 形挡光片

图 4-2-3　条形挡光片和 U 形挡光片

【问题思考】

在使用气垫导轨完成的实验中,细心的同学可以发现,U 形挡光片的规格为每个片翼都是 0.5 cm 宽,两片翼的间距也是 0.5 cm,即从理论上来讲,若保持速度足够快,不考虑加减速的因素,计时 S_2 挡测量出的时间值应该是计时 S_1 挡测量出的时间值的两倍左右。但通过在气垫导轨上用滑块进行初步实验发现,实际情况却不是这样,请设计实验进行分析和验证。

实验 4-3　简谐振动的研究

【实验预习】

(1) 实现简谐振动的受力条件是什么?

(2) 作简谐振动的物体的速度和加速度有什么特点?

【实验目的】

(1) 研究简谐振动的基本特性。

(2) 更进一步掌握气垫导轨系统、MUJ-5B 计时计数测速仪的使用方法。

【实验原理】

在对气垫导轨充气后,在其上放置一个滑块,用两个弹簧分别将滑块和气垫导轨两端连接起来,如图 4-3-1(a)所示。选滑块的平衡位置为坐标原点 O,将滑块由平衡位置准静态移至某点,其位移为 x,此时滑块一侧弹簧被压缩,另一侧弹簧被拉长,如图 4-3-1 (b)、(c)所示。若两个弹簧的弹性系数分别为 k_1、k_2,则滑块受到的弹性力为

$$F = -(k_1 + k_2)x \qquad (4\text{-}3\text{-}1)$$

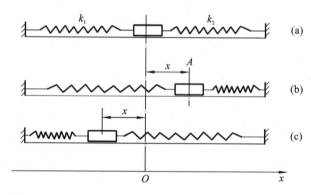

图 4-3-1　简谐振动示意图

式中,负号表示力和位移的方向相反。滑块与气垫导轨间的摩擦极小,故可以略去。在竖直方向上,滑块所受的重力和支持力平衡。滑块仅受到在 x 方向的恢复力即弹性力 F 的作用,这时系统将作简谐振动,且动力学方程为

$$F = -(k_1 + k_2)x = m\frac{\mathrm{d}^2 x}{\mathrm{d}t^2} \qquad (4\text{-}3\text{-}2)$$

令 $\omega^2 = \dfrac{k_1 + k_2}{m}$,则该方程改写为

$$\frac{\mathrm{d}^2 x}{\mathrm{d}t^2} + \omega^2 x = 0$$

这个常系数二阶微分方程的解为

$$x = A\cos(\omega t + \varphi) \qquad (4\text{-}3\text{-}3)$$

式中,ω 称为圆频率,它与每秒振动次数 υ(频率)的关系为 $\upsilon = \dfrac{\omega}{2\pi}$,从而简谐振动的周期为

$$T = \frac{1}{\upsilon} = \frac{2\pi}{\omega} = 2\pi\sqrt{\frac{m}{k_1 + k_2}}$$

将式(4-3-3)对时间求导数,可得滑块运动的速度为

$$v = -A\omega\sin(\omega t + \varphi) \qquad (4\text{-}3\text{-}4)$$

1. $x = A\cos(\omega t + \varphi)$ 的验证

本实验以滑块通过平衡位置向右运动作为计时起点,当 $t=0$ 时,$x_0=0$,$v_0=A\omega$,由式(4-3-4)得 $\varphi = \dfrac{\pi}{2}$。按要求调好气垫导轨,在滑块上安装条形挡光片,计数器置于计时挡,将光电门 K_1 置于滑块的平衡位置(以滑块中线为准)。

依次将光电门 K_2 向右移,离平衡位置约 3 cm,每次将滑块向左拉到相同位置 l_A(即振幅 A

$=|l_i-l_0|$ 相同,约 25 cm)处释放,测出各次位移 $x_1=|l_i-l_0|$ 的运动时间 t_i。然后将光电门 K_2 移开(不用),同上测出滑块来回(即两次)经过平衡位置的时间 t。用所测 x_i、t_i 作 $x\text{-}t$ 图线。

2. $v=-A\omega\sin(\omega t+\varphi)$ 的验证

在滑块上改装 U 形挡光片,计数器仍置于计时挡,光电门 K_1 仍置于平衡位置(K_2 移开不用),将滑块向左拉振幅 A 距离释放,测出 v_0(即 $t=0$ 时的速度),依次将光电门 K_1 置于上述步骤"1"中光电门 K_2 相同位移 x_i 处,测出相应的速度 v_i;然后从前面所测 $x=A\cos(\omega t+\varphi)$ 数据中查出与 x_i(亦即 v_i)对应的时间 t_i。用所测 x_i、t_i 作 $v\text{-}t$ 图线。

3. 周期 T 与初始条件无关验证

在滑块上改装条形挡光片,将计数器置于周期挡。

①将光电门 K_1 置于平衡位置,分别将滑块向左拉到 5 个不同位置(即不同振幅 A_i)。若所测周期相等,则可验证周期 T 与振幅 A 无关。

②将光电门 K_1 依次向右移至 5 个不同位置(相当于初相 φ 不同),每次以同一振幅 A 释放,若所测周期相等,则可验证 T 与 φ 无关。

【实验装置】

气垫导轨、滑块、附加质量、弹簧、光电门、MUJ-5B 计时计数测速仪、条形挡光片、U 形挡光片。

【实验内容与步骤】

1. 验证 $x=A\cos(\omega t+\varphi)$
①每个位移 x_i 处测 5 次时间取平均值 t_i。
②作 $x\text{-}t$ 图线。
2. 验证 $v=-A\omega\sin(\omega t+\varphi)$
①每个位移 x_i(与"1"中相同)处测 5 次速度取平均值 v_i。
②作 $v\text{-}t$ 图线。
3. 验证周期 T 与振幅 A、初相 φ 无关
每个不同振幅测 5 次周期别并平均值 T_i;每个不同初相 φ 测 5 次周期并取平均值 T_i。

【数据记录与处理】

(1) $x=A\cos(\omega t+\varphi)$ 与 $v=-A\omega\sin(\omega t+\varphi)$ 的验证。

$x=A\cos(\omega t+\varphi)$ 与 $v=-A\omega\sin(\omega t+\varphi)$ 的验证实验数据记录表如表 4-3-1 所示。

表 4-3-1 $x=A\cos(\omega t+\varphi)$ 与 $v=-A\omega\sin(\omega t+\varphi)$ 的验证实验数据记录表

位移/m								
运动时间/s								
速度/(m/s)								

(2) 验证周期 T 与振幅 A、初相 φ 无关。

测试周期与振幅的关系实验数据记录表如表 4-3-2 所示。

表 4-3-2　测试周期与振幅的关系实验数据记录表

振幅/cm			
周期/s			

测试周期与初相的关系实验数据记录表如表 4-3-3 所示。

表 4-3-3　测试周期与初相的关系实验数据记录表

初始位置/cm			
周期/s			

结论：_____

【问题思考】

（1）实验前要将气垫导轨调平，如何调平？
（2）如何测量位移最大时运动时间 t_B？
（3）气垫导轨未调水平可否验证简谐振动？

实验 4-4　非线性电路中混沌现象的实验研究

非线性是自然界中普遍存在的现象，正是非线性构成了变化莫测的世界。长期以来，人们在认识和描述运动时，大多只局限于线性动力学描述方法，即确定的运动有一个完美确定的解析解。但是在自然界，在相当多的情况下，非线性现象却起着很大的作用。1963 年美国气象学家 Lorenz 在分析天气预报模型时，首先发现空气动力学中的混沌现象，该现象只能用非线性动力学来解释。于是，1975 年"混沌"作为一个新的科学名词首先出现在科学文献中。从此，非线性动力学迅速发展，并成为有丰富内容的研究领域。该学科涉及非常广泛的科学范围：从电子学到物理学，从气象学到生态学，从数学到经济学等。混沌通常相应于不规则或非周期性，这是由非线性系统产生的。

本实验将引导学生自己建立一个非线性电路。该电路包括有源非线性负阻、LC 振荡器和移相器三部分。本实验旨在采用物理实验方法研究 LC 振荡器产生的正弦波与经过 RC 移相器移相的正弦波合成的相图（李萨如图），观测振动周期发生的分岔及混沌现象，测量非线性单元电路的电流-电压特性，从而对非线性电路及混沌现象有深刻了解，学会自己设计和制作一个实用电感器以及测量非线性器件伏安特性的方法。

【实验目的】

（1）学习测量非线性电路的伏安特性。
（2）学习用示波器观察 LC 振荡器产生的信号波形与经 RC 移相器移相后的信号波形及其相图。

（3）通过观察 LC 振荡器产生的波形周期分岔及混沌现象，对非线性有初步的认识。

【实验原理】

1. 非线性电路与非线性动力学

实验电路如图 4-4-1 所示。图 4-4-1 中有一个非线性元件 R，它是一个有源非线性负阻元件。电感 L 和电容 C_2 组成一个损耗可以忽略的振荡回路；可变电阻 $R_{v_1}+R_{v_2}$ 和电容 C_1 串联，将振荡器产生的正弦信号移相后输出。较理想的非线性元件 R 是一个三段分段线性元件。图 4-4-2 所示是该元件的伏安特性曲线，可见加在此元件上的电压与通过它的电流极性相反。由于加在此元件上的电压增加时，通过它的电流却减小，因而将此元件称为非线性负阻元件。

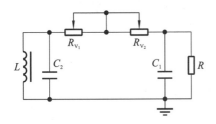

图 4-4-1　实验电路

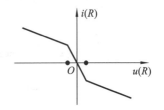

图 4-4-2　电阻的伏安特性曲线

图 4-4-1 所示实验电路的非线性动力学方程为

$$C_1 \frac{\mathrm{d}u_{C_1}}{\mathrm{d}t} = G(u_{C_2} - u_{C_1}) - gu_{C_1}$$

$$C_2 \frac{\mathrm{d}u_{C_2}}{\mathrm{d}t} = G(u_{C_1} - u_{C_2}) + i_L$$

$$L \frac{\mathrm{d}i_L}{\mathrm{d}t} = -u_{C_2}$$

式中，导纳 $G=1/(R_{v_1}+R_{v_2})$，u_{C_1} 和 u_{C_2} 分别表示加在 C_1 和 C_2 上的电压，i_L 表示流过电感 L 的电流，g 表示非线性元件 R 的导纳。

2. 有源非线性负阻元件的实现

实现有源非线性负阻元件的方法有多种，这里使用的是一种较简单的电路，即采用两个运算放大器（一个双运放 TL082）和六个配置电阻来实现，电路图如图 4-4-3 所示，伏安特性曲线如图 4-4-4 所示。由于本实验研究的是该非线性元件对整个电路的影响，只要知道它主要是一个负阻电路（元件），能输出电流维持 LC 振荡器不断振荡，而非线性负阻元件的作用是使振动周期产生分岔和混沌等一系列现象。

实际非线性混沌实验电路如图 4-4-5 所示。

【实验装置】

非线性电路混沌实验线路板，±15 V 稳压电源，四位半数字电压表（0～20 V，分辨力为1 mV），低频信号发生器，通用示波器。

【实验内容】

（1）根据电路要求，用漆包线绕一个铁氧体介质电感，测量已绕制好的铁氧体介质电感在

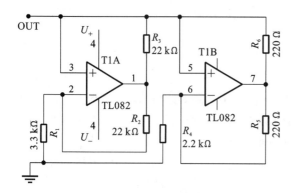

图 4-4-3　有源非线性负阻元件

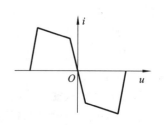

图 4-4-4　有源非线性负阻元件的
伏安特性曲线

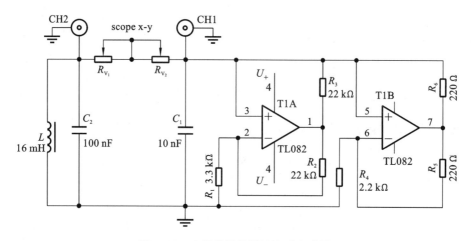

图 4-4-5　实际非线性混沌实验电路图

通过规定电流值时的电感量。（选做内容）

（2）用示波器观测 LC 振荡器产生的信号波形及经 RC 移相器移相后的信号波形。

（3）用双踪示波器观测上述两个波形组成的相图（李萨如图）。

（4）改变 RC 移相器中 R 的阻值，观测相图周期的变化，观测倍周期分岔、阵发混沌、三倍周期、吸引子（混沌）和双吸引子（混沌）现象，分析混沌产生的原因。

（5）测量非线性负阻电路（元件）的伏安特性。（选做内容）

【实验步骤】

（1）绕制电感并测量其电感值。

①用漆包线手工缠绕电感 L。做法是在线框上绕 80～90 圈，然后装上铁氧体磁芯，并把引出漆包线端点上的绝缘漆用刀片刮去，使两端点导电性能良好。

②用串联谐振法测电感 L 的电感量。把自制电感、标准电容、电阻箱（取 10 Ω）串联，并与低频信号发生器相连接。用示波器测量电阻两端的电压，调节低频信号发生器正弦波频率，使电阻两端电压达到最大值。同时，计算通过电阻的电流值 i（$=u/R$）。要求达到 $I=5$ mA（有效值）时，L（$=1/(C\omega^2)$）$=17.5$ mH。

（2）观测 LC 振荡器产生的信号波形与经 RC 移相器移相后的信号波形。把电感接入图 4-4-5 所示的电路中，调节 $R_{v_1}+R_{v_2}$ 阻值，在示波器上观测图 4-4-5 所示的 CH1—地和 CH2—地之间的时间信号波形，并计算其相位差。

（3）用双踪示波器观测上述两个波形组成的相图（李萨如图），调整双踪示波器，观测 LC 振荡器产生的信号波形与经 RC 移相器移相后的信号波形所构成的相图（李萨如图）。

（4）观测相图周期的变化，观测倍周期分岔、阵发混沌、三倍周期、吸引子（混沌）和双吸引子（混沌）现象，由大至小调节电阻 $R_{v_1}+R_{v_2}$ 值时，描绘相图周期的分岔及混沌现象。将一个环形相图的周期定为 P，那么要求观测并记录 $2P$、$4P$、阵发混沌、$3P$、单吸引子（混沌）、双吸引子（混沌）共六个相图及相应的 CH1—地和 CH2—地两个输出信号波形。

（5）测量非线性负阻电路（元件）的伏安特性。首先把有源非线性电阻元件与 RC 移相器的连线断开，然后接入电阻箱 R。测量线路如图 4-4-6 所示。

（6）测量有源非线性电阻的伏安特性并画出伏安特性图。

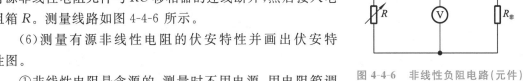

图 4-4-6　非线性负阻电路（元件）伏安特性测量线路

①非线性电阻是含源的，测量时不用电源，用电阻箱调节。伏特表并联在非线性电阻两端，再和安培表、电阻箱串在一起构成回路。

②由于电源电压在 15 V 左右，因此每 0.02 V 测一组数据，共 60 组。测量时，主要就是电阻箱的调节，本实验操作过程相对简单，但电阻箱的调节并非没有规律。注意到这一点可以加快实验操作，节省实验时间。另外，要注意运算放大器正负极不能接反，而且仪器最好预热 10 min 后再进行测量。

因为非线性电阻是有源的，所以回路中始终有电流。其中伏特表用来测量非线性电阻两端的电压，安培表用来测量流过非线性电阻的电流，电阻箱 R 的作用是改变非线性电阻的对外输出。实验时，测量非线性电路在电压 $U<0$ 时的伏安特性，作 I-U 关系图。

注意：正向电压部分的曲线，根据理论计算，与反向电压部分的曲线关于原点 $180°$ 对称。由于实验中非线性元件在零点附近呈负阻特性，因而很难在零点稳定。对应于 $+I$ 各有一个最终的稳态，但无法测量到正向电压部分的曲线。

各种混沌现象如图 4-4-7 所示。

【问题思考】

（1）实验中需自制以铁氧体为介质的电感，该电感的电感量与哪些因素有关？此电感量可用哪些方法测量？

（2）非线性负阻电路（元件）在本实验中的作用是什么？

（3）为什么要采用 RC 移相器，并且用相图来观测倍周期分岔等现象？如果不用移相器，可用哪些仪器或方法？

（4）通过本实验请阐述倍周期分岔、混沌、奇怪吸引子等概念的物理含义。

【注意事项】

（1）双运算放大器 TL082 的正负极不能接反，地线与电源接地点必须接触良好。

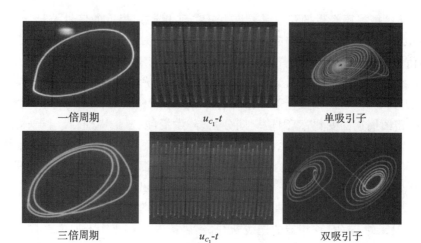

| 一倍周期 | u_{C_1}-t | 单吸引子 |

| 三倍周期 | u_{C_1}-t | 双吸引子 |

图 4-4-7　各种混沌现象

(2) 关掉电源后拆线。

(3) 仪器应预热 10 min 后再开始测量数据。

实验 4-5　电表的改装与校准

【实验预习】

(1) 测量微安表(表头)的内阻有哪些方法?

(2) 如何将微安表改装为大量程的电流表和电压表?

(3) 如何将微安表改装为欧姆表?

【实验目的】

(1) 学习测量表头内阻的方法。

(2) 掌握将表头改成较大量程的电流表和电压表的方法。

(3) 学会校准电流表和电压表。

【实验原理】

1. 磁电式电流表的工作原理

常见的磁电式电流表主要由可以转动的线圈、用来产生机械反力矩的游丝、指示用的指针和永久磁铁组成。当电流通过线圈时,载流线圈在磁场中就产生磁力矩 M,从而转动,并带动指针偏转。线圈偏转角度的大小与通过的电流大小成正比,所以可由指针的偏转角度直接指示出电流值。

2. 电流表表头的量程 I_g 和内阻 R_g

电流表表头,也叫微安表头,有两个重要的参数:一个是量程 I_g,一般为几十微安到几百微安,是指针满偏电流值;另一个是内阻 R_g,是磁场中可转动线圈的电阻阻值,大小一般为几百欧到几千欧。微安表头只能测很小的电流和电压。要想测较大的电流、电压、电阻或者其他量,就必须加一些元件对微安表头进行改装、校准和刻度,从而制成一个具有新量程和新功能的电表。为了说明新改装表的精确度,还要进行测量和计算,按国家颁布的等级标准,确认新改装表的等级。

3. 电流表(微安表)表头内阻的测定

由于电流表表头能够承受的电压很小,因此通常不能用欧姆表或万用表直接测量其内阻。测量电流表表头内阻的方法有很多,下面仅介绍三种常用的测量方法。

(1)半偏法。

电路图如图 4-5-1 所示。首先闭合 K_1,调 R_1 的阻值使电流表指针满偏;再闭合 K_2,调 R_2 的阻值使电流表指针偏转到满刻度的一半。当 $R_1 \gg R_2$ 时,可认为 $R_g = R_2$。因为要使电流表满偏,所以电源的电动势不能太小。

(2)满偏法。

电路图如图 4-5-1 所示。首先闭合 K_1,调 R_1 的阻值使电流表指针满偏;再闭合 K_2,将 R_1 的阻值减半,调 R_2 的阻值使电流表指针仍然满偏。若忽略电源内阻,则可得内阻 R_g。

(3)电阻替代法。

电路图如图 4-5-2 所示。此法多选用了一个比电流表 G 量程大几倍的电流表 A。先闭合 K 和 K_1,调节 R_1 的阻值使电流表 A 的指针指向一定电流 I;然后断开 K_1,接通 K_2,调 R_2 的阻值使电流表 A 的指针仍然指向一定电流 I,则可得 R_g。

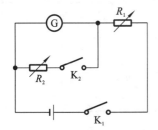

图 4-5-1　半偏法、满偏法测电流表表头内阻

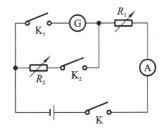

图 4-5-2　电阻替代法测电流表表头内阻

4. 电流表扩大量程原理

如欲用微安表头测量超过其量程的电流,就必须扩大其电流量程。扩大电流量程的方法是在电表两端并联一个分流电阻 R_f,如图 4-5-3 所示。图中微安表头和 R_f 组成了一个新的电流表,设新电流表量程为 I,则当流入电流为 I 时,由于流入原微安表头的最大电流只能为 I_g,所以电流 $I - I_g$ 必须从分流电阻 R_f 上流过。由欧姆定律知

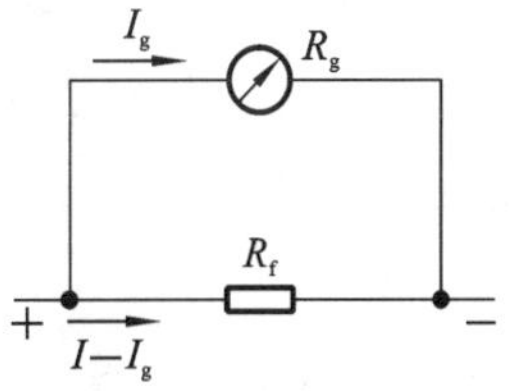

$$I_g R_g = (I - I_g) R_f \tag{4-5-1}$$

图 4-5-3　电流表扩大量程原理图

式中,R_g 是微安表头的内阻,分流电阻 $R_f = \dfrac{I_g}{I - I_g} R_g$。令 $\dfrac{I}{I_g} = n$(称为量程的扩大倍数),则分流电阻为

$$R_f = \frac{1}{n-1} R_g \tag{4-5-2}$$

确定了微安表头的参量 I_g 和 R_g 后,根据量程的扩大倍数 n,就可算出需要并联的分流电阻 R_f,实现电流表的扩程。同一电流表,并联不同的分流电阻 R_f,就可得到不同量程的新的电流表。

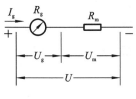

图 4-5-4　电流表改装为
电压表原理图

5. 电流表改装为电压表

用量程为 I_g、内阻为 R_g 的微安表头测量电压,它的电压量程仅为 $U_g = I_g R_g$,一般在 $0.01 \sim 0.1$ V 量级,显然是很小的。若要用它测量较大的电压,则可采用串联分压电阻 R_m 的方法来实现,如图 4-5-4 所示。

经改装得到的电压表的总内阻为 $R_m + R_g = \dfrac{U}{I_g}$,分压电阻为

$$R_m = \frac{U}{I_g} - R_g \tag{4-5-3}$$

在计算 R_m 时,通常先计算将量程为 I_g 的微安表头改装成 1 V 的电压表时所需要的总内阻,它等于 $1\,\text{V}/I_g$,称为每伏欧姆数,这是一个很重要的参量。当需要将电流表改装成量程为 U 的电压表时,只要将 U 乘以每伏欧姆数,然后减去电流表内阻 R_g,就可确定分压电阻 R_m 的大小。同一微安表头,串联不同的分压电阻 R_m,就可得到不同量程的电压表。

6. 电流表改装为欧姆表

用来测量电阻大小的电表称为欧姆表。根据调零方式的不同,欧姆表可分为串联分压式和并联分流式两种,如图 4-5-5 所示。在图 4-5-5 中,E 为电源,R_3 为限流电阻,R_w 为调零电位器,R_x 为被测电阻,R_g 为等效表头内阻。在图 4-5-5（b）中,R_G 与 R_w 一起组成分流电阻。

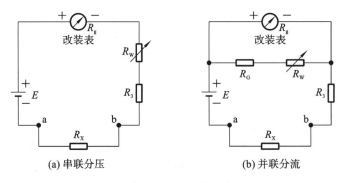

(a) 串联分压　　　　　　　　(b) 并联分流

图 4-5-5　电流表改装为欧姆表原理图

在使用欧姆表之前先要调零点,即使 a、b 两端短路(相当于 $R_x = 0$),调节 R_w 的阻值,使表头指针正好偏转到满刻度。可见,欧姆表的零点在表头标度尺的满刻度(即量限)处,与电流表和电压表的零点正好相反。

在图 4-5-5（b）中,在 a、b 两端间接入被测电阻 R_x 后,电路中的电流为

$$I = \frac{E}{R_g + R_w + R_3 + R_x} \tag{4-5-4}$$

对于给定的表头和线路来说,R_g、R_w、R_3 都是常量。由此可见,当电源端电压 E 保持不变时,被测电阻和电流值有一一对应的关系,即接入不同的电阻,表头就会有不同的偏转读数,R_x

越大,电流 I 越小。当 a、b 两端短路,即 $R_X = 0$ 时,有

$$I = \frac{E}{R_g + R_w + R_3} = I_g \tag{4-5-5}$$

这时,表头指针满偏。当 $R_X = R_g + R_w + R_3$ 时,有

$$I = \frac{E}{R_g + R_w + R_3 + R_X} = \frac{1}{2}I_g \tag{4-5-6}$$

这时,表头指针在表头的中间位置,对应的阻值为中值电阻。当 $R_X \to \infty$(相当于 a、b 两端开路)时,$I = 0$,即表头指针在表头的机械零位。

所以,欧姆表的标度尺为反向刻度,且刻度是不均匀的,电阻值越大,刻度间隔越密。如果表头的标度尺预先按已知电阻值刻度,就可以用电流表来直接测量电阻了。

并联分流式欧姆表利用对表头分流进行调零,具体参数可自行设计。在欧姆表使用过程中,电池的端电压会有所改变,而表头的内阻 R_g 及限流电阻 R_3 为常量,故要求 R_w 要跟着 E 的变化而改变,以满足调零的要求。设计时,用可调电源模拟电池电压的变化,范围取 $1.3 \sim 1.6$ V 即可。

7. 电表的校准

常用的简便的电表校准方法就是比较法,即将待校电表与级别较高的标准电表进行比较。

经改装得到的电流表可用标准电流表进行校准,电路如图 4-5-6(a)所示。校准点应选在扩大量程后的电表的全偏转范围内各个标度值的位置上,确定各校正点的 $\Delta I = I_X - I_S$ 值。这样,不仅可与等级度误差 $\Delta_仪$ 做比较,以判定各校正点的 ΔI 是否超过 $\Delta_仪$,而且还可作 ΔI-I_X 曲线,供使用时对读数做修正。

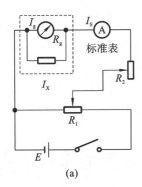
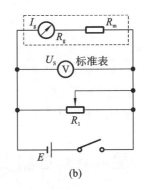

(a)　　　　　　　　(b)

图 4-5-6　改装表校准原理图

经改装得到的电压表用标准电压表进行校准,电路如图 4-5-6(b)所示。校正点同样应选择在改装表的所有标度值的位置上,确定各校正点的 $\Delta U = U_X - U_S$ 值,与等级度误差 $\Delta_仪$ 做比较,并作 ΔU-U_X 曲线。图 4-5-7 所示为电压表校准曲线的示例。

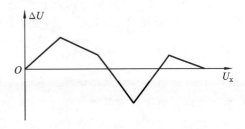

图 4-5-7　电压表校准曲线的示例

【实验装置】

电表改装与校准实验仪。

【实验内容与步骤】

实验操作微课

（一）必做部分

（1）改装为电流表，即将一个量程为_____μA 的电流表改装为量程为_____mA 的电流表。

实验步骤如下。

①仪器选用及电路设计。

②操作过程。

③数据记录。

④校准过程。作校准曲线，并确定改装表的准确度等级。

⑤误差分析。分析内阻测量的误差；分析改装表的误差。

（2）将一个量程为_____μA 的电流表改装为量程为_____V 的电压表。实验步骤与改装为大量程电流表相同。

（二）选做部分

（1）改装为欧姆表。将一个量程为_____mA 的电流表改装为量程为_____Ω 的欧姆表。

（2）改装为多量程电压表和电流表。

（3）改装为万用表。

【问题思考】

（1）如果不知道待测电流表表头的量程，则可如何测量？

（2）如果待改装电流表表头的内阻很小，则可如何测量？

（3）能否缩小电表的量程？

（4）能否将电压表改装为电流表？

实验 4-6　自组交流电桥测电容和电感

交流电桥是测量电感、电容的高精度测量仪器，也是实验室中常用的电子测量仪器之一。本实验通过自行搭建的交流电桥来测量电容和电感。

【实验预习】

（1）什么是电容？什么是电感？它们在电路中的作用有哪些？

（2）如何测量电容和电感？

【实验目的】

（1）掌握用交流电桥测量电容和电感及其损耗的方法。

（2）了解电桥平衡的原理，掌握调节电桥平衡的方法。

【实验原理】

1. 电容的等效模型

实际电容并非理想元件，存在着介质损耗，所以通过它的电流和两端电压的相位差并不是 $90°$，而是比 $90°$ 要小一个 δ 角，δ 称为介质损耗角。具有损耗的电容可以用两种形式的等效电路表示：一种是理想电容和一个电阻相串联的等效电路，如图 4-6-1(a) 所示，相应的电压-电流相量图如图 4-6-1(b) 所示。另一种是理想电容与一个电阻相并联的等效电路，如图 4-6-2(a) 所示，相应的电压-电流相量图如图 4-6-2(b) 所示。在等效电路中，理想电容表示实际电容的等效电容，而串联（或并联）等效电阻则表示实际电容的发热损耗。

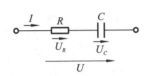
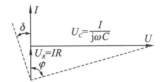

(a) 电容串联等效电路图　　　　　(b) 电容串联等效电压-电流相量图

图 4-6-1　电容串联等效电路及其电压-电流相量图

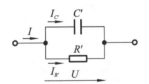
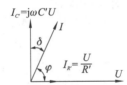

(a) 电容并联等效电路图　　　　　(b) 电容并联等效电压-电流相量图

图 4-6-2　电容并联等效电路及其电压-电流相量图

必须注意，串联等效电路中的 C 和 R，与并联等效电路中的 C'、R' 是不相等的。在一般情况下，当电容介质损耗不大时，可以认为 $C \approx C'$，$R \ll R'$。所以，用 R 或 R' 来表示实际电容的损耗时，还必须说明它是对于哪一种等效电路而言的。因此，为了表示方便起见，通常用电容介质损耗角 δ 的正切 $\tan\delta$ 来表示它的介质损耗特性，并用符号 D 表示 $\tan\delta$，通常称它为损耗因数。

（1）串联等效模型。

当电容损耗较小时，它可等效为串联形式，且阻抗为 $\widetilde{Z} = R' + \dfrac{1}{j\omega C}$，其中 R 为损耗电阻，相应的损耗因数为

$$D = \tan\delta = \frac{U_R}{U_C} = \frac{IR}{\dfrac{I}{\omega C}} = \omega CR \tag{4-6-1}$$

（2）并联等效模型。

当电容损耗较大时，它可等效为并联形式，且阻抗为 $\dfrac{1}{\widetilde{Z}} = \dfrac{1}{R'} + j\omega C'$，相应的损耗因数为

$$D = \tan\delta = \frac{I_{C'}}{I_{R'}} = \frac{U/R'}{\omega C'U} = \frac{1}{\omega C'R'} \tag{4-6-2}$$

2. 电感的等效模型

一般来讲,实际的电感都不是纯电感,除了电抗 $X_L = \omega L$ 外,还有有效损耗电阻 R'。在串联等效模型(见图 4-6-3)中,总阻抗为 $\tilde{Z} = R' + \mathrm{j}\omega L$,电抗和电阻之比称为电感线圈的品质因数 Q,即 $Q = \dfrac{\omega L}{R'}$。

3. 交流电桥的平衡条件

交流电桥电路如图 4-6-4 所示。图中 G 表示交流示零仪,通常可以选用精度较高的交流毫伏表。当电桥平衡时,交流示零仪的示值为 0,平衡条件为

$$\tilde{Z}_1 \cdot \tilde{Z}_3 = \tilde{Z}_2 \cdot \tilde{Z}_4 \tag{4-6-3}$$

图 4-6-3　电感串联等效

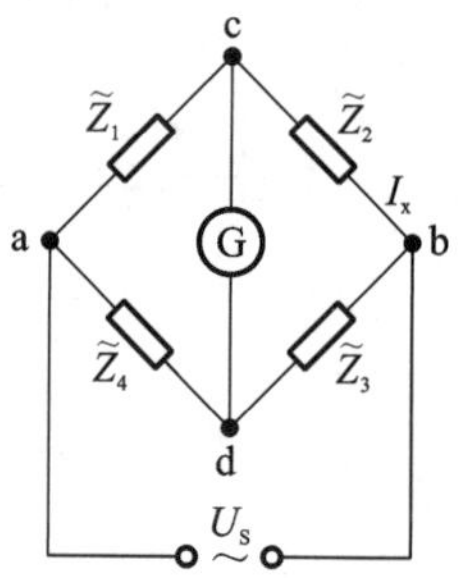

图 4-6-4　交流电桥电路图

4. 电容电桥

根据测量对象的不同,电桥可以采用不同的连接方式。图 4-6-5(a)和图 4-6-5(b)为测量电容时常用的电桥。

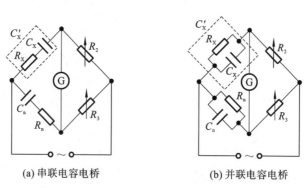

(a) 串联电容电桥　　　　　　(b) 并联电容电桥

图 4-6-5　电容电桥电路图

(1) 串联电容电桥。

对于损耗较小的电容,适用串联电容电桥进行测量,电路连接方式如图 4-6-5(a)所示。根据电桥平衡条件,可得

$$C_X = \frac{R_3}{R_2} C_n \tag{4-6-4}$$

$$R_X = \frac{R_2}{R_3} R_n \tag{4-6-5}$$

$$\tan\delta = R_X C_X \omega = R_n C_n \omega \tag{4-6-6}$$

（2）并联电容电桥。

对于损耗较大的电容，适合用并联电容电桥进行测量，电路连接方式如图 4-6-5（b）所示。根据电桥平衡条件，可得

$$C_X = \frac{R_3}{R_2} C_n \tag{4-6-7}$$

$$R_X = \frac{R_2}{R_3} R_n \tag{4-6-8}$$

$$\tan\delta = \frac{1}{R_X C_X \omega} = \frac{1}{R_n C_n \omega} \tag{4-6-9}$$

为了使电桥平衡，可分别重复调节 C_n 和 R_n、R_2、R_3 的数值，直到交流示零仪指示的数值不能再小为止。

5. 电感电桥

（1）海氏电桥。

图 4-6-6（a）所示的电路称为海氏电桥，适用于测量 Q 值较大的电感。根据电桥平衡条件，可得

$$L_X = \frac{R_2 R_4 C_n}{1 + (\omega C_n R_n)^2} \tag{4-6-10}$$

$$R_X = \frac{R_2 R_4 R_n (\omega C_n)^2}{1 + (\omega C_n R_n)^2} \tag{4-6-11}$$

$$Q = \frac{1}{R_n C_n \omega} \tag{4-6-12}$$

（2）麦克斯韦-维恩电桥。

对于 Q 值较小的电感，适合选用如图 4-6-6（b）所示的麦克斯韦-维恩电桥（简称麦氏电桥）进行测量。根据电桥平衡条件，可得

$$L_X = R_2 R_4 C_n \tag{4-6-13}$$

$$R_X = \frac{R_2 R_4}{R_n} \tag{4-6-14}$$

$$Q = R_n C_n \omega \tag{4-6-15}$$

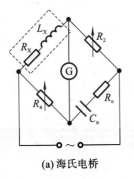
(a) 海氏电桥

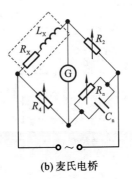
(b) 麦氏电桥

图 4-6-6　电感电桥电路图

【实验装置】

函数信号发生器(EE1641B 型)、低频交流毫伏表、标准电容箱(RX7 型十进制电容箱)、可调电感、电阻箱(ZX38 型交直流电阻箱)、LCR 数字电桥(DF2826 型)、待测电容、待测电感、开关、导线等。

【实验内容与步骤】

(1) 使用 LCR 数字电桥测出待测电容和电感的值及其损耗因数和品质因数,并计算电容和电感的损耗电阻。根据损耗因数和品质因数的大小选择合适的交流电桥电路进行测量,并写出测量方案。

(2) 电容的测量(以串联电容电桥为例)。

① 按照图 4-6-5(a)接好电路,并设置好各个参量的初始值。

② 将交流示零仪置于某一个合适的量程。

③ 设置信号源 $f=1\,000$ Hz,输出电压为 $3.0\;\mathrm{V_{RMS}}$,并保持恒定。

④ 分析调节参数及调节顺序。

⑤ "逐位扫值"地调节 C_{n} 值,使交流示零仪指示值 U 逐渐达到极小值。

⑥ 逐步增大 R_3 的值(注意电阻箱接线柱的选取),使 U 出现极小值。

⑦ 反复调节 C_{n} 和 R_{n},使 $U<1.5$ mV,此时可以认为电桥处于平衡状态。

(3) 电感的测量。

可仿照电容测量的步骤进行。

【数据记录与处理】

1. 电容测量数据记录与处理

以串联电容电桥为例,电容测量的数据记录与处理表如表 4-6-1 所示。

表 4-6-1　电容测量的数据记录与处理表(以串联电容电桥为例)

固定量	R_2/Ω				
	R_3/Ω				
可调量	$C_{\mathrm{n}}/\mu\mathrm{F}$				
	R_{n}/Ω				
测量结果	$C_{\mathrm{X}}=\dfrac{R_3}{R_2}\cdot C_{\mathrm{n}}/\mu\mathrm{F}$				
	$R_{\mathrm{X}}=\dfrac{R_2}{R_3}\cdot R_{\mathrm{n}}/\Omega$				
	$\tan\delta=R_{\mathrm{n}}C_{\mathrm{n}}\omega$				
测量结果平均值	$C_{\mathrm{X}}=$　　　　　　$R_{\mathrm{X}}=$　　　　　　$\tan\delta=$				

2. 电感测量数据记录与处理

略。

【问题思考】

（1）交流电桥的平衡条件是什么？

（2）交流电桥平衡与电源的频率有无关系？

（3）为什么交流电桥采用交流示零仪，而不是直流检流计？

（4）在图 4-6-7 所示的几种交流电桥中，哪些能调至平衡？

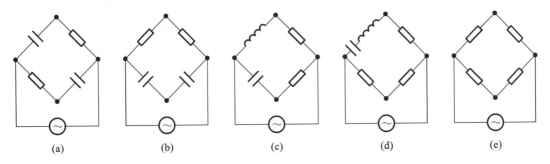

图 4-6-7　思考题(4)电路图

（5）根据"注意事项"中的提示，为了便于调节交流电桥，图 4-6-5 中通常选 C_n 和 R_n 作为调节参数，但如果 C_n 的精度不够，该如何选择调节参数呢？

（6）若用海氏电桥来测量电感，能否选出两个独立的参数分别进行调节，以使电桥平衡条件方程式得到满足？

（7）如果有精度符合要求的可调电感供选择，那么在测量电感时，可以怎样设计桥路以便于测量？

（8）交流电桥的桥臂是否可以任意选择不同性质的阻抗元件组成？应如何选择？

（9）为什么在交流电桥中至少需要选择两个可调参数？怎样调节才能使电桥趋于平衡？

【注意事项】

在交流电桥平衡调节过程中要注意以下几个问题。

（1）选择合适的供桥电源。从上述的平衡调节可以看出，这些平衡条件是只针对一个频率 ω 推出的。当供桥电源有多个频率成分时，就得不到平衡条件，因此交流电桥要求供桥电源具有良好的电压波形和频率稳定性。

（2）选择合适的调节参量。由于交流电桥的平衡必须同时满足两个条件，因此在桥臂调节参量中，至少要有两个是可以调节的，其余参量在电桥调节过程中固定不变（称为固定参量）。实验中应选择合适的调节参量。

（3）标准可调电容 C_n 存在损耗电阻 r_n，应将其计入桥臂总的电阻 R_n 中。r_n 可由技术参数给出，或由 LCR 数字电桥测得。

（4）设置好各桥臂参量的初始值。欲使电桥快速平衡，应设法估计待测量的数值，并根据平衡条件和测量精度要求，选定固定参量的数值和调节参量的初始值，使电桥一开始就接近平衡点。

（5）合理选择调节顺序。由于各桥臂参量对电桥平衡起的作用不同，调节时要分主次，先调节对平衡起主导作用的参量。一般而言，电容和电感的平衡条件对电桥的平衡起主导作用，所以应该先通过调节这些参量使电桥满足平衡条件。例如，在串联电容电桥中，就应该先调节 C_n 使平衡方程式（4-6-4）先得到满足，再调节 R_n 使平衡方程式（4-6-5）得到满足。

（6）合理选择交流示零仪的量程，以免其损坏。一般来讲，在粗调阶段，应选择较大的量程，然后根据调节情况逐步减小量程。

实验 4-7　电子天平的设计与制作

【实验预习】

生活中你见过电子秤吗？你想设计一个电子天平吗？怎么制作呢？

【实验目的】

（1）掌握由金属箔式应变片组成的称重传感器的正确使用方法。
（2）了解压力测试仪的工作原理及其在电子天平中的应用。

【实验要求】

（1）设计一个电子天平，量程为 $0\sim1.999$ kg；传感器采用悬臂梁式的称重传感器（悬臂梁上贴有应变片）；显示电路采用共阳极数码管；转换电路采用 3 位半 A/D 转换电路。

（2）对电路进行调零、定标，然后再对电路进行稳定性、漂移（零漂、温漂）、重复性、线性等参数的测试和分析。

（3）实验报告中应包括在调试过程中遇到的问题、改进方法及总结体会等。

【压力测试仪的基本原理】

压力测试仪主要由传感器、传感器专用电源、信号放大系统、A/D 转换系统、显示器等组成。压力测试仪组成框图如图 4-7-1 所示。

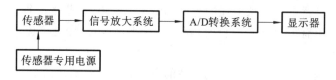

图 4-7-1　压力测试仪组成框图

1. 传感器电桥测量电路

称重传感器的测量电路，通常使用电桥测量电路。它将应变电阻值的变化转换为电压的变化，得到可用的输出信号。电桥电路由四个电阻组成，如图 4-7-2 所示，它们分别是桥臂电阻 R_1、R_2、R_3 和 R_4。电桥两对角点 A、C 接电源电压 $U_{SL}=E(+10\ \text{V})$，另两个对角点 B、D 接桥路的输出 U_{SC}，桥臂电阻为应变电阻。当 $R_1R_4=R_2R_3$ 时，电桥平衡，测量对角线上的输出 U_{SC} 为零。当传感器受到外界物体重量的影响时,电桥的桥臂阻值发生变化,电桥失去平衡,测量对角线上有输出,$U_{SC} \neq 0$。

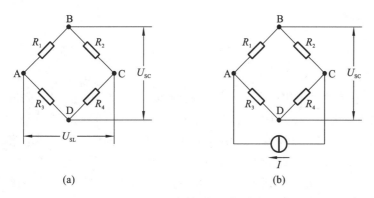

图 4-7-2 传感器电桥测量电路

2. 信号放大系统

压力测试仪的信号放大系统用于把传感器输出的微弱信号进行放大,放大的信号应能满足 A/D 转换的要求。压力测试仪使用的 A/D 转换电路是 3 位半 A/D 转换电路,所以信号放大系统的输出应为 $0 \sim 1.999$ V。为了准确测量,设计信号放大系统时应保证输入级是高阻,输出级是低阻,系统应具有很高的抑制共模干扰的能力。

3. A/D 转换及显示系统

传感器的输出信号放大后,通过 A/D 转换器把模拟量转换成数字量。该数字量由显示器显示。显示器可以选用数码管或液晶显示器。

4. 传感器供电电源

传感器供电电源有恒压源与恒流源两种。

对于恒压源供电(参考图 4-7-2(a)),设四个桥臂的初始电阻相等且均为 R,当有重力作用时,两个桥臂的电阻增加 ΔR,而另外两个桥臂的电阻减少 ΔR。温度变化影响使每个桥臂电阻均变化 ΔR_T。这里假设 ΔR 远小于 R,并且电桥负载电阻为无穷大,则电桥的输出为

$$U_{SC} = \frac{E(R + \Delta R + \Delta R_T)}{2(R + \Delta R_T)} - \frac{E(R - \Delta R + \Delta R_T)}{2(R + \Delta R_T)}$$

即

$$U_{SC} = \frac{E \Delta R}{R + \Delta R_T} \tag{4-7-1}$$

这说明电桥的输出不仅与电桥电源电压 E 的大小和精度有关,还与温度有关。如果 $\Delta R_T = 0$,则当电桥的电源电压 E 恒定时,电桥的输出与 $\Delta R/R$ 成正比。当 $\Delta R_T \neq 0$ 时,即使电桥的电源电压 E 恒定,电桥的输出也不与 $\Delta R/R$ 成正比。这说明恒压源供电不能消除温度影响。

对于恒流源供电(参考图 4-7-2(b)),设供电电流为 I,四个桥臂的电阻相等,则

$$I_{ABC} = I_{ADC} = 0.5I$$

有重力作用时,仍有

$$I_{ABC} = I_{ADC} = 0.5I$$

因此电桥的输出为

$$U_{SC} = 0.5I(R + \Delta R + \Delta R_T) - 0.5I(R - \Delta R + \Delta R_T) = I \Delta R$$

即

$$U_{SC} = I \Delta R \tag{4-7-2}$$

因此,采用恒流源供电,电桥的输出与温度无关。因此,一般采用恒流源供电为好。由于工艺过程不能使每个桥臂电阻完全相等,因此,在零压力的情况下,仍有电压输出,用恒流源供电仍有一定的温度误差。

【实验提示】

(1) 放大电路设计。

首先,由于传感器测量范围是 0～2 kg,灵敏度为 1 mV/V,输出信号仅为 0～10 mV;而 A/D 转换电路的输入应为 0～1.999 V,对应显示 0～1.999 kg,当量为 1 mV/g,因此要求放大电路的放大倍数约为 200 倍。一般采用二级放大器组成放大电路。其次,在电路设计过程中应考虑电路抗干扰环节和稳定性,尽量选用低失调电压、低漂移、高稳定性、经济的芯片。电源电压取为 ±12 V 或 ±15 V。最后,电路中还应有调零和调增益的环节,这样才能保证电子天平不称重时显示零读数,测压力时读数正确反映被测压力。

(2) 传感器专用直流稳压电源。

传感器要求电源的供电电压是 +10 V。对于给定的传感器(输入电阻为 400 Ω,输出电阻为 350 Ω),采用恒流源相比采用恒压源可以减小非线性误差,因此本实验要求用恒流源供电,即使用电流在 25 mA 左右的恒流源。

(3) 按照要求查阅相关电路和元器件功能的资料,完成传感器恒流源、放大电路、A/D 转换电路及显示电路的设计,画出电路图。

(4) 电路调试。

将 +10 V 电压接到传感器的输入端,测量传感器的输出。在空载时,传感器的输出应为零,但由于有一个称盘,输出不为零,记下初始数据,然后在称盘上放砝码,测量传感器输出端的变化。正确的变化应为:测量 0～2 kg,输出电压变化为 0～10 mV。当传感器上不放砝码时,放大电路的输出应为零。若放大电路的输出不为零,调整放大电路的调零环节,使其输出为零。当在称盘上放上 2 kg 的砝码时,放大电路的输出应为 2 V。放大电路的输出小于 2 V 或大于 2 V 时,应调节放大电路的增益环节。

【问题思考】

(1) 推导传感器采用恒流源供电与恒压源供电时单臂电桥的输出表达式及非线性误差表达式,进一步说明采用恒流源供电的好处。

(2) 推导恒压源供电时,单臂电桥、双臂电桥和四臂全桥的输出表达式,进一步说明四臂全桥的好处。

【注意事项】

(1) 为避免损坏传感器,使用过程中要注意轻拿轻放。往传感器上放砝码定标时,要反复调零和调增益,这样最后的显示才能准确。

(2) 在电路调试、定标等过程中应使用电压表、电流表监测传感器的供电电源(用数字万用表电压挡测量输出电压,用模拟表电流挡测量电流)。必须保证供给传感器的电压、电流是恒定值,这样才能保证传感器的输出信号与被测量呈线性关系。

(3) 接线或插拔元器件、芯片时要断电。

实验 4-8　自组装望远镜

【实验预习】

（1）预习望远镜的结构及分类。
（2）预习望远镜的成像原理。
（3）预习望远镜的特性参数。

【实验目的】

（1）掌握望远镜的构造、放大原理，以及正确的使用方法。
（2）设计组装望远镜。
（3）测量望远镜的视觉放大率。

【实验原理】

1. 人眼的分辨本领和光学仪器的视觉放大率

人眼的分辨本领是描述人眼刚能区分非常靠近的两个物点的能力的物理量。人眼瞳孔的半径约为 1 mm，一般正常人的眼睛能分辨在明视距离（25 cm）处相距 0.05～0.07 mm 的两点，这两点对人眼所张的视角约为 $1'$，称为分辨极限角或最小分辨角。当微小物体或远处物体对人眼所张的视角小于此最小分辨角时，人眼将无法分辨它们，需借助光学仪器（如放大镜、显微镜、望远镜等）来增大物体对人眼所张的视角。在用显微镜或望远镜作为助视仪器观察物体时，显微镜和望远镜的作用都是将被观测物体对人眼的张角（视角）加以放大，这就是助视光学仪器的基本工作原理。

现在讨论在人眼前配置助视光学仪器的情况。同一目标，通过助视光学仪器和眼睛构成的光具组，在视网膜上成像高度为 y'；若把同一目的物放在助视光学仪器原来所成像的平面上，而用肉眼直接观察，在视网膜上所成像的高度为 y，则 y' 与 y 之比称为助视光学仪器的放大本领（视觉放大率），如图 4-8-1 所示。

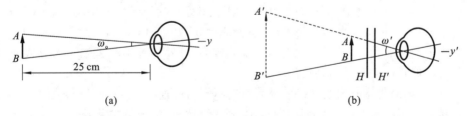

图 4-8-1　视觉放大率光路图

在图 4-8-1 中，AB 表示在明视距离处的物，H、H' 为助视仪器的主点，ω_0 为直接观察时在明视距离处 AB 的视角，ω' 为通过助视仪器成像于明视距离处的视角。设在人眼视网膜上的像长分别为 y 和 y'，则仪器的视觉放大率 Γ 表示为

$$\Gamma = \frac{y'}{y} = \frac{\tan\omega'}{\tan\omega_{o}} \approx \frac{\omega'}{\omega_{o}} \qquad (4\text{-}8\text{-}1)$$

2. 望远镜及其视觉放大率

望远镜是帮助人眼观望远距离物体的仪器,也可作为测量和瞄准的工具。望远镜也是由物镜和目镜组成的,其中对着远处物体的一组叫作物镜,对着眼睛的一组叫作目镜,物镜焦距较长,目镜焦距较短。物镜用反射镜的,称为反射式望远镜;物镜用透镜的,称折射式望远镜;目镜是会聚透镜的,称为开普勒望远镜;目镜是发散透镜的,称为伽利略望远镜。

因被观测物体离物镜的距离远大于物镜的焦距($l>2f_{o}'$),故物体将在物镜的后焦面附近形成一个倒立的缩小实像。与原物体相比,实像靠近了眼睛很多,因而视场增大了。然后实像再经过目镜而被放大,由目镜所成的像可以在明视距离到无限远之间的任何位置上。因此,望远镜的功能是对远处物体成视觉放大的像。望远镜光路图如图 4-8-2 所示。

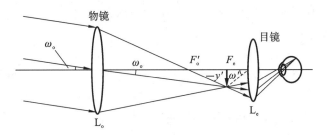

图 4-8-2 望远镜的基本光路图

在图 4-8-2 中,F_{e} 为目镜的物方焦点,F_{o}' 为物镜的像方焦点,ω_{o} 为明视距离处物体对眼睛所张的视角,ω' 为通过光学仪器观察时在明视距离处的成像对眼睛所张的视角。

远处物体发出的光束经物镜后被会聚于物镜的焦平面 F_{o}' 上,成一缩小倒立的实像 $-y'$,像的大小取决于物镜焦距及物体与物镜间的距离。当焦平面 F_{o}' 恰好与目镜的焦平面 F_{e} 重合在一起时,会在无限远处呈一放大的倒立的虚像,用眼睛通过目镜观察时,将会看到这一放大且可移动的倒立虚像。若物镜和目镜的像方焦距为正(两个都是会聚透镜),则为开普勒望远镜;若物镜的像方焦距为正(会聚透镜),目镜的像方焦距为负(发散透镜),则为伽利略望远镜。

望远镜的视觉放大率通过计算可得:

$$\Gamma = \frac{\omega'}{\omega_{o}} = \frac{y'/f_{e}'}{-y'/f_{o}'} = -\frac{f_{o}'}{f_{e}'} \qquad (4\text{-}8\text{-}2)$$

可见,物镜的焦距 f_{o}' 越长、目镜的焦距 f_{e}' 越短,望远镜的视觉放大率越大。对于开普勒望远镜($f_{o}'>0,f_{e}'>0$),视觉放大率 Γ 为负值,系统成倒立的像;而对于伽利略望远镜($f_{o}'>0,f_{e}'<0$),视觉放大率 Γ 为正值,系统成正立的像。实际观察时,物体并不真正位于无穷远处,像也不成在无穷远处,但式(4-8-2)仍近似适用。

由于不同距离的物体成像在物镜焦平面附近不同的位置,而此成像又必须在目镜焦距的范围内,并且接近目镜的焦平面,因此观察不同距离的物体时,需要调节物镜和目镜之间的距离,即改变镜筒的长度,这称为望远镜的调焦。

在光学实验中,经常用目测法来确定望远镜的视觉放大率。目测法指用一只眼睛观察物体,另一只眼睛通过望远镜观察物体的像,同时调节望远镜的目镜,使两者在同一个平面上且没有视差,此时望远镜的视觉放大率即为 $\Gamma = \dfrac{y_{2}}{y_{1}}$,其中 y_{2} 是在物体所处平面上被测物体的虚像的大小，y_1 是被测物体的大小。只要测出 y_2 和 y_1，求出二者的比值，即可得到望远镜的视觉放大率。

【实验装置】

光学平台、标尺、凸透镜、二维调节架（SZ-07）、三维调节架（SZ-16）、二维平移底座（SZ-02）、三维平移底座（SZ-01）、升降调整座（SZ-03）、普通底座（SZ-04）、正像棱镜（保罗棱镜系统）、白炽灯光源、45°玻璃架。

【实验内容与步骤】

1. 组装望远镜并测定计算其视觉放大率

（1）用自准法或共轭法分别测出物镜和目镜的焦距，并确定物镜和目镜的组成。

（2）在光学平台上搭建望远镜，观察并分析其成像规律。

（3）画出光路图，并测定计算所组装望远镜的视觉放大率。

2. 组装成正像的望远镜

（1）开普勒望远镜所成的像是倒立的。若要观察正像，一是使用伽利略望远镜，二是借助直角棱镜（保罗棱镜、正像棱镜）。

（2）了解保罗棱镜系统的结构，并组装成正像的望远镜。

3. 实验提示

（1）查阅资料，熟悉望远镜和显微镜的工作原理及它们之间的区别，了解物镜与目镜的选择及其对视觉放大率的影响。

（2）视觉放大率的测量，一般采用目测法，即在无限远处（约 1.5 m 即可）放标尺，将望远镜对标尺调焦，并对准两个橙色指标间的"E"字，用一只眼睛通过目镜观察标尺的倒立放大的虚像（像高为 5 cm），另一只眼睛直接看标尺，调整目镜使两者重叠而无视差。经适应性练习，在视觉系统获得被望远镜放大的和直观的标尺的叠加像，再测出放大的橙色指标内直观标尺的长度 y_1，则像高 y_2 和物高 y_1 之比即为视觉放大率。

【数据记录与处理】

1. 数据记录表格

自组望远镜实验数据记录与处理表如表 4-8-1 所示。

表 4-8-1　自组望远镜实验数据记录与处理表

测量次数	物高 y_1/mm	像高 y_2/mm	视觉放大率 $\Gamma=\dfrac{y_2}{y_1}$
1			
2			
3			
4			
5			

2. 数据处理

(1) 计算视觉放大率的平均值。

(2) 计算测得的平均视觉放大率与理论视觉放大率之间的绝对误差及相对误差。

(3) 画出开普勒望远镜的设计光路图。

【问题思考】

(1) 伽利略望远镜与开普勒望远镜在结构形式上有什么区别?

(2) 用作图的方法解释保罗棱镜转像原理。

(3) 说明在开普勒望远镜中的孔径光阑及入射光瞳、出射光瞳的位置。

实验 4-9 自组投影仪

【实验预习】

投影仪的基本原理、光路的组成。

【实验目的】

(1) 理解投影仪的基本原理,知道投影仪的光路组成。

(2) 学会自组装投影仪。

【实验原理】

投影仪由成像系统和照明系统两部分组成。其中,照明系统主要由光源、聚光镜组成,成像系统主要由投影片、成像透镜、银幕组成。要达到好的投影效果,照明系统和成像系统间必须合理配置,以获得最大的光照效率,同时使图像得到均匀照明。为达到该目的,投影仪、幻灯机采用柯勒照明方式(柯勒照明是蔡司公司的工程师柯勒在 19 世纪末为解决显微镜成像照明问题而发明的):①将被投影画幅(投影片、幻灯片)安置在尽可能靠近聚光镜的位置;②将光源发光面的像安排在成像物镜(放映物镜)的入瞳处(若成像物镜为单透镜,则入瞳处就在成像物镜处)。简易投影仪的光路原理如图 4-9-1 所示。

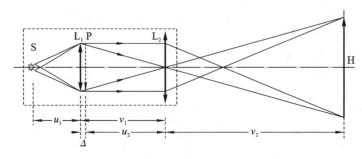

图 4-9-1 简易投影仪光路示意图

在图 4-9-1 中,S 为光源,L_1 为聚光镜(焦距短),L_2 为成像物镜(焦距长),H 为银幕(光屏),

P 为幻灯片(尽可能靠近 L_1，实际与 L_1 之间有一个小的间距 Δ)。P 经 L_2 成像在 H 处，u_2 为物距，v_2 为像距(即投影距离)。光源 S 经 L_1 成像在 L_2 处，u_1 为物距，v_1 为像距，$v_1 = u_2 + \Delta$。

【实验装置】

自组投影仪实验装置如图 4-9-2 所示。

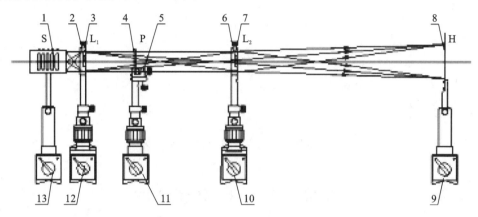

图 4-9-2　自组投影仪实验装置图

1—白光源 S(GY-6)；2—聚光透镜 L_1(T-GSZ-A07，$f_1' = 50$ mm)；3，7—透镜架(SZ-08)；4—幻灯片 P(HDP)；
5—干板架(SZ-12)；6—放映物镜 L_2(T-GSZ-A10，$f_2' = 190$ mm)；8—白屏 H(SZ-13)；9～13—各种底座

【实验内容与步骤】

(1) 按图 4-9-2 安排光路、调共轴。

(2) 使 L_2 与 H 相距约 1.2 m(平台较短，可以白墙代替屏)，前后移动 P，使其在 H 上成一清晰放大的像。

(3) 使 L_1 固定在紧靠 P 的位置，取下 P，前后移动光源，使其成像于 L_1 所在平面。

(4) 重新装好 P，观察 H 上像的亮度和照度的均匀性。

(5) 取下 L_1，观察像面亮度和照度均匀性的变化。其中，放映物镜焦距和聚光镜焦距的选择如下。

放映物镜：

$$f_2' = \frac{MD_2}{(\Gamma + 1)^2}$$

聚光镜：

$$f_1' = \frac{D_2}{\Gamma + 1} - \frac{D_2^2}{(\Gamma + 1)^2 D_1}$$

其中，$D_2 = u_2 + v_2$，$D_1 = u_1 + v_1$，Γ 为像的视觉放大率。

【数据记录与处理】

自组简易投影仪参数设计如下。

聚光镜焦距为 $f_1' = 5$ cm，成像物镜焦距为 $f_2' = 19$ cm，投影距离(即 v_2)可取 80～100 cm，$\Delta \approx 0.5$ cm(也可忽略)。

根据以上参数和透镜成像公式 $\frac{1}{u}+\frac{1}{v}=\frac{1}{f'}$,其他各位置参数计算如下。

$$u_2 = \frac{v_2 f_2'}{v_2 - f_2'} = \underline{\hspace{3cm}} \text{cm}$$

$$v_1 = u_2 + \Delta = \underline{\hspace{3cm}} \text{cm}$$

$$u_1 = \frac{v_1 f_1'}{v_1 - f_1'} = \underline{\hspace{3cm}} \text{cm}$$

$$\beta = \frac{v_2}{u_2} = \underline{\hspace{3cm}}$$

其中,β 为放大率。

【问题思考】

投影时不用聚光镜,能否得到清晰、照度均匀的图像?

实验 4-10　自组显微镜

【实验预习】

(1) 预习显微镜的结构及分类。
(2) 预习显微镜的成像原理。
(3) 预习显微镜的特性参数。

【实验目的】

(1) 理解自组显微镜的基本原理,知道自组显微镜的光路组成。
(2) 学会自己组装显微镜。

【实验原理】

最简单的显微镜由两个凸透镜构成。其中,物镜的焦距很短,目镜的焦距较长。它的光路如图 4-10-1 所示。图中的 L_o 为物镜(焦点在 F_o 和 F_o' 处),焦距为 f_o';L_e 为目镜,焦距为 f_e'。将长度为 y_1 的被观测物体 AB 放在 L_o 的焦距外且接近焦点 F_o 处,物体通过物镜成一放大倒立的实像(其长度为 y_2)。此实像在目镜的焦点以内,经过目镜放大,结果在明视距离 $D(D=250\ \text{mm})$ 上得到一个放大的虚像(其长度为 y_3)。虚像对于被观测物 AB 来说是倒立的。

由图 4-10-1 可见,显微镜的放大率为

$$\Gamma = \frac{\tan\omega'}{\tan\omega} = \frac{-y_3/D}{y_1/D} = -\frac{y_3}{y_1} \tag{4-10-1}$$

同时,$\Gamma_e = \dfrac{250}{f_e}$,为目镜的放大率;$-\dfrac{y_2}{y_1} = -\dfrac{l_1'}{l_1} \approx \dfrac{\Delta}{f_o'} = \beta_o$(因 l_1' 比 f_o' 大得多),为物镜的放大率;Δ 为显微物镜焦点 F_o' 到目镜焦点 F_e 之间的距离,称为物镜和目镜的光学间隔。因此,式(4-10-1)可改写成

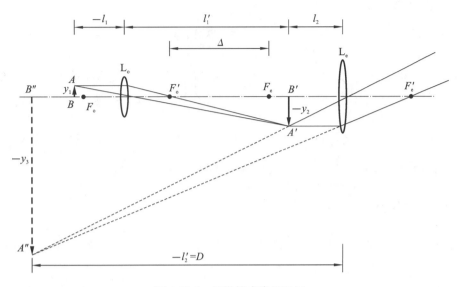

图 4-10-1　显微镜成像原理图

$$\Gamma = \frac{250}{f_e'} \cdot \frac{\Delta}{f_o'} = \Gamma_e \beta_o \tag{4-10-2}$$

由式(4-10-2)可见,显微镜的放大率等于物镜放大率和目镜放大率的乘积。在 f_o'、f_e'、Δ 和 D 为已知的情形下,可以利用式(4-10-2)算出显微镜的放大率。

【实验装置】

自组显微镜实验装置图如图 4-10-2 所示。

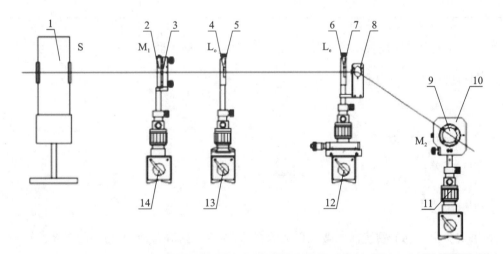

图 4-10-2　自组显微镜实验装置图

1—钠光灯;2—1/10 mm 微尺 M_1;3,5,6—透镜架(SZ-07、SZ-08);4—物镜 L_o($f_o = 45$ mm);7—目镜 L_e($f_e = 29$ mm);
8—45°玻璃架(SZ-45);9—毫米尺 M_2;10—双棱镜架(SZ-41);11～14—各种底座(SZ-02、SZ-03)

【实验内容与步骤】

（1）参照图 4-10-1 和图 4-10-2 布置各器件，并调等高同轴。

（2）将透镜 L_o 与 L_e 的距离定为 $\Delta=24$ cm。

（3）沿米尺移动靠近光源的微尺 M_1，直至从显微镜系统中得到微尺清晰的放大像。

（4）在 L_e 之后置一与光轴成 $45°$ 角的玻璃架（SZ-45），距此玻璃架 25 cm 处放置用白光源（图中未画出）照明的毫米尺 M_2。

（5）微动物镜前的微尺，消除视差，读出未放大的 M_2 30 mm 刻度所对应的 M_1 的格数 a。显微镜的测量放大率 $M=\dfrac{30\times10}{a}$；显微镜的计算放大率 $M'=\dfrac{25\Delta}{f_o f_e}$。

【数据记录与处理】

（1）读出并记录 M_1 上的格数的测量值 a，代入公式 $M=\dfrac{30\times10}{a}$ 计算显微镜的测量放大率，并记于表 4-10-1 中。

表 4-10-1　测量数据记录与处理表

测量次数	a	测量放大率 $M=\dfrac{30\times10}{a}$
1		
2		
3		
4		
5		

（2）将实验测量相应数据带入公式 $M'=\dfrac{25\Delta}{f_o f_e}$ 得出显微镜的计算放大率。

①测得的放大率平均值：$\overline{M}$＿＿＿＿＿＿。

②计算放大率 $M'=\dfrac{25\Delta}{f_o f_e}=$ ＿＿＿＿＿＿＿＿。

③绝对误差：$\overline{M}-M'=$ ＿＿＿＿＿＿＿。

④相对误差：$\dfrac{\overline{M}-M'}{M'}\times100\%=$ ＿＿＿＿＿＿＿。

【问题思考】

如果实验中不调节物镜前的微尺以消除视差，能否得到清晰、照度均匀的图像？

第 5 章　虚拟仿真实验

教育部早在 2018 年就发布了《关于开展国家虚拟仿真实验教学项目建设工作的通知》，提出："为学习贯彻党的十九大精神，适应信息化条件下知识获取方式和传授方式、教和学关系等发生革命性变化的要求，写好教育'奋进之笔'，深化信息技术与教育教学深度融合，经研究，决定开展国家虚拟仿真实验教学项目建设工作。"本章介绍两个虚拟仿真实验项目。

实验 5-1　激光全息照相虚拟仿真实验

【实验预习】

(1) 数字全息的基本原理是什么？
(2) 菲涅耳数字全息的原理与方法是什么？

【实验目的】

(1) 掌握全息术的基本原理。
(2) 掌握数字全息的基本原理与实验过程。
(3) 掌握菲涅耳数字全息的原理与方法。

【实验原理】

1. 全息照相实验原理
全息照相实验原理参见实验 3-18，此处不再赘述。

2. 数字全息的基本原理
激光照射物体时，发生漫反射形成的散射光波与参考光波相干叠加形成干涉条纹，采用光敏电子元件(如 CCD 等)代替普通光学成像介质记录全息图，记录到的全息图以数字图像的形式被存储在计算机中，然后利用计算机模拟光学衍射过程来实现物体的再现。

对数字全息图进行衍射再现的过程是根据菲涅耳-基尔霍夫衍射积分公式进行数值计算得到离散的再现光场分布，并以图像的形式直接显示在计算显示器上。所以，数字全息再现采用的算法主要有菲涅耳衍射积分算法和卷积再现算法。数字全息的衍射再现过程是利用计算机模拟参考光照射全息图，发生衍射过程，实现物体再现的。全息照相虚拟仿真软件依据以上原理与实物光路的搭建调试，完全模拟光路现象进行图像采集并应用公式计算实现图像再现，同时采用软件模拟光线帮助人们通过直观的观察提高认知度和掌握原理。

【实验装置】

全息照相虚拟仿真软件、计算机(客户端)、服务器。全息照相虚拟仿真平台登录地址为
http://218.199.112.162/_s299/2019/0808/c9389a75467/page.psp。

【实验内容与步骤】

本仿真实验操作包含理论学习,如实验原理、实验目的、实验背景、仪器介绍、实验内容和注意事项,展示形式包含图片、文字、三维动画。另外,实验操作与实物实验一致,包含光路搭建调试、实验现象观察与记录、实验结果记录与存储等。

在现实的光学实验中,由于光不可见或观察效果不明显,因此难以展示完整光路及原理,调节过程也相对困难,耗时较长。通过软件的实物 1∶1 仿真可以通过模拟的可见光路展示现象与原理,快速地调节光路,并可通过软件算法展示理想效果及非理想效果,起到很好的指导作用。同时,采用 1∶1 的实物仿真能提高学生的动手能力,软件仿真操作后再做实物实验基本就不用再教,学生即可自己动手完成。

1. 实验方法描述

采用网络化的部署,以通用的计算机作为客户端,用户可在校园内通过客户端进行仿真实验,通过键盘、鼠标按照提示进行操作完成实验;实验的时间、空间不受限制,软件的 3D 视觉效果与语音提示可增强学生学习的趣味性,提高学生学习的主动性。

2. 学生交互性操作步骤说明

(1) 客户端学习:通过校园网访问链接下载客户端软件,并熟悉软件界面。

(2) 实验预习:通过预习界面学习实验目的、实验原理、实验内容、实验背景等知识。

(3) 实验器材了解学习:认识完成本实验所需用到的主要器件,了解这些器件的参数、外形结构。

3. 全息照相虚拟仿真实验步骤

实验安装:单击链接地址→下载压缩包并安装→打开文件夹,单击指定文件名→进入仿真实验界面首页,如图 5-1-1 所示→双击"全息照相"实验图标,进入调节激光器(激光发射仪)界面,如图 5-1-2 所示。

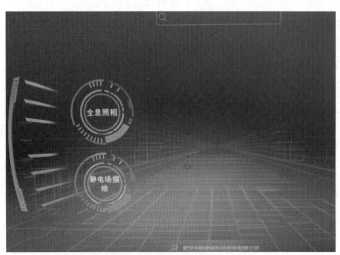

图 5-1-1　仿真实验界面首页

图 5-1-2　调节激光器界面

（1）用白屏准直激光器。在图 5-1-2 所示界面的右上角单击"工具列表"，用鼠标将白屏移到激光器前方，单击位于图 5-1-2 所示界面左上角的"操作说明"，按照"操作说明"（见图 5-1-3）进行操作调节。调节激光器调节架，使得激光器发出的光近似平行于光学实验桌，用白屏检测，由近及远地调节白屏，使得激光器射到白屏上的点始终保持高度不变，此时氦氖激光器已调好，不再移动，并记住此时白屏上氦氖激光射入的高度。此时界面中央出现提示框"激光发射仪调节完毕"，如图 5-1-4 所示。

图 5-1-3　用白屏准直激光器操作说明

（2）调节分束镜。单击左上角的"操作说明"，打开右上角的"工具列表"，按照"操作说明"，加入分束镜，并将白屏放置于光路中，调节二维调整架，使得反射光和透射光射入白屏的位置始终不变。

269

图 5-1-4　界面中央出现提示框"激光发射仪调节完毕"

（3）调节两平面反射镜。单击左上角的"操作说明"，打开右上角的"工具列表"，按照"操作说明"，在光路中加入反射镜：依次加入平面反射镜 M_1 和 M_2，调节其二维调整架，使得其反射光射入白屏的位置保持不变。

（4）调节两扩束镜。单击左上角的"操作说明"，打开右上角的"工具列表"，按照"操作说明"操作。记录物体的光称为物光，直接射向 CCD 的光称为参考光。先不加两扩束镜，将物光和参考光调至与光学平台平行的同一高度并相交于 CCD 上同一点，并且物光与参考光的夹角小于 30°。此时，可以先不开 CCD 的盖子。

调节相机和样品位置，实现数字成像。将两扩束镜分别加至物光和参考光光路中，打开 CCD 的盖子，在黑暗的环境下，利用 CCD 可以记录下菲涅耳全息图。

（5）计算机软件模拟。通过模拟计算机及图像采集与处理软件进行实验，将光学记录所得的菲涅耳全息图加载至菲涅耳数字全息软件中，从而得到记录物体的再现像。

（6）在不同距离下观察再现现象。通过设置记录距离，利用菲涅耳衍射积分算法再现出物光信息。

【数据记录与处理】

（1）记录每步实验结果。

（2）实验结果与结论要求：撰写实验报告和心得体会；用手机拍摄再现像照片。

用手机拍摄的再现像照片是评定成绩的依据之一。

【考核要求】

根据提交的实验报告成绩和小组讨论表现成绩计算综合得分。

实验 5-2 激光拉曼虚拟仿真实验

光谱学是应用广泛的光学测量技术,在农业、医药、环保、化工、印刷、纺织、新能源和半导体工业中均有广泛的应用。特别是随着微型电子电路和网络技术的发展,传统的只能在实验室内应用的光谱学检测手段,变得可以被用于工业在线和现场检测,从而拓展了新的应用领域。因此,近年来,便于工业和现场检测的小型光纤光谱仪的产量平均每年以 40% 的速度递增。

随着小型化、低功耗的激光器、光谱仪和光纤光路的发展,拉曼光谱技术已成为分子成分和结构检测的主流方法之一,被广泛地应用在食品、农业、医药、环保、化工、印刷、纺织、新能源、半导体等多个领域,成为各国民生与工业领域中鉴别物质、分析物质不可或缺的技术手段。我国已有高校在光电、化学、材料、印刷、医药、农业等专业开设了激光拉曼光谱实验。激光拉曼光谱实验将光学理论与行业实践相结合,模拟企业真实工位进行产品的装配和检测,使学生充分掌握拉曼光谱的测量和分析技术,培养光电产业领域紧缺的新材料与器件设计、研发和制造的高层次技术人才。由于拉曼光谱仪精密昂贵,高消耗的检测材料成本高,四氯化碳、农药等检测材料具有毒性等,拉曼光谱实验教学一直以演示为主或无条件开设。本实验采用 3D 仿真技术开发实现自主式探索学习,实验场景 1∶1 还原模拟,实验内容设计丰富。虚拟仿真不受时空、材料、设备限制,方便更多的人学习了解激光拉曼技术及其应用。

【实验目的】

(1)了解拉曼散射的基本原理和用于拉曼光谱测量的基本器件。
(2)仿真搭建拉曼光谱测量光路并测激光器的峰值波长。
(3)测量并分析四氯化碳分子和乙醇溶液的拉曼光谱。
(4)将拉曼光谱用于塑料制品的成分鉴别。

【实验原理】

拉曼光谱(Raman spectrum)以印度科学家 C. V. 拉曼(Raman,见图 5-2-1)命名,可以用于测试物质的组成、张力和应力、晶体的对称性和取向、晶体质量、物质总量、物质官能团等信息。1928 年,拉曼在气体与液体中观测到一种特殊光谱的散射,因此获 1930 年诺贝尔物理学奖。由于拉曼效应太弱,拉曼光谱的应用在 1940—1960 年间一度衰落。随着激光技术的发展,1960 年后激光成为拉曼光谱的理想光源,拉曼光谱得以广泛地应用,越来越受研究者的重视。

当频率为 v_0 的激发光入射到介质上时,除了会被介质吸收、反射和透射外,有一部分光会被散射,如图 5-2-2 所示。当激发光的光子与作为散射中心的分子发生相互作用时,大部分光子仅改变了方向,而光的频率仍与激发光光源一致,这种散射称为瑞利散射。但也存在很微量的光子不仅传播方向改变,而且频率也

图 5-2-1 印度科学家拉曼

改变了的散射,这种散射称为拉曼散射。拉曼散射光的强度占总散射光强度的 $10^{-6}\sim10^{-10}$。

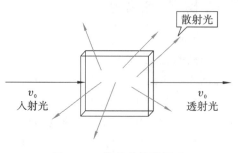

图 5-2-2　拉曼光谱的原理

根据量子理论,频率为 υ_0 的入射单色光可看作是能量为 $h\upsilon_0$ 的光子。光子与物质分子碰撞有两种情形,一种是弹性碰撞,另一种是非弹性碰撞。在弹性碰撞过程中,光子只改变运动方向,没有能量交换,这是瑞利散射;而非弹性碰撞不仅改变运动方向,而且有能量交换,这是拉曼散射。处于基态的分子受到入射光子 $h\upsilon_0$ 激发跃迁到一受激虚态,而受激虚态不稳定,分子很快向低能级跃迁。如果分子跃迁到基态,把吸收的能量 $h\upsilon_0$ 以光子的形式释放

出来,就是弹性碰撞,发生瑞利散射。如果分子跃迁到电子基态中的某振动激发态上,则分子吸收部分能量 $h\upsilon_k$,并释放出能量为 $h(\upsilon_0-\upsilon_k)$ 的光子,这是非弹性碰撞,产生 Stokes 线。分子处于某振动激发态上,受到能量为 $h\upsilon_0$ 的光子激发跃迁到另一受激虚态时,如果仍从虚态跃迁到激发态,则产生瑞利散射;如果从虚态跃迁到基态,则释放出能量为 $h(\upsilon_0+\upsilon_k)$ 的光子,产生反 Stokes 线。

由于拉曼散射光强小于入射光强的 10^{-6},因此实验技术和装置都是围绕尽量增强拉曼光,抑制杂散光和提取出湮没于背景噪声中的信号来设计的。

拉曼光谱的测量装置如图 5-2-3 所示。用 785 nm 窄线宽半导体激光器作为光源,输出的激发光经由光纤进入拉曼探头,拉曼探头向采样池里的被测样品发射激光,并在背向接收光路中滤除非拉曼信号(瑞利散射和激发光反射信号),将分离出的拉曼散射信号从收集光纤导出,并输入拉曼光谱仪。拉曼光谱仪以高灵敏度和高分辨率响应光谱,与计算机连接,通过拉曼软件对采集的光谱进行处理和分析。

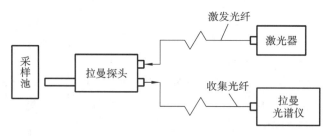

图 5-2-3　拉曼光谱的测量装置

本实验涉及以下三个知识点。

(1) 拉曼散射的原理。

(2) 拉曼光谱测量。

(3) 材料的成分鉴别。

【实验装置】

激光拉曼虚拟仿真系统、计算机。激光拉曼虚拟仿真系统平台登录地址为 http://218.

199.112.162/_s299/2019/0826/c9389a125407/page.psp。

【实验内容与步骤】

1. 理论学习

理论学习以文字、视频、语音讲解为主要技术实现。实验内容包含实验目的、实验原理、实验背景、仪器介绍、实验内容、注意事项、操作指南及实验讲义学习,如图 5-2-4 所示。通过理论学习掌握激光拉曼的原理,了解实验器材及步骤过程。

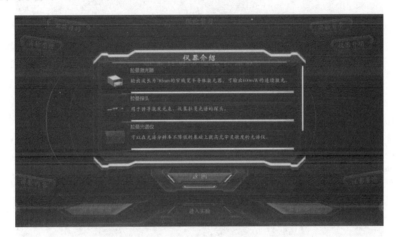

图 5-2-4　激光拉曼光谱虚拟仿真实验仪器介绍界面

2. 操作模拟学习

该实验采用带入式 3D 仿真进行教学,通过文字语音提示让学生跟着一步一步完成操作练习,最终熟练掌握仿真软件环境的操作与使用,同时对软件环境的参数设置(见图 5-2-5)进行学习了解,通过调整得到合适的实验场景、光线、语音等,为后面的实验操作奠定基础。

图 5-2-5　激光拉曼光谱虚拟仿真实验系统设置界面

3. 实验环境搭建

通过 3D 建模实现设备 1∶1 实物还原,通过对模型的互动操作搭建测量环境,并按照提示完成设备连线。图 5-2-6 所示为虚拟仿真设备搭建过程图。

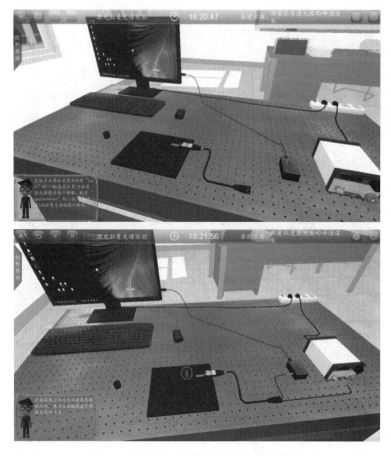

图 5-2-6　拉曼光谱虚拟仿真设备搭建界面

4. 激光器波形采集

连接设备完成后,将空的比色皿放入测量装置中,打开激光器电源,手动交互调节电源电流到 800 mA,通过模拟计算机打开光谱采集软件,采集激光光波的波形数据并保存,如图 5-2-7 所示。

图 5-2-7　电源电流交互调节和激光光谱采集图

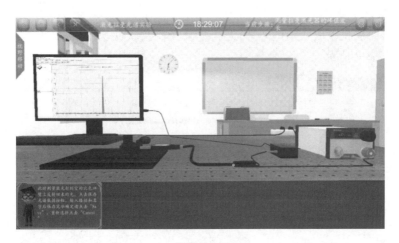

续图 5-2-7

5. 激光器峰值波长测量

打开分析测量软件,导入保存的激光光波的波形数据,进行分析测量,如图 5-2-8 所示,测量计算出拉曼激光的峰值波长并验证。

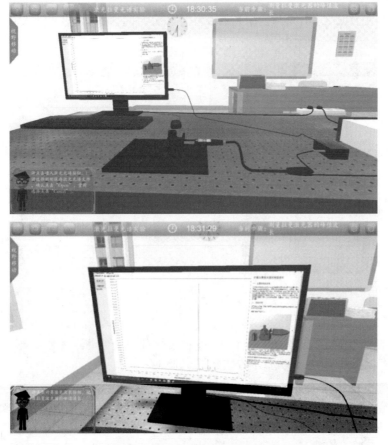

图 5-2-8　激光器峰值波长测量界面

6. 四氯化碳分子分析

将待测材料四氯化碳放入测试架中，先调整激光器及软件积分时间，采样波形并导入软件进行分析，如图 5-2-9 所示。

图 5-2-9　四氯化碳分子仿真分析

7. 乙醇分子分析

将待测材料更换成乙醇，先调整激光器及软件积分时间，采样波形并导入软件进行分析，如图 5-2-10 所示。

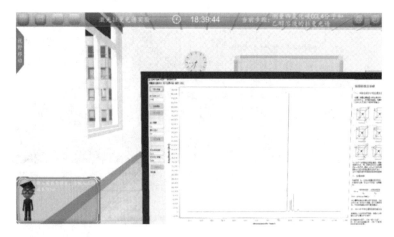

图 5-2-10　乙醇分子仿真分析

8. 标样数据采集保存

将测量的四氯化碳或乙醇分子光谱数据导入软件进行分析，查看波形标识峰值（见图 5-2-11），并保存标样数据，形成实验报告或数据记录。

9. PC 材料光谱分析

更换测试架，并调整位置；调整完成后选择待测 PC 材料，将其拖放至测试架上，打开软件测试采集数据并进行分析，如图 5-2-12 所示。

10. PE 材料光谱分析

更换测试材料，将 PE 材料拖放至测试架上，打开软件测试采集数据并进行分析，判断待测

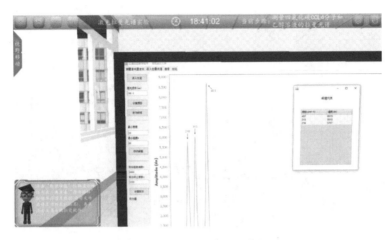

图 5-2-11　波形标识峰仿真识别

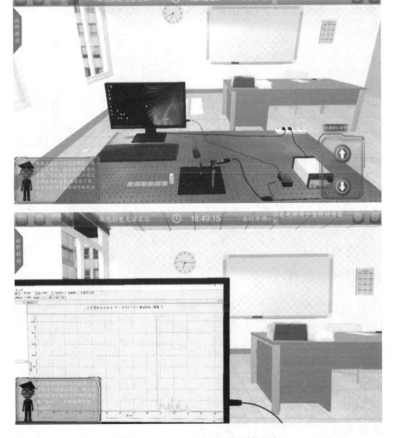

图 5-2-12　PC 材料光谱仿真分析

材料类型。图 5-2-13 所示为 PE 材料光谱仿真分析界面。

11. 标样数据采集保存

　　将测量的 PE 或 PC 材料光谱数据导入软件进行分析,查看波形标识峰值,并保存标样数据,形成实验报告或数据记录,如图 5-2-14 所示。

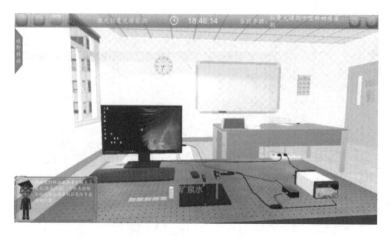

图 5-2-13　PE 材料光谱仿真分析

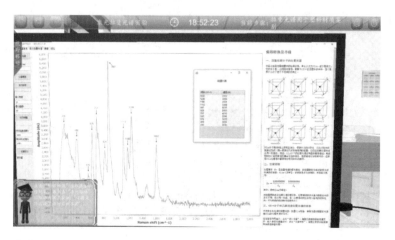

图 5-2-14　光谱波形峰值标识

【数据记录与处理】

（1）采集激光光波的波形，用分析软件计算出拉曼激光的峰值波长。

（2）分别采集四氯化碳和乙醇分子的拉曼光谱，导入软件并进行分析，查看波形标识峰值和保存标样数据。

（3）分别采集 PC 和 PE 材料的拉曼光谱，导入软件进行分析，查看波形标识峰值，并形成报告。

【问题思考】

（1）拉曼光谱仪还可以用于哪些物质的测量？

（2）利用激光拉曼光谱虚拟仿真还可以进行哪些拓展实验？

【注意事项】

（1）即将接近读数时放弃长按调节，用点击调节，保证电流调节准确。

（2）拖拽物品时，按住鼠标放到对应位置。

附　　录

附录 A　实验室内实验课学生守则

第一条　学生必须准时上课,不得迟到和无故缺课。

第二条　讲究卫生,不得在实验室进餐或带零食进入实验室,不得穿拖鞋或背心进入实验室。

第三条　节约使用水、电、药品、试剂、元器件、焊锡、焊锡丝等易耗品。

第四条　学生必须携带实验报告及必要的实验结果记录工具进入实验室,实验前必须认真做好预习报告,否则将不得进行实验。

第五条　实验前,认真阅读相关的实验注意事项和仪器说明书,熟悉仪器设备。严格遵守实验操作规程,按照实验指导教师指导进行实验,未经允许不准接通电源或使用其他能源。不得随意动用与本次实验无关的仪器设备。

第六条　实验过程中必须遵守课堂纪律,听从实验指导教师的指导,自觉保持实验环境的安静。实验中途,不得擅自离开,若有违背者,该堂实验课成绩取消。

第七条　在实验过程中若仪器设备发生故障,应立即报告指导教师及时处理;因违反仪器操作规程或不听从指导教师指导而造成仪器设备损坏等事故者,必须写出书面检查,并按学校有关规定赔偿损失。

第八条　为保证实验结果真实有效,学生在实验中应如实记录实验原始数据。

第九条　实验完毕后,应主动协助指导教师整理好实验用品,切断水、电、气源,清扫好实验场地,并将实验数据交送任课教师检查,经任课教师签字认可并记录实验操作成绩后,方可离开实验室。

第十条　按指导教师要求,及时认真地完成实验报告。实验报告须在实验后的一周内交到实验中心办公室。

附录 B　国际单位制（SI）简介

国际单位制的基本单位

量的名称	单位名称	单位符号
长度	米	m
质量	千克（公斤）	kg

续表

量的名称	单位名称	单位符号
时间	秒	s
电流	安［培］	A
热力学温度	开［尔文］	K
物质的量	摩［尔］	mol
发光强度	坎［德拉］	cd

国际单位制的辅助单位

量的名称	单位名称	单位符号
［平面］角	弧度	rad
立体角	球面度	sr

附录 C　气 垫 导 轨

气垫导轨是一种力学实验装置,利用从导轨表面的小孔喷出的压缩空气,使导轨表面与导轨上的滑块之间形成一层很薄的"气垫"。这样,滑块在导轨表面运动时,就不存在接触摩擦力,只有很小的空气黏滞阻力和运动时周围空气的阻力,几乎可以看成是无摩擦运动 。使用气垫导轨可以大大减少摩擦力的影响,使实验效果大大改善。

一、气垫导轨的组成

气垫导轨主要由导轨、滑块及光电转换装置组成。

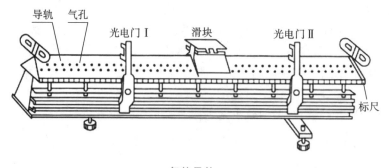

气垫导轨

1. 导轨

导轨用三角形铝合金材料制成。可以调整平直度,常把它用螺钉固定在工字钢上。导轨长1.50～2.20 m,两侧面非常平整,并且均匀分布着许多很小的气孔。导轨一端封闭,上面装有定滑轮;另一端有进气嘴,且通过皮管与气源相连。压缩空气进入导轨后,从小气孔喷出,在导轨和滑块之间形成空气层。导轨和滑块两端都装有缓冲弹簧,使滑块可以往返运动。工字钢底部装有 3 个底脚螺钉,用来调节导轨水平,或将垫块放在导轨底脚螺钉下,以得到不同的斜度。

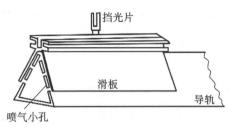

挡光片

滑板

导轨

喷气小孔

滑块装置

3. 光电转换装置

光电转换装置又称光电门，由聚光灯泡和光敏管组成。聚光灯泡由数字毫秒计供电，光电转换装置只要接通测速仪电源，聚光灯泡即可点亮，且发出的光束正好照在光敏管上，光敏管与测速仪的控制电路连接。当光照被罩住时，光敏管电阻发生变化，从而产生一个电信号，触发测速仪开始计时；当光照恢复或光照又一次被遮住（视数字测速仪的工作状态而定），又产生一个电信号，使测速仪停止计时。测速仪显示出一次遮光或两次遮光之间的时间间隔。

2. 滑块

滑块是在导轨上运动的物体，一般用角铝制成，内表面经过细磨，能与导轨的两侧面很好地吻合。导轨中的压缩空气由小孔喷出时，垂直喷射到滑块表面，它们之间形成空气薄层，使滑块浮在导轨上。根据实验要求，滑块上可以安装挡光片、重物或砝码。滑块两端除可装缓冲弹簧外，也可装尼龙搭扣及轻弹簧。

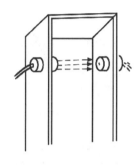

光电转换装置

二、气垫导轨的调节和使用

1. 气垫导轨的水平调节

把 2 个相同的光电门放在导轨的不同位置，并按要求与测速仪连接。接通测速仪电源，聚光灯泡发出的光束正好照在光敏管狭缝上。接通气源，使装有挡光片的滑块可以在导轨上自由

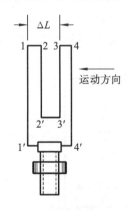

U 形挡光片

运动。调节导轨上的独脚螺钉，使滑块在导轨上小范围内缓慢地来回运动（不是总朝一个方向），这时导轨基本调平。轻轻推动滑块，使滑块获得一定的速度。滑块从一端向另一端运动时，顺次通过 2 个光电门（返回时顺序相反），从测速仪上先后读出滑块经过 2 个光电门的时间 Δt_1 和 Δt_2，仔细调节导轨上的独脚螺钉，使 Δt_1 和 Δt_2 满足 $0 < \dfrac{\Delta t_2 - \Delta t_1}{\Delta t_1} < 2\%$，便可认为滑块速度相等，导轨已经调平。

2. 测量运动滑块的速度和加速度

将测速仪的工作状态选择在"S_2"挡，在导轨滑块上装一 U 形挡光片。挡光片随滑块自右向左运动时，挡光片的第一条边 $\overline{11'}$ 首先进入垂直于滑块运动方向安置的光电门，射向光敏管的光束被遮

住，触发信号使数字毫秒计开始计时。当挡光片的第三条边 $\overline{33'}$ 经过光电门时，光束又一次被遮住，触发信号使数字毫秒计停止计时。毫秒计显示的时间 Δt，即为挡光片经过距离 ΔL 的时间。若 ΔL 足够小，$\dfrac{\Delta L}{\Delta t}$ 即为滑块经过光电门的瞬时速度。若滑块自左向右运动，毫秒计上显示的时间 $\Delta t'$，是与挡光片第四条边 $\overline{44'}$ 至第二条边 $\overline{22'}$ 间距离 $\Delta L'$ 相对应的时间，一般 $\Delta L = \Delta L'$。

若将测速仪的工作状态选择在"S_1"挡，则滑块上装一个条形挡光片。挡光片随滑块一起运

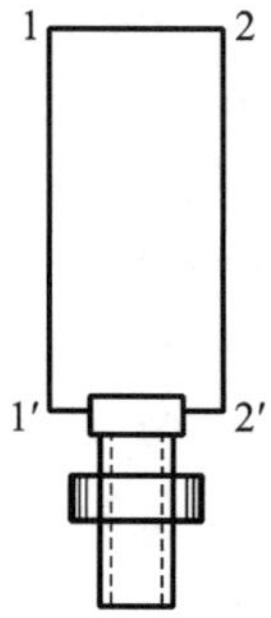

条形挡光片

动，挡光片前缘($\overline{11'}$)进入光电门时，由于射向光敏管的光束被遮住，触发信号使测速仪开始计时；当挡光片后缘($\overline{22'}$)离开光电门时，射向光敏管的光束又照在光敏管上，由此发出的触发信号使毫秒计停止计时。设挡光片宽度为 ΔL，挡光片经过光电门的时间为 Δt，$\frac{\Delta L}{\Delta t}$即是滑块经过光电门的速度。

以上两种测量滑块运动速度的方法，可根据需要选用。

若滑块在导轨上作匀加速直线运动，分别测出滑块通过相距为 S 的两个光电门的速度，则滑块运动的加速度为

$$a=\frac{v_2^2-v_1^2}{2S}=\frac{\left(\frac{\Delta L}{\Delta t_2}\right)^2-\left(\frac{\Delta L}{\Delta t_1}\right)^2}{2S}$$

式中 Δt_1 和 Δt_2 分别为挡光片先后经过两个光电门的时间。

附录 D　计时计数测速仪

计时计数测速仪是具有存储功能、时基精度高(微秒级)的计量仪器，具有计时、测量加速度、测量碰撞实验速度、测量重力加速度、测量周期、计数等功能。它还可与气垫导轨、自由落体仪等配合使用，用来测量速度、加速度、重力加速度、周期等物理量，并直接显示实验的速度和加速度的值。

一、面板说明

1. 前面板

MUJ-5B 计时计数测速仪前面板主要包括 LED 显示屏、测量单位指示灯、转换键、功能键、取数键、电磁铁键等。

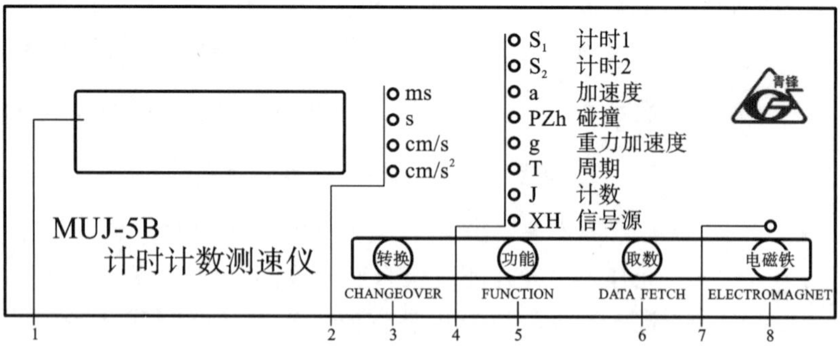

MUJ-5B 计时计数测速仪前面板

1—LED 显示屏；2—测量单位指示灯；3—转换键；4—功能转换指示灯；5—功能键；6—取数键；7—电磁铁键开关指示灯；8—电磁铁键

(1) 功能键：若按下功能键前，光电门遮过光，则清“0”，功能复位。光电门没遮过光，按下功能键，仪器将选择新的功能。或按住功能键不放，可循环选择功能，至所需的功能灯亮时，放开功能键即可。

（2）取数键：在实现计时 1(S_1)、计时 2(S_2)、周期（T）功能时，仪器可自动存入前 20 个测量值，按取数键，可显示存入值。当显示"E×"时，提示将显示存入的第×值。在显示存入值过程中，按功能键，会清除已存入的数值。

（3）转换键：在实现计时、测量加速度、碰撞功能时，按住转换键的时间短于 1 s，测量值在时间或速度之间转换。按住转换键的时间长于 1 s，可重新选择所用的挡光片宽度（1.0 cm、3.0 cm、5.0 cm、10.0 cm）。

（4）电磁铁键：按此键可使电磁铁通电（键上方发光管亮）或断电（键上方发光管灭）。

2. 后面板

MUJ-5B 计时计数测速仪后面板包括 P_1 光电门插口（外口兼电磁铁插口）、P_2 光电门插口、信号源输出插口、电源开关等。

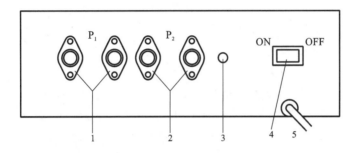

MUJ-5B 计时计数测速仪后面板

1—P_1 光电门插口（外口兼电磁铁插口）；2—P_2 光电门插口；3—信号源输出插口；4—电源开关；5—电源线

二、操作使用说明

1. 实验准备工作，光电门和显示器件的自检

（1）将两个光电门插头插入光电门插座。

（2）接上 220 V 交流电源，打开电源开关。

（3）开机后依次按功能键，循环选择所有实验功能，检查功能是否正常。

2. 仪器操作功能介绍

（1）"S_1"——遮光计时。

测量对任一光电门的遮光时间，可连续测量。自动存入前 20 个数据，按取数键可查看。

（2）"S_2"——间隔计时。

测量 P_1 口光电门两次挡光或 P_2 口光电门两次挡光的间隔时间，可连续测量。自动存入前20 个数据，按取数键可查看。

（3）"a"——测加速度。

测量带 U 形挡光片的滑块通过两个光电门的速度及通过两光电门这段路程的时间和加速度，可接 2～4 个光电门。仪器显示屏将循环显示下列数据。

1	第一个光电门
* * * * * *	第一个光电门测量值
2	第二个光电门
* * * * * *	第二个光电门测量值

1~2　　　　　　　　第一个至第二个光电门

＊＊＊＊＊＊　　　　　第一个至第二个光电门测量值

若接入 4 个光电门,将继续显示第三个光电门、第四个光电门以及 2~3 段、3~4 段的测量值。只有再按功能键清零,方可进行新的测量。

(4)"PZh"——等质量或不等质量碰撞。

在 P_1、P_2 各接一个光电门,两个滑块上装好相同宽度的 U 形挡光片和碰撞弹簧,让滑块从导轨两端向中间运动,各自通过一个光电门后相撞。做完实验,会循环显示下列数据。

P1.1　　　　　　　　P_1 口光电门第一次通过

＊＊＊＊＊＊　　　　　P_1 口光电门第一次测量值

P1.2　　　　　　　　P_1 口光电门第二次通过

＊＊＊＊＊＊　　　　　P_1 口光电门第二次测量值

P2.1　　　　　　　　P_2 口光电门第一次通过

＊＊＊＊＊＊　　　　　P_2 口光电门第一次测量值

P2.2　　　　　　　　P_2 口光电门第二次通过

＊＊＊＊＊＊　　　　　P_2 口光电门第二次测量值

若滑块 3 次通过 P_1 口光电门,1 次通过 P_2 口光电门,本机将不显示 P2.2 而显示 P1.3,表示 P_1 口光电门第三次遮光。若滑块 3 次通过 P_2 口光电门,1 次通过 P_1 口光电门,本机将不显示 P1.2 而显示 P2.3,表示 P_2 口光电门第三次遮光。只有再按功能键清零,才能进行下一次测量。

(5)"g"——测重力加速度。

将电磁铁插入电磁铁插口,将两个光电门插入 P_2 口,电磁铁键上方发光管亮时,吸上小钢球;按电磁铁键,小钢球下落(同步计时),到小钢球前沿遮住光电门(记录时间),显示:

1　　　　　　　　　　第一个光电门

＊＊＊＊＊＊　　　　　t_1 值

2　　　　　　　　　　第二个光电门

＊＊＊＊＊＊　　　　　t_2 值

第三个光电门插在 P_1 光电门内侧插口,还可测到第 3 个数值。

因 $h_2 = \frac{1}{2}gt_2^2, h_2 = \frac{1}{2}gt_2^2$,故有:

$$g = \frac{2(h_2 - h_1)}{t_2^2 - t_1^2}$$

$h_2 - h_1$ 为两光电门之间的距离。

按功能键或按电磁铁键,仪器可自动清零,电磁铁吸合。

(6)"T"——测振子周期。

测量单摆振子或弹簧振子 1~10 000 周期的时间,可选用以下两种方法。

方法一:不设定周期数。在周期数显示为 0 时,每完成一个周期,显示周期数会加 1。按转换键即停止测量。显示最后一个周期数约 1 s 后,显示累计时间值。按取数键,可提取单个周期的时间值。

方法二:设定周期数。按住转换键不放,确认到所需周期数时放开此键即可(只能设定 100

以内的周期数)。每完成一个周期,显示周期数会自动减 1,最后一次遮光完成后,显示累计时间值。按取数键可显示本次实验(最多前 20 个周期)每个周期的测量值,如显示"E2"(表示第二个周期)、"＊＊＊＊＊＊＊"(第二个周期的时间)。待运动平稳后,按功能键,即可开始重新测量。

(7)"J"——测量光电门的遮光次数。

(8)"XH"——信号源。

将信号源输出插头插入信号源输出插口,可测量本机输出时间间隔为 0.1 ms、1 ms、10 ms、100 ms、1 000 ms 的电信号,按转换键可改变电信号的频率。

附录 E 数字存储示波器主要技术指标

数字存储示波器的主要技术指标如下。

(1)最大取样速率 f_{max}:单位时间内完成的完整 A/D 转换的最高次数。最大取样速率主要由 A/D 转换器的最高转换速率来决定。最大取样速率愈高,仪器捕捉信号的能力愈强。

数字存储示波器在某个测量时刻的实际取样速率可根据示波器当时设定的扫描时间因数($t/$div)推算,且推算公式为

$$f = \frac{N}{t/\text{div}}$$

式中:N 为每格的取样数;$t/$div 为扫描时间因数,指扫描一格所占用的时间,亦称扫描速度。

(2)存储带宽:与取样速率密切相关。根据奈奎斯特取样定理,如果取样速率大于或等于信号最高频率分量的 2 倍,便可重现原信号波形。实际上,在数字存储示波器的设计中,为保证显示波形的分辨率,往往要求增加更多的取样点,一般一个周期取 4~10 点。存储带宽是决定示波器准确测量信号的能力的基本参数之一,表征示波器能准确测量的频率范围。存储带宽是指正弦输入信号衰减至真实幅值的 70.7%(−3 dB)的频率点。没有足够大的存储带宽,示波器就不能观测到高频的变化,这时幅值将会失真,信号沿将会变得平缓,细节将会丢失。确定存储带宽时可采用 5 倍原则:示波器需要的带宽＝测量信号的最高频率分量的频率×5。5 倍原则可以提供±2%的测量误差,能够满足通常的应用。

(3)分辨率:用于反映存储信号波形细节的综合特性。分辨率包括垂直分辨率和水平分辨率。垂直分辨率与 A/D 转换器的分辨率相对应,常以屏幕每格的分级数(级/div)表示。水平分辨率由存储器的容量来决定,常以屏幕每格含多少个取样点(点/div)表示。

(4)存储容量:又称记录长度,用记录一帧波形数据占有的存储容量来表示,常以字(word)为单位。存储容量与水平分辨率在数值上互为倒数关系。数字存储器的存储容量通常为 256 B、512 B、1 KB、4 KB 等。存储容量愈大,水平分辨率就愈高。但存储容量并非越大越好,受仪器最高取样速率的限制,若存储容量选取不恰当,往往会因时间窗口缩短而失去信号的重要成分,或者因时间窗口增大而使水平分辨率降低。

(5)读出速度:将存储的数据从存储器中读出的速度,常用(时间)/div 表示。其中,时间等于屏幕中每格内对应的存储容量乘以读脉冲周期。使用示波器时,应根据显示器、记录装置或打印机等对速度的不同要求,选择不同的读出速度。

附录 F　DHQJ-3 型非平衡电桥的使用方法

一、DHQJ-3 型非平衡电桥的面板介绍

1. 外接和内接

若选用仪器本身的数显毫伏表进行测量,则选择"内接";若外接检流计,则选择"外接"。

2. 工作电压

工作电压可选双桥、3 V、6 V、9 V 四种。选取工作电压越大,数显毫伏表读数也越大,灵敏度越高。在实验 3-5 中,工作电压选双桥,电源电压为 1.5 V。

3. 电桥通、断开关

面板上"G""B"按钮都按下时,电桥处于连通状态。

4. 电阻调节旋钮

R_1、R_2、R_3 为三个四挡可调电阻。

5. 数显毫伏表量程按钮

可选择"200 mV"和"2 V"两种量程。选择"2 V"量程时,读数单位仍为毫伏。

6. 待测电阻接入端

采用等臂非平衡电桥测量时,待测电阻接法见下图。

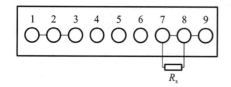

等臂非平衡电桥连线图

二、R_{x0} 的测量

（1）将待测热敏电阻接入电桥,电源选择"双桥和非平衡电桥"挡;使 $R_1 = R_2 = 1$ kΩ;按下"G""B"按钮,调节 R_3 使数显毫伏表指针指零。若量程不对,可变换 R_1、R_2 的值,然后调节 R_3 的值,使电桥平衡。

（2）根据 $R_{x0} = \dfrac{R_2}{R_1} \cdot R_3$ 计算 R_{x0}。

（3）弹起"G""B"按钮。调节电阻,使 $R_1 = R_2 = R_3 = R_{x0}$,再按下"G""B"按钮,这时数显毫伏表指针应指零。

附录 G　电表的等级

根据电表改装的量程和测量值的最大绝对误差,可以计算改装表的最大相对误差,即

$$最大相对误差 = \frac{最大绝对误差}{量程} \times 100 \leqslant \alpha\%$$

其中,$\alpha = \pm 0.1$、± 0.2、± 0.5、± 1.0、± 1.5、± 2.5、± 5.0 是电表的等级,所以根据最大相对误差的大小就可以定出电表的等级。

例如,校准某电压表,其量程为 0～30 V,若该表在 12 V 处的误差最大,且值为 0.12 V,试确定该表属于哪一级。

$$最大相对误差 = \frac{最大绝对误差}{量程} \times 100\% = \frac{0.12}{30} \times 100\% = 0.4\% < 0.5\%$$

因为 0.2＜0.4＜0.5,所以该表的等级属于 0.5 级。

附录 H　实验 4-7 使用的传感器的主要参数

输出灵敏度:1.8±10% mV/V。

非线性:0.02%。

滞后:0.02%。

蠕变:0.02%。

重复性:0.02%。

零点输出:±1%。

温度灵敏度漂移:0.002%℃。

温度零点漂移:0.005%℃。

输入阻抗:(405±15) Ω。

输出阻抗:(350±15) Ω。

绝缘阻抗:≥2 000 Ω。

激励电压:10 V。

温度补偿范围:−10～+50 ℃。

工作温度范围:−20～+60 ℃。

超载能力:150%。

弹性体材料:LY-12。

参 考 文 献

[1] 吕斯骅,段家忯.新编基础物理实验[M].北京:高等教育出版社,2006.

[2] 董传华.大学物理实验[M].2版.上海:上海大学出版社,2003.

[3] 王秀峰,江红涛,程冰,等.数据分析与科学绘图软件 ORIGIN 详解[M].北京:化学工业出版社,2008.

[4] 周剑平.精通 Origin 7.0[M].北京:北京航空航天大学出版社,2004.

[5] 方安平,叶卫平,等.Origin 8.0 实用指南[M].北京:机械工业出版社,2009.

[6] 盛骤,谢式千,潘承毅.概率论与数理统计[M].北京:高等教育出版社,2008.

[7] 费业泰.误差理论与数据处理[M].5版.北京:机械工业出版社,2005.

[8] 陈旭红.用 Origin 软件的线性拟合和非线性曲线拟合功能处理实验数据[J].江苏技术师范学院学报.2006,12(6):85-89.

[9] E. N. 洛伦兹.混沌的本质[M].刘式达,刘式适,严中伟,译.北京:气象出版社,1997.

[10] 郝柏林.分岔、混沌、奇怪吸引子、湍流及其它——关于确定论系统中的内在随机性[J].物理学进展.1983,3(3):329-416.

[11] 张兆奎,缪连元,张立.大学物理实验[M].2版.北京:高等教育出版社,2001.

[12] 李学慧.大学物理实验[M].北京:高等教育出版社,2005.

[13] 肖明,肖飞.普通物理实验教程[M].北京:科学出版社,2011.

[14] 王筠.近代物理实验教程[M].武汉:华中科技大学出版社,2018.

[15] 王筠.光电信息技术综合实验教程[M].武汉:华中科技大学出版社,2018.